■Excel 2016

◎セルの操作

Ctrl + +	セル・列・行の挿入
Ctrl + −	セル・列・行の削除
Ctrl + ↑	一番上の行へ移動
Ctrl + ↓	一番下の行へ移動
Ctrl + →	一番右の列へ移動
Ctrl + ←	一番左の列へ移動
Ctrl + Home	A1セルへ移動
Ctrl + End	データ範囲の右下のセルへ移動

◎ワークシートの操作

Shift + F11	新規ワークシートの追加
Ctrl + PageUp	前のワークシートの表示
Ctrl + PageDown	次のワークシートの表示

■Word 2016

Ctrl + N	新規Word文書の作成
Ctrl + O	既存のファイルを開く
Ctrl + D	フォントダイアログ表示
Ctrl + B	太字にする
Ctrl + I	斜体字にする
Ctrl + U	下線を引く
Ctrl + L	左揃え
Ctrl + E	中央揃え
Ctrl + R	右揃え
Ctrl + F	検索
Ctrl + G	ジャンプ
Ctrl + H	置換
Ctrl + K	ハイパーリンクの作成
Ctrl + Y	繰り返す
Ctrl + Z	元に戻す
Ctrl + S	上書き保存
F12	名前を付けて保存
Ctrl + P	印刷

◎ポインタの移動

Home	行のはじめに移動
End	行の終わりに移動
Ctrl + Home	文書のはじめに移動
Ctrl + End	文書の終わりに移動

■PowerPoint 2016

Ctrl + N	新規プレゼンテーションの作成
Ctrl + O	既存のファイルを開く
Ctrl + M	スライドの追加
Ctrl + D	スライドの複製
Ctrl + X	スライドの削除
Ctrl + F	検索
Ctrl + G	[グリッドとガイド]の表示
Ctrl + H	置換
Ctrl + K	ハイパーリンクの作成
Ctrl + Y	繰り返す
Ctrl + Z	元に戻す
Ctrl + S	上書き保存
F12	名前を付けて保存
Ctrl + P	印刷

◎レベルの調整

Tab	段落のレベルを下げる（あるいはAlt + Shift + →）
Shift + Tab	段落のレベルを上げる（あるいはAlt + Shift + ←）

◎スライドショーの操作

F5	スライドショーの実行
Shift + F5	選択したスライドからスライドショーの実行
スライド番号 + Enter	（スライドショー実行時）指定のスライドを表示
ESC	スライドショーの終了
Ctrl + L	マウスのポインタをレーザーポインターに
Ctrl + P	マウスのポインタをペンツールに
−あるいはG	スライドショー実行中にスライド一覧を表示

課題解決のための
情報リテラシー

美濃輪 正行・谷口 郁生 著

共立出版

はじめに

コンピュータが当初国家プロジェクトとして開発され，いわゆる「電子計算機」として主に大学や研究機関で利用されていた時代から，1980年代のオフィスオートメーションの流れに乗って，銀行や商社など様々な企業や組織に導入されると，実社会における文書作成や表計算などコンピュータの操作技能に対する需要も増大しました。さらに1990年代以降，インターネットが一般に開放され，商用利用されるようになると，社会や個人における生活も，好むと好まざるとを問わず，コンピュータによって変容してきました。そしてコンピュータは，発電所の制御装置，飛行機や列車の運行制御など社会の基盤技術として利用されているだけでなく，自動車やテレビそしてスマートフォンなど，今や個人の生活の隅々にまで浸透しています。最早コンピュータは，我々人間社会において無くてはならない存在なのです。したがって，現代においてコンピュータを利用するに当たっては，単にコンピュータで文書作成や表計算ができるというだけでなく，それらの情報技術をいかに自分の活動に適用して，解決しなければならない課題に取り組むのか，総合的な課題解決能力が求められているのです。

IT系企業では以前から，初任者研修などでプログラミング技術を必修技能として習得を義務付けるケースがありましたが，今では就職活動においてコンピュータの技能資格を有することが条件であることもまれではなくなりつつあります。2016年に経済産業省が発表した「IT人材の最新動向と将来推計に関する調査結果」を見るまでもなく，IT系人材の不足が深刻化していることは以前から明らかであり，そのため，我が国では高等学校（後期中等教育課程）においては，教科「情報」が2003年より新設され，中学校（前期中等教育課程）においても2012年から教科「技術・家庭」の「情報に関する技術」として「情報通信ネットワークと情報モラル」だけでなく「プログラムによる計測・制御」が必修となりました。そしてさらに2020年からは小学校（初等教育課程）におけるプログラミング教育の必修化を検討することが文部科学省から発表されました。したがって，初等・中等教育と社会とを橋渡しする高等教育においても社会のニーズに応え，日常の生活においてもコンピュータを利活用して円滑に課題解決を行う技能を有する人材育成を目指す教育が求められています。

しかし，企業での実務経験と大学での教育を通じて多くの若者と接してきた筆者らは，彼らがスマートフォンなど情報機器を器用に操る一方で，我々にとって当たり前の知識や技術が欠落しているとギャップを感じることがここ数年多くなってきたというのが共通の認識です。コンピュータが身近になり水や空気のような存在になったことで逆にブラックボックス化していること，あるいは特にスマートフォンのようにコミュニケーションツールとして特異な進化を遂げつつあること，…等々，その理由は様々挙げられるでしょう。いずれにせよ，

そのギャップを埋めることも必要だとの考えから，本書にはコンピュータの基本的な概念や知識，そしてキーボード操作を含め，基礎的な項目をふんだんに取り上げました。

したがって，本書は，高等学校の学習課程と同等の知識と技術を有し，大学の初年次教育の学生を想定した内容となっており，専門教育科目履修に向けて，コンピュータやインターネットの基本を押さえ，その知識と技術を活用して応用的課題に取り組むための方向性を示しました。もちろん，筆者らの想いが実現しているかどうかは，本書を手に取ったあなたの評価次第です。

2018年9月

美濃輪 正行

谷口 郁生

本書の特徴

本書の特徴は，大学の新入生を主な対象として，解決しなければならない課題を，順を追って，具体的な操作と関連する知識とを踏まえながら遂行していく形式の教科書になっていることです。その際，単なる操作説明のマニュアル本でもなく，かと言って知識偏重の専門書でもなく，具体的な事例に即して演習できる内容が盛り込まれた造りになっています。また学生時代だけでなく社会人として身に着けておくべき事項にもふれ，読み物としても充実した仕上がりとなっています。各章は，それぞれ独立した造りとなっていますが，順を追って読み進め，演習を重ねることでより効率よく学修できるように構成してあります。

注意事項

本書で取り上げたOSやアプリケーションソフトについては，以下の通りとなっています。

- **OS：** Windows 10 Enterprise
- **アプリケーションソフト：** Microsoft Office Professional 2016, Google Chrome

- Windows, Internet Explorer, Microsoft Word, Microsoft Excel, PowerPoint, Microsoft Officeは，米国Microsoft Corporationの米国およびその他の国における登録商標または商標です。
- Google Chromeは，Google Inc. の登録商標です。
- その他，本書に記載されている会社名，商品名は，各社の商標または登録商標です。
- なお，本書に記載されているシステム名，製品名などには，™ および ® を省略してあります。
- 上記OSやアプリケーションソフトのバージョンやエディションなどについては，いずれも2018年4月1日時点のものです。

目 次

Chapter 1　PCの基本　1

1.1　PC の基本的操作　2

- 1.1.1　PC 電源の起動からサインイン画面の操作へ　2
- 1.1.2　サインアウト　3
- 1.1.3　PC 電源の停止　3
- 1.1.4　パスワードの変更　3
- 1.1.5　マウスの操作　4
- 1.1.6　アプリケーションの起動操作　4
- 1.1.7　アプリケーション切替えの操作　6
- 1.1.8　アプリケーション終了の操作　7

1.2　キーボードの操作　7

- 1.2.1　キーボードの配列と機能　7
- 1.2.2　キーボード入力モード　9
- 1.2.3　IME パッドの操作　11
- 1.2.4　IME の設定　11

1.3　漢字変換の操作　12

- 1.3.1　基本操作　12
- 1.3.2　変換箇所の指定　12
- 1.3.3　ファンクションキーの操作　13
- 1.3.4　再変換の操作　13
- 1.3.5　無変換 キーの操作　13
- 1.3.6　単語の登録　13

1.4　PC の構成　14

- 1.4.1　ハードウェアとソフトウェア　14
- 1.4.2　ハードウェアの基礎知識　15
- 1.4.3　ソフトウェアの基礎知識　19

Chapter 2　情報の収集と共有　23

2.1　ファイルとフォルダー　24
2.1.1　データの整理とエクスプローラー　24
2.1.2　移動・コピー・ショートカット・削除　26

2.2　Web サーチエンジンを利用した情報検索　29
2.2.1　Web ブラウザ　29
2.2.2　Web サーチエンジン　30
2.2.3　情報検索の基本　31
2.2.4　検索テクニック　33
2.2.5　特殊な検索　34
2.2.6　履歴とブックマークの管理　37
演習問題　37

2.3　電子メール　38
2.3.1　電子メールの仕組み　38
2.3.2　電子メールの基本操作　39
2.3.3　電子メールの環境設定　44
2.3.4　電子メール利用上の注意とマナー　47

2.4　データストレージ　49
2.4.1　メディアの種類と機能　49
2.4.2　メディアの利用法　49
Column　2000年問題って知ってますか?　52

Chapter 3　データ表現と情報通信　53

3.1　コンピュータのデータ表現　54
3.1.1　デジタル情報　54
3.1.2　コンピュータの処理　55
3.1.3　データとアプリケーション　56
3.1.4　データの保存形式　56
3.1.5　文字コード　58
演習問題　61

3.2　コンピュータ・ネットワークの仕組み　61
3.2.1　情報通信の概念と歴史　61
3.2.2　トポロジーとプロトコル　66
3.2.3　アドレッシングとIP　67
3.2.4　IP アドレスと DNS　70

目次

3.2.5 ネットワーク設定の確認 ……………………………………………………… 72

演習問題 ………………………………………………………………………………… 75

Column　情報技術の発達と標準化 ………………………………………………… 76

Chapter 4　情報セキュリティと情報倫理　77

4.1　情報セキュリティの概要　78

4.1.1　情報セキュリティの CIA ………………………………………………… 78
4.1.2　サイバー攻撃における脅威 / 脆弱性 / リスク ………………………… 79

4.2　サイバー攻撃の手法・被害・対策　79

4.2.1　マルウェア ………………………………………………………………… 79
4.2.2　不正サイト ………………………………………………………………… 84

4.3　マルウェア，不正サイト以外の攻撃手法と被害　85

4.3.1　パスワード窃盗 …………………………………………………………… 85
4.3.2　ソーシャルエンジニアリング …………………………………………… 85
4.3.3　利用サイト攻撃時の二次的な影響（間接的な攻撃） ………………… 86
4.3.4　その他の攻撃 ……………………………………………………………… 87

4.4　攻撃者の実態　88

4.5　サイバー犯罪の被害を削減するためにできること　89

4.5.1　サイバー犯罪対策に関する情報 ………………………………………… 89
4.5.2　サイバー犯罪の対策 ……………………………………………………… 90

演習問題 ………………………………………………………………………………… 90

4.6　情報倫理とコンプライアンス（法の遵守）　91

4.6.1　日本におけるコンピュータ犯罪と刑法改正 ………………………… 91
4.6.2　コンピュータ犯罪関連法 ………………………………………………… 92
4.6.3　ネットワークの開放と新たな犯罪要件の出現 ………………………… 93

4.7　ハイテク犯罪への対応　93

4.7.1　不正アクセス禁止法とネットワーク利用犯罪に対する法的措置 …… 93
4.7.2　インターネットにまつわる事件と公的機関による取り組み ………… 96

4.8　サイバー犯罪の国際化への対応　98

4.8.1　サイバー犯罪の国際化について ………………………………………… 98
4.8.2　サイバー犯罪条約と情報セキュリティポリシー策定へ …………… 98
4.8.3　個人と世界が直結するインターネット環境 ………………………… 100
4.8.4　犯罪か，戦争か …………………………………………………………… 100

演習問題 ………………………………………………………………………………… 101

Column　クラッカーの観察力？ ………………………………………………… 104

vii

Chapter 5 情報の集計と分析　　105

5.1　表計算ソフト入門　　106

5.1.1　表計算ソフトの概念と機能 ……………………………………………… 106
5.1.2　Excel の構成要素 ……………………………………………………… 106
5.1.3　ファイルの操作 ………………………………………………………… 108
5.1.4　セルの操作 ……………………………………………………………… 110
5.1.5　ワークシートの操作 …………………………………………………… 116
5.1.6　計算式の入力 …………………………………………………………… 118
5.1.7　関数の利用 ……………………………………………………………… 119
5.1.8　関数の事例 ……………………………………………………………… 123

5.2　表計算ソフト応用　　124

5.2.1　データの並べ替えとフィルター ……………………………………… 125
5.2.2　グラフの作成・編集 …………………………………………………… 128
5.2.3　データの印刷 …………………………………………………………… 133
5.2.4　データの分析 …………………………………………………………… 137
演習問題 …………………………………………………………………………… 144

Chapter 6 情報の編集と文書化　　145

6.1　ワードプロセッサ入門　　146

6.1.1　ワープロソフトの概念と機能 ………………………………………… 146
6.1.2　文書ファイルの操作 (データの取り込みと保存) …………………… 147
6.1.3　Word の基本操作 ……………………………………………………… 149
6.1.4　文字書式・段落書式・レイアウト設定 ……………………………… 155
6.1.5　様々なオブジェクトの挿入 …………………………………………… 162
演習問題 …………………………………………………………………………… 170

6.2　ワードプロセッサ応用　　171

6.2.1　テンプレートの活用 …………………………………………………… 171
6.2.2　参考資料の設定 ………………………………………………………… 176
6.2.3　協調作業と校閲機能 …………………………………………………… 178
6.2.4　印刷操作 ………………………………………………………………… 181
演習問題 …………………………………………………………………………… 183
Column　Excelも計算間違いをする！ ………………………………………… 184

Chapter 7 　情報の提示と発信 　185

7.1 　プレゼンテーション入門 　186

- 7.1.1 　プレゼンテーションソフトの概念と機能 ………………………………………… 186
- 7.1.2 　プレゼンファイルの操作 (データの取り込みと保存) ……………………… 188
- 7.1.3 　スライドの操作 ……………………………………………………………………………… 190
- 7.1.4 　テキストの入力と編集 …………………………………………………………………… 195
- 7.1.5 　デザインテーマの適用 …………………………………………………………………… 197
- 7.1.6 　スライドショーの設定と実行 ………………………………………………………… 198
- 演習問題 ……………………………………………………………………………………………………… 200

7.2 　プレゼンテーション応用 　202

- 7.2.1 　様々なオブジェクトの挿入 …………………………………………………………… 202
- 7.2.2 　SmartArt グラフィックの活用 ……………………………………………………… 204
- 7.2.3 　画面切り替えとアニメーション効果の設定 …………………………………… 206
- 7.2.4 　スライドマスターの活用 ……………………………………………………………… 210
- 7.2.5 　協調作業と校閲機能 ……………………………………………………………………… 211
- 7.2.6 　リハーサル ……………………………………………………………………………………… 214
- 7.2.7 　印刷操作 ………………………………………………………………………………………… 215
- 演習問題 ……………………………………………………………………………………………………… 217

参考図書一覧・参考リンク一覧 ……………………………………………………………………… 218

索 引 …… 221

Chapter 1 PCの基本

　身の回りの生活空間を見渡すと様々な情報機器が存在しています。職場や家庭には
パーソナルコンピュータ (以下 PC と記述), それに接続するプリンターやルータといっ
た機器, 持ち運び可能なデバイスとしては, ラップトップ型PC, タブレット型PC, ス
マートフォン, 携帯電話などがあります。これらの情報機器は情報処理機能によって,
利用者が求める様々な動作を実現します。情報機器の簡素化された機能は, テレビや
ミュージックプレーヤはもちろんのこと, 電子レンジ, 冷蔵庫や洗濯機, 空調機器にも
搭載されています。利用者から見ると機能が簡素であるため情報機器と呼ばれることは
ありませんが, これらの家電機器にも情報処理機能が搭載されているという点では, 情
報機器と共通しています。

　情報機器は, 機能が豊富である故に操作が複雑になりがちです。ただし, PC や持ち運
び可能なデバイスなどの個人向けの情報機器はこの点も考慮して設計されているため,
基本的な操作を覚えておけば大抵の場合はスムーズに利用できます。特にPCは学校や
企業, 様々な社会生活で活用されているため, 基本的な操作を覚えておくと大変役に立
ちます。

　PCの利用に際しては, 導入済みのプログラムを更新したり, 周辺機器を追加したり,
想定外の障害が発生したり, といった通常の操作以外の対応を求められることがありま
す。PCの構造に関する知識はこれらの問題解決に必要となります。

　この章では, Windowsが導入されたPCを前提にして基本的な操作とPCの構成要素
について解説します。

Chapter 1 PCの基本

1.1 PCの基本的操作

PCは適切な手順に従って，電源の起動から停止までの操作を実行する必要があります。OSから様々な操作を実行するため，[サインイン]と[サインアウト]の操作も必要です。操作の流れは図の通りです。

● 図1-1-1　PC電源起動から停止までの流れ

1.1.1　PC電源の起動からサインイン画面の操作へ

　PCを利用する際には，PC本体および接続されている周辺機器に電源プラグが差し込まれていることを確認して，PC本体と周辺機器の電源ボタンを押下します。マウスやキーボードに電源ボタンが付いている場合はこれらも押下します。PC本体の電源が起動したら，[**サインイン要求画面**]が表示されるので，**アカウント情報**，つまり自分の**アカウントID**と**パスワード**を入力します。キーボードからアカウントID入力域にアカウントIDをタイプした後，Tabを押下してパスワード入力域へ移動してパスワードをタイプし，Enterを押下します。入力場所を指定するにはマウスポインターを移動して左マウス・ボタンをクリックします。この操作を**サインイン**といいます。個人用に購入したPCでは初期設定時に自分で登録したアカウントIDとパスワードを使います。会社や学校などの組織ではあらかじめ初回にサインインするためのアカウントIDとパスワードが準備されているので，管理者に確認してください。サインインするとPC内部でそのアカウント固有の環境設定の処理が実行されます。環境設定の処理にはデスクトップの表示，特定のプログラムの起動，ドライブのアサインなどが含まれます。USBメモリやDVDまたはブルーレイなどの記憶媒体を利用する場合は，このデスクトップ画面が表示された後で記憶媒体を装填します。サインイン操作後に，[**デスクトップ画面**] (後述の「アプリケーションの操作」を参照) が表示されたら，その後はPCに導入されたプログラムを起動できます。

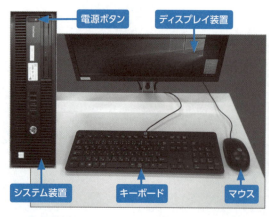

● 図1-1-2　PCの構成部位と電源ボタン

● 図1-1-3　サインイン要求の画面

1.1.2 サインアウト

● 図1-1-4　Ctrl + Alt + Delete で表示される画面

電源を停止することなく，サインインしているアカウントと別のアカウントでPCを利用したい場合，サインアウトの操作を実行します。サインアウトの操作は，Ctrl + Alt + Delete を押下して[**サインアウト**]を選択することによって可能です。ただし，編集中のデータや実行中のアプリケーションがある場合は保存および終了してから，サインアウトを実行します。プログラムが動作している状態でサインアウトを実行するとこれらのプログラムを強制的にサインアウトしてよいか，OSから確認を求められます。サインアウト後はサインイン要求画面が表示されますが，この画面から再度サインインの操作が可能です。

1.1.3　PC電源の停止

作業を終えてPCを停止する場合は，編集中のデータがあれば保存してすべてのアプリケーション・プログラムを終了させてから，[**シャットダウン**]の操作を実行します。シャットダウンの操作は，サインアウトとPCの電源停止の動作を含みます。シャットダウンの操作は，スタートボタン（後述の「アプリケーションの操作」を参照）からの選択または Alt + F4 で表示されるウィンドウから実行できます。このウィンドウでは[**シャットダウン**]以外，[**ユーザーの切り替え**][**サインアウト**][**スリープ**][**再起動**]の選択も可能です。[**ユーザーの切り替え**]はサインインした状態を残したまま別のアカウントでサインインする場合，[**スリープ**]は作業をいったん中断して消費電力を抑えた状態にする場合，[**再起動**]は電源をいったん停止してからOSを再度起動する場合に各々選択します。

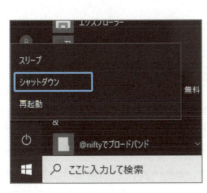 

● 図1-1-5　Windowsスタートアップ・メニューおよび Alt + F4 からのシャットダウン[1]

1.1.4　パスワードの変更

不正な操作を防止するためにはパスワードを定期的に変更することが必要です。PCを利用する環境によっては定期的に強制変更を求められることもあります。自ら変更する場合は，Ctrl + Alt + Delete を押下したあとに表示される画面で[**パスワードの変更**]を選択します。「パスワードの変更」画面が

---

[1] Windowsスタートアップ・メニューおよび Alt + F4 によって表示される操作項目は，OSの設定およびPCの仕様によって異なります。

Chapter 1　PCの基本

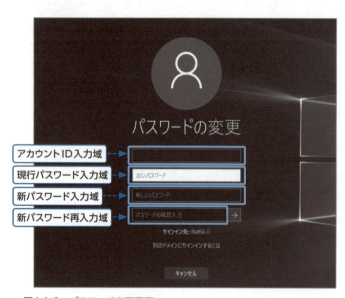

● 図1-1-6　パスワード変更画面

表示されるので，上から順番に，現在使用しているアカウントIDとパスワード，新しいパスワード，再度新しいパスワードを入力して Enter を押下します。入力内容が正しければ，パスワードが変更された旨のメッセージが表示されます。パスワード変更後は確認のためにサインインを実行します。パスワードは他者に類推されないように，誕生日，電話番号，住所などの文字列は避けて，大文字・小文字のアルファベット，数字，特殊記号などを使って複雑な文字列にしましょう。

1.1.5　マウスの操作

　マウスは平面上に置いて片手で使います。平面上でマウスを移動することによりデスクトップ上のマウスポインタを移動して，左ボタン，または右ボタンを各々 **[クリック]**(軽く押すこと)したり，**[ドラッグ]**（ボタンを押したままマウス本体を移動する）したり，左ボタンと右ボタンの間にある**ホイール**を転がしたりすることによってアプリケーションを操作します。特にボタンを2回連続してクリックする**[ダブルクリック]**，操作対象をドラッグして移動して指定した位置でボタンを放す**[ドラッグアンドドロップ]**も頻繁に使う操作です。

1.1.6　アプリケーションの起動操作

　サインイン後は**[デスクトップ]**画面が表示されます。基本的にこのデスクトップ画面はサインインしたアカウントIDによって異なります。デスクトップ上に表示されるデスクトップ画面の左下には**[スタートボタン]**，下部には**[タスクバー]**があります。このデスクトップ画面の背景，タスクバーに表示されるアイコン，スタートボタンをクリックしてから表示されるメニューなどはアカウントごとに設定が可能です。スタートボタンをクリックすると画面左下部分に**[スタートメニュー]**が展開されます。スタートメニューの左上にはサインイン中のアカウント名が表示されています。その下部には**[よく使うアプリ]**として直前に操作していたアプリケーションが表示されます。**[すべてのアプリ]**をクリックすると導入済みのアプリケーションが，アルファベット順およびあいうえお順に表示されます。**[よく使うアプリ]**，**[すべてのアプリ]**，またはタイル部分に表示されているアプリケーションのいずれかのアイコンを起動すると，そのアプリケーションが起動します。この他にアプリケーションの起動には次の操作方法があります。

　（ア）タスクバー上に表示されたショートカットアイコンのクリック
　（イ）デスクトップ上に表示されたショートカットアイコンのダブルクリック
　（ウ）[検索ボックス]でプログラムを検索した結果のプログラムをクリック

1.1 PCの基本的操作

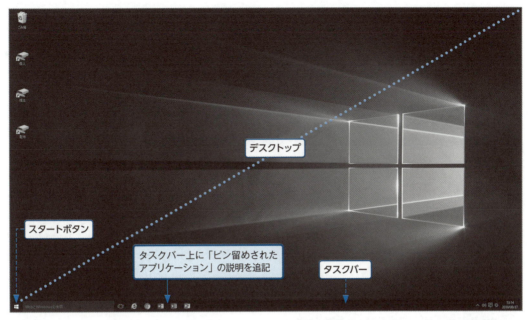

● 図1-1-7　サインイン直後のデスクトップ画面

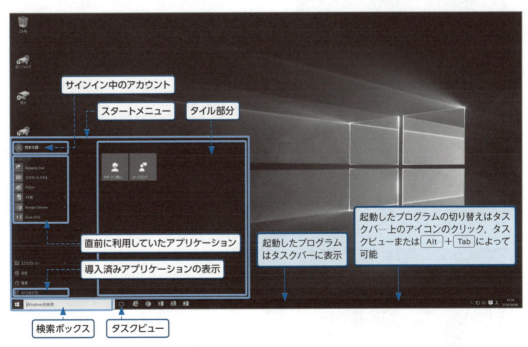

● 図1-1-8　デスクトップ画面でスタートボタンをクリックした状態

　タスクバーには頻繁に使うアプリケーションのアイコンを登録しておくことが可能です。これをタスクバーへの[**ピン留め**]といいます。登録の操作は，スタートボタンの[**よく使うアプリ**]または[**すべてのアプリ**]の中から対象のアプリケーションを選択，右クリックしてから「その他」，「タスクバーにピン留めする」の順番でクリックします。ピン留めされたアプリケーションを解除するには，タスクバー上の対象アイコンを右クリックして「タスクバーからピン留めを外す」をクリックします。

Chapter 1 PCの基本

デスクトップ上にショートカットアイコンを登録するには，スタートボタンの**[よく使うアプリ]**または**[すべてのアプリ]**の中から対象のアプリケーションをクリックしてデスクトップ上にドラッグします。登録を解除するには，デスクトップ上のアイコンを右クリックして**[削除(D)]**をクリックします。

● 図1-1-9　タスクバーにピン留めされたアプリケーションの例

アプリケーションは起動後にどのデータファイルを操作の対象とするか選択できますが，スタートボタン上のアプリケーションまたはタスクバー上のアイコンを右クリックすることによって，アプリケーション起動時にデータファイルを指定することが可能です（図1-1-10参照）。これはジャンプリストというもので直前に編集などの操作を行ったデータファイルの一覧です。データファイルの検索方法として，**[検索ボックス]**にキーワードを入力することにより，PC内のデータファイルを検索できますが，インターネット上の関連情報も表示されます（図1-1-11参照）。

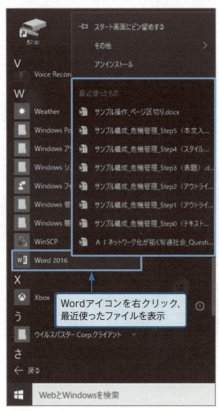

● 図1-1-10　ジャンプリストの例　　● 図1-1-11　検索ボックスの操作例

1.1.7 アプリケーション切替えの操作

いったん起動したアプリケーションはタスクバーに下線付きでアイコン表示されます。すでにピン留めされているアプリケーションについてはアイコンに下線が表示されます。Windows環境では複数

のアプリケーションを同時に起動して，それらを切り替えて操作することが可能です。切り替えには次の操作方法があります。**[タスクビュー]** アイコンは図1-1-8を参照してください。

（ア）タスクバー上のアプリケーションのアイコンをクリック
（イ）⊞ + Tab を押下または[タスクビュー]アイコンをクリックして切り替えたいアプリケーションをクリック
（ウ）Alt + Tab を押下して切り替えたいアプリケーションを選択

　起動後のアプリケーションは同じアプリケーションでも複数のデータファイルまたは複数のブラウザウィンドウなどに対して操作を行うことが可能です。アプリケーションの切り替えは，これらの操作対象となるデータファイルやアプリケーションの画面単位で行います。
　操作中のアプリケーションのウィンドウの大きさを最大化，最小化，または調節することができます。Windows環境で動作するほぼすべてのアプリケーションは画面右上のアイコンによって，**[最小化]**，**[最大化][終了]**の操作が可能です(図1-1-12参照)。任意の大きさを設定する場合はアプリケーション画面の四隅のいずれかにマウスポインターをもっていくと矢印のアイコンに変化するので，左マウス・ボタンをドラッグして大きさを調整します。

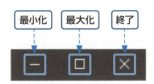

● 図1-1-12

1.1.8　アプリケーション終了の操作

　Windows環境の標準的なアプリケーションはアプリケーションウィンドウ右上の✕印をクリックするか，Alt + F4 で終了することが可能です。データを編集するアプリケーションを終了する場合は，データの保存の要否を判断して必要であれば保存操作を実行してください。PCをシャットダウンする前には基本的にすべてのアプリケーションを終了してください。アプリケーションが起動した状態でシャットダウンしようとすると，強制終了可否の確認メッセージが表示されます。これらの確認メッセージを見落としてアプリケーションの終了や強制シャットダウンを実行すると，編集データが保存されない状況も想定されますので注意が必要です。

1.2　キーボードの操作

1.2.1　キーボードの配列と機能

　キーボードは，日本語，アルファベット，数字などを打鍵して，その電気信号をコンピュータ本体に送る装置です。文字入力とは別に図1-2-1の丸数字で示されるキーは特殊な機能が割り当てられています。
　それらの機能は次の通りです。F1 から F12 のキーはファンクションキーといい，アプリケーションによって機能が割り付けられています。一般的に F1 はアプリケーションのヘルプ画面の表示で使われます。矢印キーは打鍵したデータが入力されるアプリケーション画面の特定の位置，つまり**「カーソル」**や入力域の移動に使います。

Chapter 1 PCの基本

	キー名称	機能
①	Esc（エスケープ）	選択解除
②	半角/全角漢字	半角/全角入力モード切替
③	Tab（タブ）	選択領域の移動
④	Caps Lock 英数	アルファベット大文字小文字の切替
⑤	Shift（シフト）	シフトモードの文字入力
⑥	Ctrl（コントロール）	（アプリケーションに依存）
⑦	（ウィンドウズ）	スタート機能（デスクトップ上のスタート・ボタンと同等）
⑧	Alt（オルト）	（アプリケーションに依存）
⑨	無変換	漢字でない文字候補の表示
⑩	（スペース）	空白の入力, 変換キーと同等の機能
⑪	変換	変換結果の文字候補の表示
⑫	カタカナ ひらがな ローマ字	漢字変換モードへの切替およびカタカナとひらがなの切替
⑬	（アプリケーション）	（アプリケーションに依存）

	キー名称	機能
⑭	Enter（エンター）	入力内容の確定など
⑮	BackSpace（バックスペース）	前方削除
⑯	PrintScreen（プリントスクリーン）	画面印刷（スクリーンショット）
⑰	ScrollLock（スクロールロック）	画面スクロールの固定/解除
⑱	Pause/Break（ポーズ/ブレーク）	（アプリケーションに依存）
⑲	Insert（インサート）	挿入/置換モードの切替
⑳	Delete（デリート）	削除
㉑	Home（ホーム）	行頭・文頭へのカーソル移動など（アプリケーションに依存）
㉒	End（エンド）	行末・文末へのカーソル移動など（アプリケーションに依存）
㉓	PgUp（ページアップ）	画面上方へのスクロール
㉔	PgDn（ページダウン）	画面下方へのスクロール
㉕	NumLock（ニューメリックロック）	テンキー機能の設定と解除

● 表1-2-1　キーボードの機能一覧表

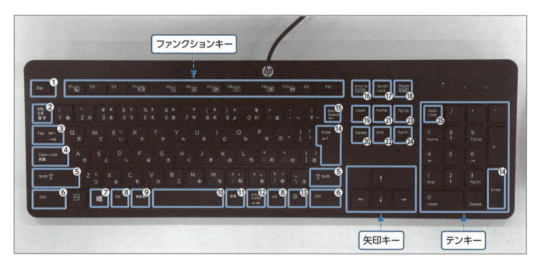

● 図1-2-1　キーボードの配列

　いくつかのキーは入力モードを切り替える機能をもつため注意が必要です。主な入力モードの切り替えとしては，[カタカナひらがな]キーと[半角/全角]キーによる漢字変換モードの有効・無効，[Shift]＋[Caps Lock]によるアルファベットの大文字・小文字があります。テンキーは[Num Lock]キーが有効になっている状態で使用可能ですが，[Num Lock]キーが無効になっている状態では矢印キーまたは[Home]，[End]，[Page Up]，[Page Down]の機能になります。[Caps Lock]と[Num Lock]の状態はキーボードの右上のインディケータの点灯状態で確認することができます。文字入力・編集の操作では[Insert]キーによる挿入・置換モードの切り替えがあります。**置換モード**の状態では既存入力データが上書きされます。

キーボードを正確に効率よく入力するためには，タイプ前後で指を一定の位置に置きます。この位置のことを**ホームポジション**と言います。左人差し指を「F」のキー，右人差し指を「J」のキー，親指をスペースキー辺りの位置で打鍵に備えます。キーボードの「F」「J」のキーには突起が付いているため，感触でキーの位置がわかります。

1.2.2 キーボード入力モード

[**カタカナひらがな**]キーを押下するとひらがなを入力して漢字に変換できる漢字変換モードに切り替わります。ひらがなを漢字に変換する機能はWindows OSに標準で装備されています。これは**IME**(Input Method Editor)という機能で，ひらがな，またはカタカナの文字を入力して，キーボードに割り付けられていない別の文字に変換するものです。文字数が多い言語環境を前提に提供されています。

日本語の場合はかな文字を入力して漢字に変換します。**入力モード**によって入力文字の種類を切り替えることができます(図1-2-2参照)。[**カタカナひらがな**]キーを押下するとひらがなの入力モード，[Shift]と[**カタカナひらがな**]キーを同時に押下するとカタカナ入力のモードが各々設定されます。[**半角/全角**]キーによって半角の英数文字とひらがなの入力モードを切り替えることができます。さらにひらがなの入力モードには，[**ローマ字入力モード**]と[**かな入力モード**]があり，[**ローマ字入力モード**]ではキーボード上のアルファベットのキーでローマ字方式の入力を行い，[**かな入力モード**]はキーボード上のひらがな文字のキーで直接入力を行います。[**ローマ字入力モード**]と[**かな入力モード**]の切り替えは[**カタカナひらがな**]キーと[Alt]を押下することにより可能です。切り替え操作時には図1-2-3の確認のウィンドウが表示されます。切り替える場合は[**はい(Y)**]をクリックします。これらの文字入力モードは，タスクバー右側に表示され，[**入力モード表示**]部分を右クリックして表示されるIMEメニューの上部の入力モード(図1-2-4)をクリックすることによって同様に入力モードを切り替えることも可能です。

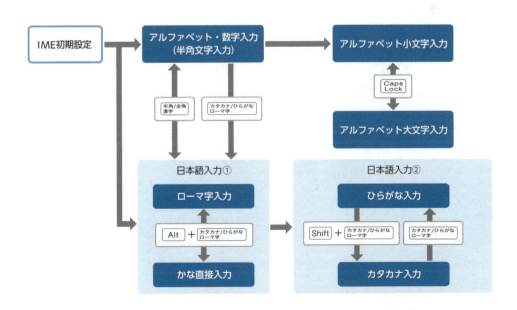

● 図1-2-2 入力モードの遷移

Chapter 1　PCの基本

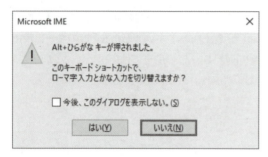

● 図1-2-3　ローマ字入力モードの切り替え

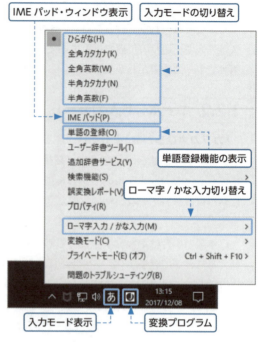

● 図1-2-4　IMEメニュー

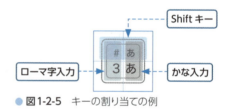

● 図1-2-5　キーの割り当ての例

　1つのキーには複数の入力文字が割り当てられています。[ローマ字入力モード]と[かな入力モード]の状態，またはShiftが同時に押下されているか否かによって入力される文字は異なります。図1-2-5はキーボードの左上の数字の3のキーですが，4つの文字が記されています。[ローマ字入力モード]であれば「3」，[ローマ字入力モード]でShiftが押されていれば「#」，[ひらがな入力モード]であれば「あ」，[ひらがな入力モード]でShiftが押されていれば「ぁ」がそれぞれ入力されます。

　ローマ字入力モードで打鍵する文字はローマ字表記と基本的に同等ですが，詳細は裏見返しの「ローマ字入力一覧」を参照してください。例えば，あ行の小さい文字，「ぁ」「ぃ」「ぅ」「ぇ」「ぉ」などは最初に「L」キーまたは「X」キーを打鍵します。拗音(ようおん)の「ゃ」「ゅ」「ょ」，促音(そくおん)の「っ」も同様に打鍵可能ですが，ローマ字表記と同じように打鍵することも可能です。撥音(はつおん)の「ん」は単語の末尾に来る場合は「N」キーを2回，末尾ではなくその後に文字が連続する場合は「N」キーを1回打鍵します。濁音(だくおん)，拗音，促音，撥音を含む打鍵操作の例を表1-2-2に示します。

用例	入力操作
さんげんぢゃや (三軒茶屋)	S⇒A⇒N⇒G⇒E⇒N⇒D⇒Y⇒A⇒Y⇒A
ぶっけん (物件)	B⇒U⇒K⇒K⇒E⇒N⇒N
ファッション	F⇒A⇒S⇒S⇒H⇒O⇒N⇒N
ヴァイオリン	V⇒A⇒I⇒O⇒R⇒I⇒N⇒N
ディスプレイ	D⇒H⇒I⇒S⇒U⇒P⇒U⇒R⇒E⇒I
こんにゃく	K⇒O⇒N⇒N⇒N⇒Y⇒A⇒K⇒U
こんやく (婚約)	K⇒O⇒N⇒N⇒Y⇒A⇒K⇒U

● 表1-2-2　キー入力操作例

1.2.3 IMEパッドの操作

　入力したかな文字を漢字に変換する場合，[変換]を押下しても入力したい候補の文字が表示されないことがあります。この場合は，図1-2-4で表示されるメニューの中から[IMEパッド]をクリックして，IMEパッド上の機能を使って文字を入力します。

　[**手書文字認識**]はウィンドウの文字描画領域にマウスをドラッグして文字のイメージを入力して右側に表示される文字候補を選択，[Enter]で入力文字を確定します。入力文字の文字コード番号がわかっていれば[**文字一覧入力**]を選択して文字を入力することも可能です。漢字の総画数や部首で絞り込んで漢字を選択することもできます。[**ソフトキーボード入力**]はキーボードが接続されていない構成やキーボードからPC本体の信号データの漏洩を防止する目的で利用されます。

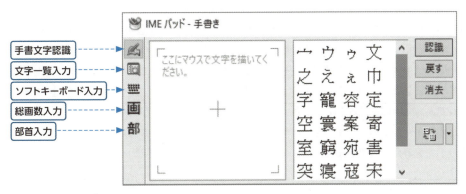

● 図1-2-6　IMEパッドの構成

1.2.4 IMEの設定

　OS起動時のローマ字入力モードとかな入力モードの選択，句読点の種類などについて事前に設定しておくことが可能です。図1-2-4のIMEメニューから[**プロパティ**]をクリックすると[**Microsoft IMEの設定**]ウィンドウが表示されるので，[**詳細設定**]ボタンをクリックします。[**Microsoft IMEの詳細設定**]が表示されるので，[**ローマ字入力/かな入力**]で入力モード，[**句読点**]で句読点のタイプ，[**記号**]でかぎ括弧か角括弧か，中点かスラッシュかの組み合わせを選択して[**OK**]をクリックします。OSはこの設定が反映された状態で起動します。[**IMEの詳細設定**]の[**辞書/学習**]のタブから[**学習する**]および[**学習情報をファイルに保存する**]を有効

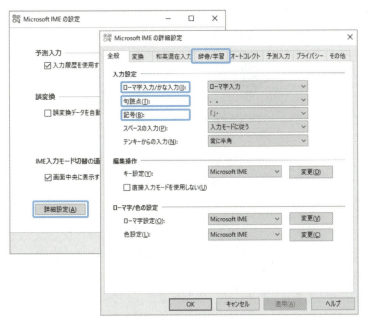

● 図1-2-7　IMEパッドの設定

Chapter 1　PCの基本

にすると，選択した候補の文字列が次回最上位の候補として表示，文節変換の箇所を変更すると次回自動的に変更された文節が表示されます。

1.3　漢字変換の操作

1.3.1　基本操作

　かな入力モードまたはカタカナ入力モードでキーボードから文字を入力すると，入力データは下線が付いた状態で表示されます。これは入力した文字の変換が確定していない状態を表しています。この未確定の状態で [変換] を押下すると変換候補が表示されます。変換候補の表示数には上限がありますが，上限を超える場合は [変換] を複数回押下することにより次の候補が表示されます。変換不要な文字の場合は [無変換] を押下します。変換，無変換の場合，いずれも対象の文字列を選択します。IMEは変換の対象となる文節を自動で判定して変換候補を表示します。図1-3-1の例では [変換] を押下した時点で入力文字の文節を判定し，各文節が変換されていることがわかります。

　文字入力は効率性が求められますので，キーボードの打鍵回数はなるべく少なく，かつ正確に変換するための工夫を考えてみましょう。

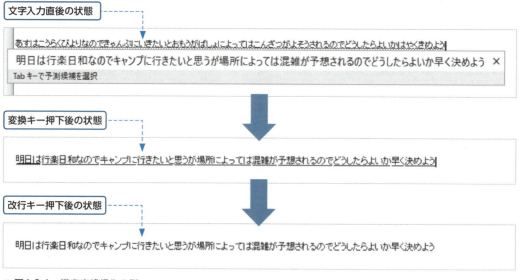

● 図1-3-1　漢字変換操作の例

1.3.2　変換箇所の指定

　前述の図1-3-1では複数の文節が含まれているにもかかわらず期待した変換結果になっていましたが，期待した変換結果にならないことがあります。特に同じ文字が連続した場合や長文を変換しようとした場合は誤変換が発生することがあります。この場合は明示的に変換対象の文節の区切りを設定する必要があります。変換キーを押下した後，[Shift] を押下した状態で [←]・[→] で文節区切りの範囲を指定します。次の例では最初，「はにわには」の文字列が文節と自動認識されていますが，「に」の後

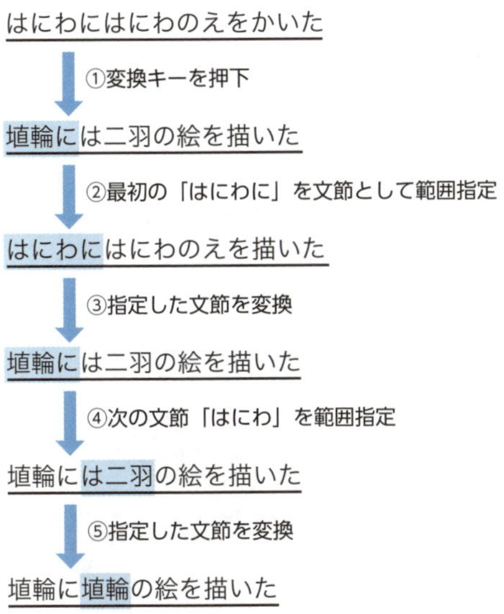

はにわにはにわのえをかいた

①変換キーを押下

埴輪には二羽の絵を描いた

②最初の「はにわに」を文節として範囲指定

はにわにはにわのえを描いた

③指定した文節を変換

埴輪には二羽の絵を描いた

④次の文節「はにわ」を範囲指定

埴輪には二羽の絵を描いた

⑤指定した文節を変換

埴輪に埴輪の絵を描いた

● **図1-3-2** 変換対象の文節区切り変更の例

の「はにわ」を変換の対象に変更しています。なお，1か所の文節の指定を変更すると，それに伴い他の文節も自動的に変換されるので注意が必要です。

変換精度を上げるためには，1.2.4節「IMEの設定」にある学習機能が有効になっていれば，複数の文節の変換にも効果的です。その他に変換対象となる文節を短く設定して変換すること，つまりこまめに文節ごとに変換することも効果的があります。一方，複数の文節を一括で変換すると入力の効率性も期待できます。これらの特性を考慮して変換機能を利用しましょう。

1.3.3 ファンクションキーの操作

かな文字入力モードの状態で英数半角入力モードと誤認してタイプしてしまった場合，F9 または F10 によってアルファベットに変換することが可能です。F9 は全角のアルファベットに，F10 は半角のアルファベットに変換します。これらのキーを複数回打鍵すると，すべて小文字，すべて大文字，最初の文字のみ大文字のパターンの候補が表示されます。

1.3.4 再変換の操作

いったん変換した文字列を再度変換することも可能です。再変換対象の文字列を Shift と →・← で指定して，変換 を押下します。範囲指定した文字列の変換候補が表示されます。

1.3.5 無変換 キーの操作

変換されていない状態で 無変換 を押下すると，プルダウン形式で漢字などの変換候補文字は表示されずに，複数回押下することによって，「ひらがな」「全角カタカナ」「半角カタカナ」の順番で候補の文字列が表示されます。

1.3.6 単語の登録

既存の漢字変換の機能で変換できない文字は単語登録することによって，変換候補に表示することが可能です。図1-2-4のメニューから[**単語登録**]を選択します。ここで変換結果となる「単語」，変換元の[**よみ**]，[**品詞**]の種類を入力して[**登録**]ボタンをクリックします。[**ユーザーコメント**]の入力は任意です。登録した内容を変更削除する場合は同じウィンドウ上の[**ユーザー辞書ツール**]から操作します。

Chapter 1 PCの基本

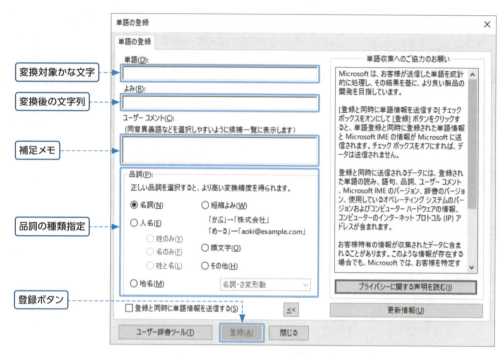

● 図1-3-3 「単語の登録」のウィンドウ

1.4 PCの構成

　ここではPCを例に挙げてコンピュータの構成を解説します。また，PCの起動と停止以外に必要性が高い操作を紹介します。

1.4.1 ハードウェアとソフトウェア

　コンピュータは**ハードウェア**と**ソフトウェア**で構成されます。ソフトウェアが動作する環境をハードウェアが提供すると考えてもよいでしょう。ハードウェアはコンピュータの操作または処理を実現するために物理的な機能を提供します。キーボードはキー入力，マウスは操作に必要なビジュアルな操作インタフェースを提供，ディスプレイは処理の結果や保管しているデータの表示，プリンターは印刷処理，PC本体はデータの保管や計算処理の実行などがあります。これらのハードウェアは物理形状とその目的が一致しています。一方，ソフトウェアは固有の物理形状をとることはありません。ソフトウェアはハードディスクやUSBメモリ，DVDやテープなどの様々な記憶媒体上のデジタル形式のデータとして保持されており，これがハードウェアによって処理されることによって，初めて機能します。ハードウェアの機能や操作は固定的ですが，ソフトウェアの機能は自由度が高いため，コンピュータ全体としては多様な機能を実現しています。計算処理，文書編集，ネット検索，コミュニケーションツールなど，1台のコンピュータによって提供される機能は動作するソフトウェアの論理的な機能によって制御されているといえます。

　コンピュータは，PCはもちろんのこと，軽量小型のタブレット型PC，スマートフォン，インターネットで多様なサービスを提供するサーバー，膨大な計算量を短時間に処理する大型のスーパーコン

● 図1-4-1　物理的なハードウェアと論理的なソフトウェア

ピュータ，さらに広い意味ではゲーム機やカーナビなどの特定目的に応じた情報機器など，複数の形態があります。私たちがコンピュータを購入する際には利用目的や利用形態を考慮する必要があります。主な考慮点には，持ち運びの要否（サイズおよび重さ），そのハードウェアで可能なソフトウェア，通信機能の有無およびその方式，接続可能な周辺機器，入力機構の操作感，ディスプレイサイズなどがあります。

　多くのユーザーを抱えるWindowsはアプリケーション開発のための機能が公開され，開発用のツールが豊富に揃っているため，様々なアプリケーションが提供されています。このようなシステムを**オープン・システム**といいます。Windows環境のPCをはじめとするシステムはオープン・システムの典型です。一方で，特定の目的に対応して設計情報や開発環境が公開・提供されていないシステムをクローズド・システムということがあります。ハードウェアやOSの仕様が非公開の特定ベンダのコンピュータ，広い意味ではカーナビやビデオレコーダー，デジタルカメラなどが該当します。

　私たちはオープン・システムとしてのPCの操作方法を修得することによって，様々なアプリケーションを利用できることになります。

1.4.2　ハードウェアの基礎知識

　一般的にコンピュータは，演算装置，記憶装置，制御装置，入力装置，出力装置の5大装置から構成されます。演算装置は中央演算処理装置であり計算処理を実行します。記憶装置には，演算装置と直接データをやり取りする主記憶装置と補助記憶装置があります。補助記憶装置にはディスク装置，CD-ROMやDVDなどのリムーバブルメディアおよびその駆動装置，USBメモリなどが含まれます。制御装置は，演算装置，記憶装置，入力装置，出力装置の間のデータのやり取りを制御します。入力装置は処理対象となるデータを受け付ける装置で，キーボードやスキャナーなどが含まれます。出力装置は処理結果を出力する装置で，ディスプレイやプリンターなどが含まれます。装置構成の概要は次の通りです。

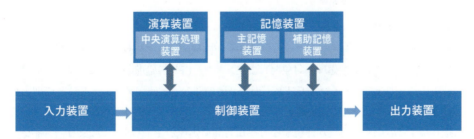

● 図1-4-2　コンピュータの基本的構成要素

Chapter 1　PCの基本

　実際にPC本体内には**CPU**(Central Processing Unit：中央演算処理装置) および**メインメモリ**(Main Memory：主記憶装置)，**内蔵ディスク装置**，**電源機構**，**ネットワーク接続機構**，**その他制御機構**を含みます。図1-4-3はその概念図です。処理対象のデータはすべてシリアルインタフェースおよび入出力装置のコントローラを経由してやり取りされます。現在主流の拡張インタフェースの規格はPCI Expressルートコンプレックスと呼ばれるものです。処理対象のプログラムとデータは内蔵ディスクやその他の補助記憶装置に保存されており，プログラムが起動されるとこの装置から拡張インタフェースを経由してメインメモリに読み込まれます。メインメモリへの読み込み処理自体は，CPUの機能とオペレーティングシステムの制御によって実行されます。CPUに読み込まれたプログラムは直接CPUが実行可能な命令の集合であり，一つ一つの命令はCPUに読み込まれて実行されます。処理の結果は再度メインメモリを経由してディスプレイ装置や内蔵ディスク，ネットワーク機構などの出力装置に送られます。

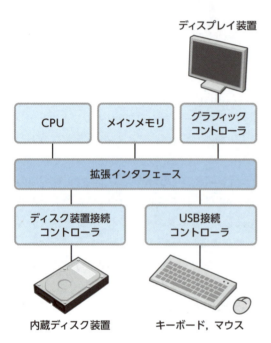

● 図1-4-3　PCの構成の例

■CPU(中央演算処理装置)
　CPUは，メインメモリと通信したり，内部に読み込まれたデータやプログラムを処理したりする際に一定の時間間隔で最小の処理単位となる機械語の命令を実行します。これをクロック周波数と呼びます。クロック周波数の数値が大きいほど時間当たりの処理の密度が高くなり，性能は上がります。CPUは一時的にデータを保持する**レジスタ**をもっていますが容量が小さく，メインメモリまたは拡張インタフェースとの通信は頻繁に発生します。この経路の通信は非常に高速です。また，メインメモリや入出力装置のコントローラにもキャッシュと呼ばれる一時的なデータ保管領域をもっており，これらの容量も処理速度に影響を与えます。

■メインメモリ(主記憶装置)
　メインメモリは処理の対象となるプログラムとデータが内蔵ディスク装置や他の入力機構からいったん読み込まれ，CPUはこれらを処理の対象とします。また，CPUの処理の結果はメインメモリを経由して出力装置に送られます。メインメモリと入出力装置の間の通信は，メインメモリとCPUとの間に比較して低速です。よって，入出力装置から受け取ったデータやプログラムをメインメモリから入出力装置に送り戻すことなく，処理が連続する方が短時間で処理が完了します。つまり，メインメモリの容量も大きいほど処理効率が上がることになります。ただし，メインメモリの容量はOSやハード

ウェアの仕様によって上限があります。Windows 10の64bitバージョンProfessional Editionでは2 TBが上限ですがこれは理論値であり、PCのメインメモリの容量の上限は機種によって異なるものの 上位機種でも32 GB程度です。

■ディスク装置

内蔵ディスク装置は数百ギガバイトまたはテラバイトの容量をもっています。内蔵ディスク装置も メインメモリもデータを読み書きする操作は同じですが、メインメモリは一時的なデータ保管である のに対して、内蔵ディスク装置は恒久的にデータが保管され、電源を停止してもデータは再度利用で きます。内蔵型の補助記憶装置には、いわゆる回転する円形ディスクに磁気データを読み書きするハー ドディスクドライブ型(HDD)と半導体を利用したより高速なソリッドステートドライブ型(SSD)があ ります。その外にデータを保管する場合には、USBメモリやCD-ROM, DVD, ブルーレイなどの光学ディ スクも利用可能ですが、ネットワークに接続している場合はファイルサーバーやクラウドストレージ 上に保管することもできます。

■キーボード

キーボードは、データ入力やカーソル移動や画面印刷などの固有操作を実行するための入力装置で す。ユーザーが文字データを入力したり、カーソルを移動したり、固有の動作を実行したりするため の機能が、キーごとに割り当てられています。言語に応じてキーボードは存在しますが、日本国内で は日本語対応のキーボードが主に流通しています。キーの数、キーの間隔、サイズ、配列、タイプ時の 感触などに差があります。キーにひらがなの表記があるものが一般的ですが、英語入力が主体であれ ば英語配列キーボードも提供されています。キーの数に応じて日本語用には106キーボードまたは 109キーボード、英語配列には101キーボード、または104キーボードの呼称もあります。接続形態 にはケーブル接続と無線接続のものがあります。ケーブル接続にはUSB接続とPS2接続の2種類があ ります。無線接続の方式は、USBポート接続レシーバーを経由して接続するものとBluetooth経由で接 続するものがあります。無線接続の場合は内蔵電池が必要となる機種もあります。

■マウス

マウスはディスプレイ上のグラフィカルな画面で入力や固有の操作を補助するための装置です。図 形やイラストの編集では特に効果を発揮します。マウスを平面上で転がすとその運動量と方向によっ て画面上のマウスポインターの位置が移動します。また、マウスの左ボタンと右ボタンをクリックす ることによって、アプリケーションごとに指定された各々の動作を実行します。マウスの操作で図や イラストを描く際は、微細な精度が求められます。マウスポインターの位置は下向きに発する光の反 射を検知して動きます。光源にはレーザー光線やLEDが使われています。接続形態にはケーブル接続 と無線接続のものがあります。ケーブル接続の場合はUSB接続とPS2接続の2種類があります。無線 接続の方式は、専用のUSBポート接続レシーバーを経由して接続するものとPC本体のBluetoothポー ト経由で接続するものがあります。無線接続の場合は内蔵電池が必要となる機種もあります。

■ディスプレイ装置

ディスプレイ装置の基本的な機能はOSやアプリケーションから出力される画面を表示することで す。ディスプレイ装置は、縦横比を示すアスペクト比、画面に表示される総画素数を示す解像度、画像 の表現力に影響する表示色数、眼精疲労予防のためのフリッカーフリーの有無などの仕様があります。 アスペクト比は横と縦の比率が16:9, 解像度はフルHD (Full High-Definition, 画素数：1920×1080)

のものが現在は主流です。接続形態は，D-Sub，HDMI (High-Definition Multimedia Interface)，DVI (Digital Visual Interface)，DisplayPort，USB，Thunderboltがあります。D-Subと一部のDVI (DVI-A)はアナログ方式の接続ですが，他はデジタル方式です。Windows 8以降は画面に表示されるキーボードやアプリケーションの機能ボタンに触れるタッチパネル操作が可能になりました。一部のディスプレイ装置はこの機能に対応しています。

■ **ネットワーク接続カード (NIC : Network Interface Card)**

　ネットワーク上のサービスを利用する場合は，何らかの形態でネットワークに接続する必要があります。ネットワーク接続のハードウェアはPCに標準装備されている場合と後でユーザーが追加する場合があります。最近のPCは新技術の接続機構をほぼ標準で装備しています。ネットワーク接続形式は，無線と有線があり，その規格に留意する必要があります。無線の場合は，利用する環境のプロトコルや認証方式に対応していることが条件です。有線ネットワークの場合は，イーサーネットが用いられ，ケーブルはツイストペア，接続コネクタの物理形状はRJ-45が一般的です。データ転送速度はネットワーク環境の仕様によって変わります。有線無線を問わず，インターネットに接続できるか否かは接続したネットワーク環境の構成に依存します。また，ネットワーク接続のためにはOS側のIPアドレスの割当方法，デフォルトゲートウェイ，DNSサーバーなどの設定も必要になります。物理的に接続されているか否かはデスクトップ画面右下のアイコン表示で確認することが可能です。

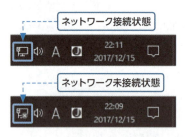

● 図1-4-4　有線ケーブル接続時の状態表示

■ **プリンター**

　プリンターは基本的に用紙に印刷するための機能を提供します。印刷物のスキャナーやコピー機としても利用可能な複合機能タイプのプリンターも廉価で提供されています。印刷方式，カラー印刷の可否，時間当たりの印刷枚数，印刷可能な用紙サイズ，PCとの接続形態によって，様々な機種が存在します。印刷方式にはインクジェット方式とレーザー方式があります。インクジェット方式はカラー印刷で利用した場合の色の再現性が高いもののインクが滲みやすい，印刷速度が遅いといった特徴があります。レーザー方式は印刷が速く，印刷物のインクが滲みにくいものの，色の再現性は低いとされています。価格面でもインクジェット方式は抑えられているため，個人利用ではインクジェット方式が，複数の利用者で共有する場合はレーザー方式が採用されることが多いようです。接続形態については，有線のUSBポート接続，Bluetooth接続，有線のネットワーク接続，無線のネットワーク接続があります。前二者は，個人利用でプリンターを占有してよい場合，後者はプリンターを複数の利用者で共有する場合に適しています。

　プリンターの利用に当たっては，機種ごとに対応したソフトウェアを導入する必要があります。このソフトウェアはプリンタードライバと呼ばれ，プリンターを提供しているベンダーのホームページからダウンロードすることが可能です。ネットワーク接続の場合はプリンターのアドレスも設定します。印刷時は，プリンターが印刷可能になっているか，電源起動，接続状態，用紙の補充，インクやトナーの残量などを確認してください。設定済みのプリンターの状態を確認する操作は，スタートボタン ⊞，[設定]アイコン，[Windowsの設定]の画面で[デバイス]，[プリンターとスキャナー]，の順番でク

リックして，操作対象のプリンターをクリックします。ここで[**キューを開く**][**管理**][**デバイスの削除**]の選択肢が表示されるので[**管理**]をクリックします。選択した「デバイスの管理」画面が表示されますが，ここでプリンターの状態を確認したり，プリンターの設定を行ったりすることができます。印刷可能な状態で[**キューを開く**]をクリックすると印刷データの状態を確認することができます。図1-4-5では[**プリンターの状態：アイドル**]となっており，印刷待ちの状態であることを示しています。プリンターの電源が起動していないと「**オフライン**」の表示になります。

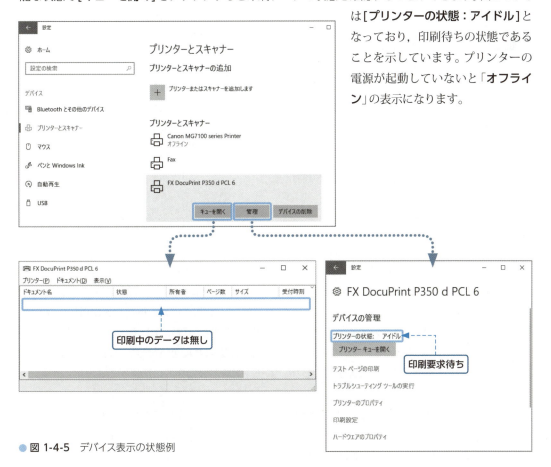

● 図 1-4-5　デバイス表示の状態例

■ デスクトップ型PCとラップトップ型PC

　PCはデスクトップ型とラップトップ型に大別されます。デスクトップ型は机上の据え置きで利用されますが，ラップトップ型は持ち運ぶことを前提に設計されています。大きな違いはディスプレイのサイズ，キーボードとマウスの形態などです。画像処理やゲームの利用目的で高速な描画を求めるといった特殊な事情がない限り，いずれのPCも導入可能なOSやプログラムに差異はありません。また，最近はラップトップ型PCの可搬性をさらに進化させたタブレット型のPCもあります。タブレット型では薄型軽量でPCと同機能を実現させるために，画面部分でのキーボード操作を実現するタッチパネル機能や極薄型のキーボードを備えた装置も提供されています。

1.4.3　ソフトウェアの基礎知識

　ソフトウェアは処理を実現するためのプログラムと処理の対象となるデータを含みます。一般的なソフトウェアライセンスやソフトウェア開発会社の用語が示すように，プログラムを対象にソフトウェアと表記する場合もあります。

Chapter 1　PC の基本

処理を実行するためのプログラムと処理対象となるデータで共通することは，いずれもデジタル形式で保持されることです。これをまとめてデジタルデータと呼びます。デジタルデータは，電気信号または電磁情報のオン／オフで表現され，特定の物理形態には限定されません。PCの内蔵ハードディスク装置，DVDやブルーレイの媒体，USBメモリ，いずれの保存場所にあってもそのデジタルデータの論理的な内容は同じです。

■オペレーティングシステム

プログラムはオペレーティングシステム，つまりOSとそれ以外のアプリケーション・プログラム（以下，アプリケーションと表記）に大別されます。ハードウェアの種類によって導入可能なOSは異なります。PCであれば，Windowsか macOSが一般的です。スマートフォンやタブレット型端末ではAndroidやiOSが使われます。本書はPCに導入されたWindowsを前提に説明します。OSはいくつかの機能を提供します。

（ア）ハードウェアとアプリケーションの仲介
（イ）アプリケーションの実行管理
（ウ）ファイルシステム
（エ）通信の制御

ハードウェア装置に含まれるキーボード，マウスなどの入力機構，ディスプレイ，ディスク装置などの出力機構の入出力処理は，OSがアプリケーションから命令を受けて実行しています。このOSの仲介処理によって，アプリケーションの開発は容易になり，利用者は画一的な操作が可能になります。

Windows OSの環境ではアプリケーション画面の操作を受け付けたり，ネットワークからデータを受け取ったり，ディスク装置にデータを書き込んだり，複数の処理を並行して実行しています。OSは，これらの並行処理をシステム資源が競合しないよう，制御かつ効率的に活用することにより実現しています。

コンピュータの操作の単位は，プログラム，データともにファイルであり，これによって利用者にとってわかりやすい操作になっています。エクスプローラーから見ると各ファイルはアイコンとファイル名で表示されています。新規にデータファイルを作成したり，既存のファイルを編集したり，名前変更，削除できるのも，OSがファイルを制御する機能によるものであり，これを**ファイルシステム**といいます。

OSは通信機能も制御します。アプリケーションを介して処理要求を受けて，処理可能な通信データ形式に変換したり，通信相手を特定したり，データ送受信の通信制御を行う処理を実行します。

■アプリケーション

アプリケーションとは，適用，応用，申請のような広い意味をもちます。情報技術の用語としては利用者の用途に応じて実行されるプログラムのことを意味しており，業務プログラムといわれることもあります。よって，プログラムの言葉は OSも含めてハードウェア環境上で動作するすべてのプログラムを指し，アプリケーションはOS上で稼働するプログラムに限定することが一般的です。代表的なPC環境のアプリケーションとしては，ブラウザやメールソフト，オフィス・ツールなどがあります。

アプリケーションは，プログラムファイルおよび動作環境設定に関連するファイルによって構成されます。例えばブラウザであれば，ブラウザのプログラム本体，ビューアなどの追加機能のプログラム，ホームページの情報，アクセス履歴の情報など，複数のファイルが必要です。また，Windows OSの環境ではプログラムファイルにアイコンが関連付けられており，このアイコンをクリックすること

によってアプリケーションが起動します。

アプリケーションは，ハードウェア購入時に事前に導入されている場合もありますが，導入されていなければ追加で導入可能です。自分で導入する場合は，必ず正規のライセンスのアプリケーションを導入してください。有償のソフトウェアであれば，Microsoft Office やアンチウイルス・ソフト，無償のアプリケーションではブラウザの Chrome や Firefox が該当します。無償アプリケーションは正規のサイトからプログラムファイルをダウンロードしてください[*2]。正規サイト以外のファイルはマルウェアの感染が懸念されます。

■ **バージョンという概念**

OS またはアプリケーションは機能をもったソフトウェアですが，その内部仕様は機能の追加や変更，削除の要件やセキュリティ上の問題の対応のため，変更が発生します。これらの変更によって，PC 内部のプログラムファイルの入れ替え，追加，削除といった更新操作が必要になります。更新の状態を識別するために，バージョン情報が提供されます。バージョンはその一連のアプリケーションまたは OS の単位で付与されています。特にセキュリティ対策の一環として，最新のバージョンの状態にしておくことが重要です。

OS のバージョンを確認するためには，**スタートボタン**，[**設定**]アイコン，[**Windowsの設定**]，[**システム**]，[**バージョン情報**]の順番でクリックします。[**バージョン**]の項目が該当する情報ですが，[**エディション**]には Windows OS の種類，[**ビルド番号**]はプログラム開発時のビルド処理の回数を示します。[**バージョン**]と[**ビルド番号**]は大きい方が新しいプログラムであることを意味します。

● 図 1-4-6　Windows 10 のバージョン情報表示例

セキュリティ対策として適切な更新プログラムが適用されているか否か確認するためには，**スタートボタン**，[**設定**]アイコン，[**更新とセキュリティ**]，[**更新の履歴**]の順番でクリックして更新プ

[*2] 日本語版の Chrome は https://www.google.co.jp/chrome/browser/desktop/index.html，Firefox は https://www.mozilla.org が正規のダウンロードサイトです。(2017 年 12 月時点)

ログラムの適用状況を確認します。正常に適用された場合は「正しくインストールされました」の表示、そうでない場合は「インストールに失敗しました」のメッセージが表示されます。Windows 10の環境では基本的には自動的に更新プログラムが適用されます。最新情報はMicrosoft社のホームページを参照してください。

● 図 1-4-7　Windows 10 更新の履歴の表示例

Chapter 2　情報の収集と共有

　　様々な問題を解決するには，まず問題の核心が何であるかを見極める必要があります。そしてそのためには，直接・間接を問わず，関連するデータや情報の収集と整理が必要となります。そしてインターネットが利用できる現代では，データや情報の収集において最も身近で最も効率的に利用できる仕組みはWebサーチエンジンを利用した情報検索でしょう。収集したデータや情報は，集計・加工・分析されることで問題の解決に役立てられますが，その過程において電子メールを含む様々な種類のメディアを媒介にして保存・移動・コピーされます。この章では，これら情報の収集と整理，そして共有の方法について学修します。

Chapter 2 情報の収集と共有

2.1 ファイルとフォルダー

　コンピュータやインターネットにおいては，データや情報を取り扱う際に，データの属性に従ってファイルとして保存されたものを分類・整理してわかりやすく管理する必要があります。ファイルをグループ化してまとめる入れ物としてフォルダー（ディレクトリ）が利用できます。Windowsではアイコン表示されるファイルやフォルダーを[**エクスプローラー**]によって管理します。

2.1.1 データの整理とエクスプローラー

　エクスプローラーを起動するには，任意のフォルダーを開くか，タスクバーのエクスプローラーアイコンをクリックするか，あるいはスタートメニューの[**Windowsシステムツール**]にあるエクスプローラーをクリックします。

● 図2-1-1　エクスプローラー

　エクスプローラーを起動すると，ナビゲーションウィンドウが左側に表示され，右側にはナビゲーションウィンドウで選択したフォルダーに含まれる内容が表示されます。エクスプローラーでの操作は，タイトルバー下にタブで仕切られた機能（コマンド）がリボンインターフェイスで利用できるようになっています。各タブで利用できる詳細な機能は通常縮小表示されて隠されていますが，タブをクリック（あるいはダブルクリック）することで表示できます（次頁図2-1-2）。
　タブやその中で利用できる機能（コマンド）は選択したファイルやフォルダー，そしてドライブによって異なります。

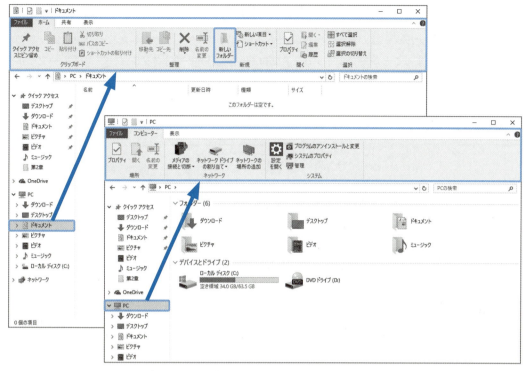

● 図 2-1-2　ドキュメントフォルダーとCドライブ選択時のタブ表示の違い

　エクスプローラーのファイルやフォルダーのアイコンの大きさや並べ替えなど表示形式は，[**表示**]タブの[**レイアウト**]で変更することができます。

● 図 2-1-3　エクスプローラーの[**表示**]タブ

　新しいフォルダーを作成するには，エクスプローラーの[**ホーム**]タブにある[**新しいフォルダー**]をクリックするか，Ctrl + Shift + N を押下します。フォルダー名を入力して Enter で確定します。ファイルやフォルダーの作成・保存先については，基本的に[**ドキュメント**]フォルダーを指定しましょう。

　ファイル名やフォルダー名には，最大260文字設定できます。（拡張子や，ファイルやフォルダーを保存するドライブやフォルダー名を含む「パス」表記のための文字数が含まれますので，実際には最大250文字程度となります。また，\ / : * ? " < > | は使用できません。）

　ファイル名やフォルダー名を変更するには，ファイルやフォルダーを選択した状態でエクスプローラーの[**ホーム**]タブの[**名前の変更**]で変更するか，F2 を押下して変更してください。

Chapter 2 情報の収集と共有

2.1.2 移動・コピー・ショートカット・削除

　ファイルやフォルダーは，分類・整理のために別のフォルダーに移動したり，バックアップのためにコピーしたりすることができます。エクスプローラーの[ホーム]タブには，ファイルやフォルダーの移動やコピーに必要なコマンドがすべてアイコンで表示されています。

● 図 2-1-4　エクスプローラーの[ホーム]タブ

■ 移動とコピー

　Ctrl + X で切り取って，Ctrl + V で貼り付けることで「移動」，また Ctrl + C でコピーして，Ctrl + V で貼り付けることで「コピー」操作になります。

　マウスを使った操作の場合，通常，同一ドライブ内で別のフォルダーにファイルやフォルダーを左クリックしてドラッグアンドドロップすれば，それは「移動」操作になり，別のドライブ内のフォルダーにドラッグアンドドロップすれば，それは「コピー」操作になります。

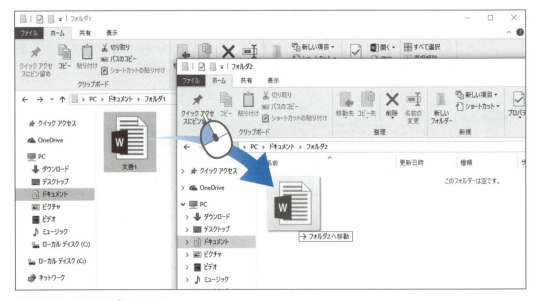

● 図 2-1-5　ファイルの「移動」操作

　同一ドライブか別ドライブか関係なく，Shift + ドラッグで「移動」，Ctrl + ドラッグで「コピー」操作になります。

　マウスを使ったファイルやフォルダーの移動とコピーについては，ファイルやフォルダーのアイコンの上で右クリックしてドラッグアンドドロップすることで，メニューの中から選択して操作することもできます。

2.1 ファイルとフォルダー

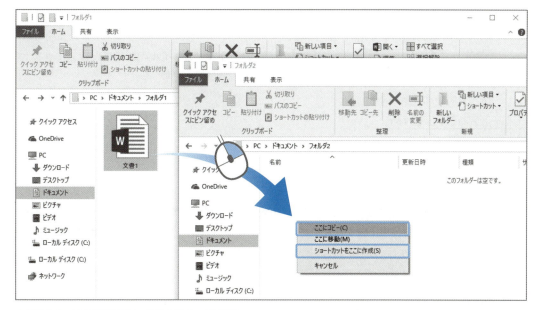

● 図2-1-6　マウスの右クリックによるファイル操作

■ ショートカット

なお，メニューに表示されているように，[**ショートカットをここに作成(S)**]をクリックすれば，ファイルやフォルダーの分身（リンク）としての「ショートカット」*1を作成することもできます。ショートカットのアイコンには，通常のアイコンの左下に小さな矢印が表示されて区別できます。

また空きスペースで右クリックして表示されるメニューで，[**新規作成(X)**]からサブメニューの[**ショートカット(S)**]をクリックすれば，ショートカットを作成したいファイルやフォルダーを選択してショートカットを作成することもできます。

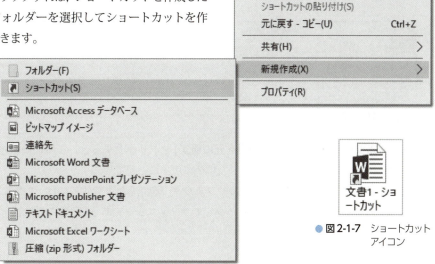

● 図2-1-7　ショートカットアイコン

● 図2-1-8　ショートカットの新規作成

＊1　実際のデータファイルへの位置情報だけをもつファイルのこと。エイリアスやシンボリックリンクと表記される場合もあります。

27

Chapter 2 情報の収集と共有

ところで，移動・コピーする保存先に同じ名前のファイルやフォルダーがすでにある場合は，次のような「ファイルの置換またはスキップ」の警告表示が現れます。

● 図2-1-9 ファイルの置換またはスキップ

ファイルを上書きしてもよければ，[**ファイルを置き換える(R)**]をクリックしてください。あるいは事前に[**ファイルの情報を比較する(C)**]で確認して，必要ならいったん[**ファイルは置き換えずスキップする(S)**]をクリックし，別名を付けてからもう一度操作してください。同名のフォルダーの場合は，置き換えではなく，フォルダーの中にあるファイルがコピーされるので，注意が必要です。

■ ごみ箱

作成したファイルやフォルダーが不要になったら削除しましょう。削除については，「ごみ箱」機能を使った一時的な削除と，完全な削除があります。削除したいファイルやフォルダーを選択して，エク

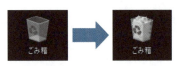

● 図2-1-10 ごみ箱アイコン

スプローラーの[**ホーム**]タブで[**削除**]をクリックするか，マウスでファイルやフォルダーのアイコンをデスクトップ上のごみ箱にドラッグアンドドロップするか，あるいは Delete を押下してください。ごみ箱のアイコンが左記のように変化します。

ごみ箱をダブルクリックして中に入っているファイルやフォルダーを取り出せば，改めて利用することができます。逆にごみ箱で右クリックして表示されるメニューで[**ごみ箱を空にする**]をクリックする，あるいはごみ箱フォルダーの[**ごみ箱ツール**]にある[**ごみ箱を空にする**]をクリックすれば，完全に削除することもできます。

● 図2-1-11 ごみ箱ツール

[**ごみ箱ツール**]の[**選択した項目を元に戻す**]をクリックすると，ごみ箱内の選択したファイルやフォルダーを，もともと保存されていた場所に戻すことができます。

ごみ箱を経由せずに，直接ファイルやフォルダーを完全に削除するには，エクスプローラーの[**ホーム**]タブの[**削除**]ボタンの▼をクリックしてサブメニューにある[**完全に削除**]をクリックするか，あるいは Shift ＋ Delete を押下します。

2.2 Webサーチエンジンを利用した情報検索

コンピュータがコンピュータ・ネットワーク，インターネットにつながっていることは現在では最早前提となりつつありますが，そのような環境において問題解決のために様々なデータや情報を収集する手段として最も身近な仕組みがWebサーチエンジンを利用した情報検索でしょう。

Webサーチエンジンは，もともとインターネットの黎明期である1990年初頭にArchieやGopherといったデータファイルの索引検索やテキスト中心の情報検索システムが基になって大学や個人で作られた非商用のデータベースを原型としますが，World Wide Web（以下，Web）の爆発的浸透に伴って，1990年代半ばからYahoo!やGoogleなどに代表される正にポータルサイト（玄関＝入口）としての性格を伴った商用の検索サービスとして発展しました。

ここでは，まずWebサーチエンジンを利用するための閲覧ソフトであるブラウザについて確認し，代表的なWebサーチエンジンであるGoogleを中心として情報検索サービスの利用の仕方を学修します。

2.2.1 Webブラウザ

Webサーチエンジンを利用した情報検索に先立って，まずはWebの閲覧ソフトであるブラウザについて確認します。ブラウザには，Windows 10標準のEdgeをはじめ，FireFoxやInternet Explorerなど様々なものがありますが，ここではGoogle社のChromeを中心に解説します。

● 図 2-2-1　Google Chrome Webブラウザ

いずれのブラウザにも共通して，ナビゲーション機能，タブ表示機能，ブラウザ設定がありますが，次にGoogle Chromeにおける主な機能やボタン操作あるいはキーボードショートカットをまとめました。（括弧内はキーボードショートカット。）

Chapter 2 情報の収集と共有

■ナビゲーション
[戻る]ボタン：前のページに戻る。[戻る]ボタンの長押しで履歴を表示する。（Alt + ←）
[進む]ボタン：次のページに進む。[進む]ボタンの長押しで履歴を表示する。（Alt + →）
[更新]ボタン：表示画面を再読み込みする（F5）

■アドレスバー
アドレスバーにカーソルを移動（Ctrl + L，Alt + D あるいは F6）
検索エンジンとしてGoogleを指定して検索（Ctrl + E あるいは Ctrl + K）
新しいタブを開いてGoogleで検索（検索語を入力 + Alt + Enter）

■タブとウィンドウ
[新しいタブ]ボタン：新しいタブを開く（Ctrl + T）
複数タブの切替（Ctrl + Tab で次のタブ，Ctrl + Shift + Tab で前のタブ）
新しいウィンドウを開く（Ctrl + N）
新しいウィンドウをシークレットモードで開く（Ctrl + Shift + N）
現在のタブを閉じる（Ctrl + W あるいは Ctrl + F4）
全てのタブを閉じる（Ctrl + Shift + W）

※シークレットモードとは，閲覧履歴を残さないで閲覧する方法のこと。

■Chromeの設定（メニュー）

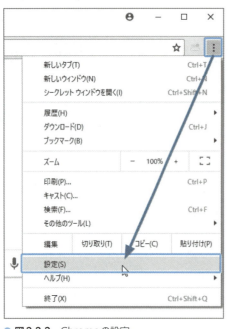

ブックマークや印刷などのブラウザの設定メニュー表示（Alt + E あるいは Alt + F）
履歴を表示（Ctrl + H）
ブックマーク登録（Ctrl + D）
ブックマークマネージャ表示（Ctrl + Shift + O）

※Chromeの設定では，ユーザー設定や表示フォントとサイズの設定，そしてアドレスバーを使った検索の際に指定する検索エンジンなどについて設定することができます。

● 図2-2-2　Chromeの設定

2.2.2　Webサーチエンジン

　通常，閲覧したいWebページのアドレス（URL）がわかっている場合，ブラウザを起動して，アドレスバーにそのアドレスを入力してEnterで実行すれば，対象のWebページにアクセスできます。またWebページに組み込まれたハイパーテキストの機能であるリンク（アンカー）をクリックすれば，設定された別の項目やファイル，あるいは別のWebページにアクセスできます。逆に言えば，閲覧したいWeb

ページのアドレスがわからない場合は何もできないことになってしまいます。そのためにインターネット上の様々な情報（Webページや関連するファイルなど）をデータベース化し，検索機能とその検索結果をリンク形式で一覧表記する各種サーチエンジンのサービスが提供されています。

　サーチエンジンは，大きく**ディレクトリ型**と**ロボット型**と呼ばれる形式に分類されます。ディレクトリ型はWebページがツリー構造にカテゴリー分けされ，興味・関心に従って大まかなジャンルのリンクをたどっていくことで目的とするWebページにたどり着けるようになっています。その一方，ロボット型は，全文検索型とも呼ばれ，ロボットあるいはクローラと呼ばれるインターネット上のWebページを自動的に巡回するプログラムによってデータベース化したものを，キーワードで検索するものです。Googleを含め，現在の主流はロボット型です。

2.2.3 情報検索の基本

　Googleで検索する前に，Googleの検索設定を確認してみましょう。まずChromeのアドレス欄に下記URLを入力して Enter を押下してください。Google検索のページが表示されます。

Google検索URL　https://www.google.co.jp/

● 図2-2-3　Google検索ページ

　検索に先立って画面右下の「設定」をクリックしてメニューから**[検索設定]**を選択してください。検索結果の表示方法や検索言語の設定をすることができます。特に「結果ウィンドウ」の設定に ☑ を入れておくと，検索結果の一覧からリンクをクリックした際に，「次のページ」を表示するのではなく，新しいウィンドウ（あるいはタブ）に表示させ，検索結果の一覧はそのまま残しておくことができるので便利です。設定を変更した場合は，必ず「保存」をクリックしておきましょう。

● 図2-2-4　検索結果の設定

では，実際に検索してみましょう。ここでは例として「犬」について検索してみましょう。検索ボックスに「犬」と入力して Enter を押下あるいは「Google 検索」ボタンをクリックしてください。

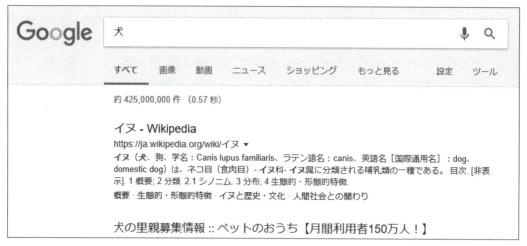

● 図 2-2-5　Google 検索結果一覧

　検索結果には，検索結果の件数と Google 独自のアルゴリズムに従ったランキングで検索結果が上位からリンク形式で一覧表示されます。リンクになっている一覧のタイトルをクリックすれば，対象の Web ページが表示されます。ただし，インターネットの世界は日進月歩どころか秒単位で変化するので，検索結果のリンクをクリックしても，リンク先の Web ページがなくなってしまっていることもあります。その場合でも，検索結果のリンクの URL 表示の右にある▼をクリックしてキャッシュリンクを表示することで，データベースに一時的に保存されている過去の内容を確認することができます。

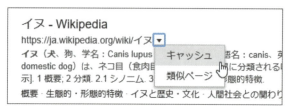

● 図 2-2-6　キャッシュリンク表示

　検索に際しては，検索語の選択と，複数の検索語の組み合わせによる検索が有用です。上記例の「犬」についても，「戌」，「いぬ」や「イヌ」，あるいは「dog」，「animal」や「pet」と，周辺・関連語を含めれば，様々な表記方法があります。また単一のキーワードだけで検索した場合，特にそれが一般的な言葉の場合は，膨大な検索結果が表示されてしまいます。そこで，複数のキーワードを半角スペースで区切ってつなげることで複合的な検索で結果を絞り込むことができます。もちろん，キーワードの順番が違えば，検索結果も異なることがあります。スペースで区切った複合語検索の場合は，基本的には AND 検索として，指定したすべてのキーワードを含めて検索結果を表示します。「基本的には」というのは，Google を含む Web サーチエンジンでは形態素解析と呼ばれる自然言語処理が行われ，文字列（文章やフレーズ）が「意味をもつ最小限の単位（＝形態素）」に分解され，形態素同士の組み合わせでの検索も自動的に行われているからです。したがって「シベリアンハスキー」と「犬」で複合語検索する場合と「シベリアンハスキー犬」と検索する場合では，基本的に同じ検索結果となります。しかし「シベリアンハスキー」，「犬」，「飼育」のように 3 語以上の複合語検索の場合には，区切り方によって検索結果が異なる場合があるので注意が必要です。

2.2.4 検索テクニック

Googleでは，上述したAND検索以外にも，様々な形式の絞り込み検索ができます。Google検索ページ右下の「設定」メニューにある**[検索オプション]**をクリックしてください。

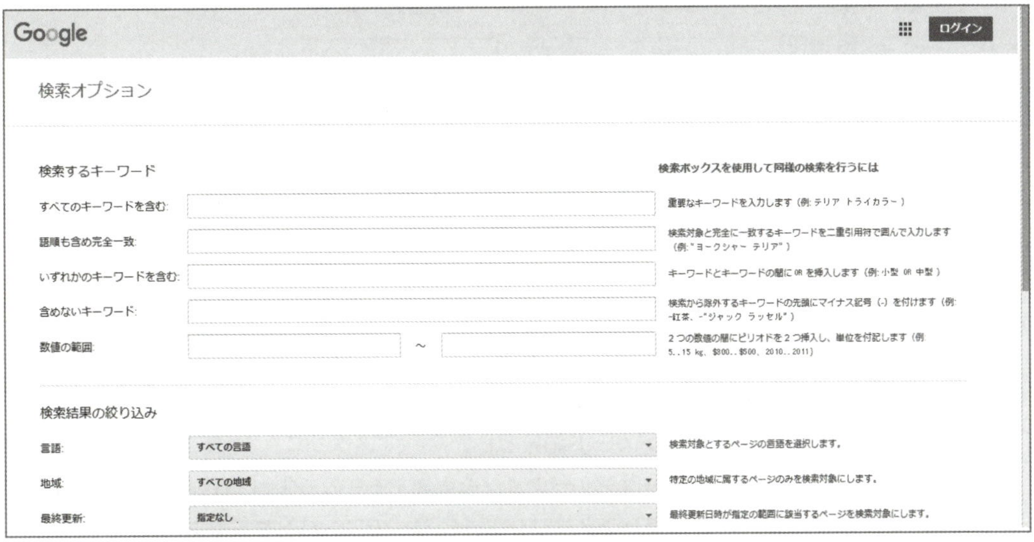

● 図2-2-7　検索オプション

　検索オプションでは，検索キーワードの指定の仕方と検索結果の絞り込みについて，詳細に設定できます。しかし，その都度検索オプションの画面を表示して詳細検索しなくても，検索ボックスでキーワードを入力する際にいくつかの記号を添えるだけで同じ詳細検索ができるようになっています。代表的なものを下記にまとめました。

No.	項目・意味	演算子・記号	備考
①	すべてのキーワードを含む	＋	半角スペースと同じ
②	いずれかのキーワード含む	OR	半角大文字のORあるいは|
③	キーワードを除外する	-	ハイフン（マイナス）
④	完全一致	" "	ダブルクォーテーション
⑤	部分一致	*	ワイルドカード
⑥	数値の範囲指定	..	数値の間にピリオド2つ
⑦	サイトあるいはドメイン指定	site:	例：site:go.jp
⑧	ハッシュタグ指定	#	シャープ

● 表2-2-1　検索オプションと演算子

　①〜③ については，いわゆる論理演算（ブール代数）のAND（論理積），OR（論理和），NOT（論理否定）に相当するもので，これらと「括弧」を使った組み合わせによって以下のような，さらに絞り込んだ検索ができます。（以下は，2つの集合の場合。）

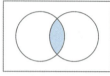 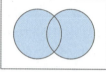 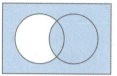
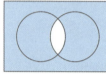 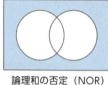

● 図2-2-8　論理演算のベン図

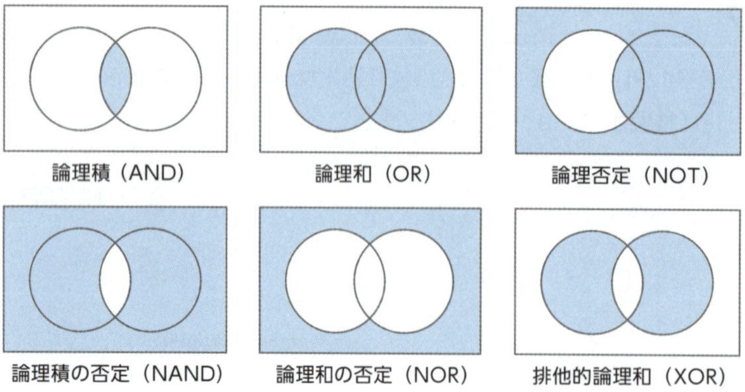

　④の完全一致検索では，単語・キーワードのみならず，フレーズや文章全体を語順も含め完全一致した内容で検索します。例えば，歌詞の一部だけを覚えていて"Whisper words of wisdom"と検索すれば，「Let it be」の歌詞全体を検索することができます。

　⑤の部分一致検索では，ワイルドカード記号として「*」（アスタリスク）を使って，前方一致，後方一致，中間一致といったいわゆるトランケーションを実現するものです。「*」は0文字以上任意の文字を代表するので，例えば，「パン*」でパンダやパンツ，「*パン」でアンパンやジャムパン，そして「パ*ン」でパソコンやパキスタンといった語句を検索することができます。

　⑥の範囲指定検索では，連続した数値を範囲指定して検索できます。例えば，1980年代に流行したPOPSについて調べるには，「POPS 1980..1989」と指定します。

　⑦のドメイン指定検索では，特定のWebページや特定のドメインに絞り込んで検索することができます。例えば，「site:go.jp 白書」とすれば，日本の政府機関のWebページを指定して各省庁の白書を検索することができます。

　このような検索対象の絞り込みについては，他にWebページのタイトルを指定した検索ができるintitle: や，指定したアドレス（URL）に関連したWebページを検索するrelated:，ファイルの種類を指定した検索のfiletype: などがあります。filetypeの場合，例えばExcelの表計算ファイルを検索する際には，「filetype:xlsx」とファイルの拡張子を指定して検索します。

　⑧のハッシュタグ検索は，Twitterのハッシュタグを「#tbt」のように指定して検索します。

2.2.5 特殊な検索

本来の検索テクニックではありませんが，知っていると便利な機能があります。

■ Google 電卓

　検索ボックスに数式を入力すると，電卓が表示され，解答が表示されます。
　ちなみに，三角関数，指数関数や対数関数などの方程式（例えば，y=x^2-3x+10など）を入力した場合は，グラフ化して表示してくれます。

● 図2-2-9　Google電卓

2.2 Web サーチエンジンを利用した情報検索

■ 単位変換

温度や度量衡などの単位を変換してくれます。例えば検索ボックスに「1フィートは何センチ？」と入力すると，単位変換ツールが表示され，回答してくれます。また貨幣（為替）や株価のように変動するものについても，あくまでも参考値としてですが，検索時のレートで変換してくれます。

■ 地図情報検索

テキスト情報を中心とするキーワード検索以外に地図情報の検索も今や日常的に利用されています。Google 検索の画面右上にある Google アプリ一覧から **[マップ]** を選択するか，ブラウザのアドレスバーに「https://www.google.co.jp/maps」と入力して，Enter を押下します。

● 図 2-2-10　Google マップ検索画面

検索バーに住所や場所・建物の名称などを入力すれば，地図上にピンアイコンを表示し，「世田谷区」のように領域を指定した場合は，赤枠で該当地域を囲んで表示してくれます。地図上でマウスをドラッグしたり，画面右下のズームで，表示位置の調整や拡大縮小を変更したりできます。

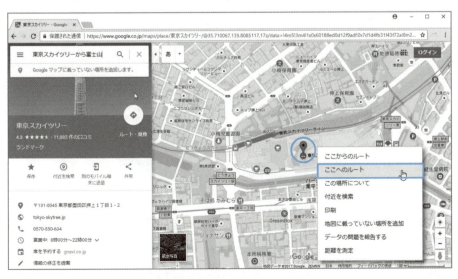

● 図 2-2-11　検索結果の表示とピンアイコン

画面左下に表示される[航空写真]をクリックすれば，白地図から航空写真の地図表示に変わります。航空写真地図では，画面右下のズームに[回転]と[3D]アイコンが追加され，地図を回転表示したり，傾斜をつけて3D表示で俯瞰したりして見ることもできます。

ポイントした地点で右クリックすれば，該当地点へのルート検索や距離測定もできます。ルート検索では，検索バーに直接「新宿駅から横浜駅」のように2つの地点を入力して検索すれば，交通手段別のルート以外に，時間や運賃(公共交通の場合)，そして渋滞状況も調べてくれます。

● 図2-2-12　Googleマップによるルート検索

地図を表示した見たままの状態を第三者と共有するには，アドレスバーに表示されるアドレスか，画面左上のメニューから，[地図を共有または埋め込む]を選択します。

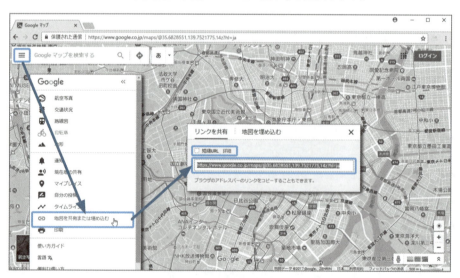

● 図2-2-13　地図情報の共有

[地図を共有または埋め込む]で表示されるリンク共有画面では，[短縮URL]に☑を入れれば，短縮表示のアドレスを利用することもできます[*2]。

---

*2　Googleが提供する短縮URLサービスは，2019年3月30日で新規の提供は終了しました。

2.2.6 履歴とブックマークの管理

過去に検索した履歴については最大10週間程度保存されます。「Chromeの設定」メニューにある[履歴(H)]からたどって,以前検索した結果を呼び出すことができます。また頻繁に利用するWebページはブックマークとして登録すれば,メニューからいつでも呼び出すことができます。

表示しているWebページをブックマークに登録するには,Chrome設定メニューから[ブックマーク(B)]→[このページをブックマークする...]を選択するか,Ctrl + D を押下します。通常のWebページだけでなく,Googleマップもブックマークに登録できます。

また**ブックマークマネージャ**を使えば,ブックマークをカテゴリーごとにフォルダーで仕分けることもできます。ブックマークマネージャを起動するには,Chrome設定メニューから[ブックマーク(B)]→[ブックマークマネージャ]を選択するか,Ctrl + Shift + O を押下します。

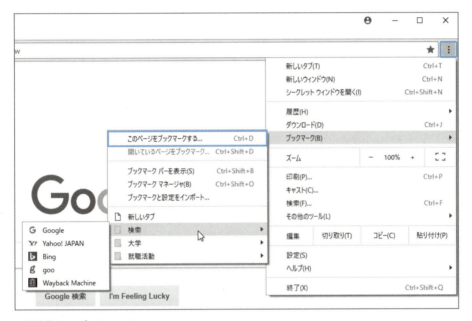

● 図2-2-14　ブックマーク

演習問題

1. 日本の政府機関(省庁など)のWebページで,ここ2年間に起きたサイバー犯罪についての事例が記載されているWebページのアドレス(URL)を調べ,そのサイバー犯罪の特徴について解答してください。
2. 国際通貨基金(IMF)のWebページで,昨年度の日本の名目GDPを調べて解答してください。
3. 第1回東京オリンピック(1964年開催)の聖火リレーについて,第1走者と最終走者がそれぞれ誰だったか,そして最終走者が決まった理由について調べて解答してください。
4. 総務省発行の情報通信白書の最新版PDFをダウンロードして,IoT (Internet of Things) について記載されたページを確認し,IoTの今後の進展について解答してください。
5. 地上絵というとナスカの地上絵が有名ですが,英国でも特に南部の石灰岩質の丘の急斜面に溝を掘り描かれた丘陵絵が知られています。主に馬が題材とされることが多いようですが,Googleマップを使って丘陵絵を1つ探し出し,そのアドレスを解答してください。

Chapter 2 情報の収集と共有

2.3 電子メール

　電子メール（e-mail）はインターネットの黎明期から利用されている原初的な通信手段ですが，実はインターネットに先行して主にメインフレーム[*3]上のタイムシェアリングシステム[*4]で開発されました。システム同士の互換性が確保され，現在のようなアカウントの形式（ローカルパートとドメイン名を"@"でつなぐ形式）が整ったのは，インターネット（の原型であるARPANET[*5]）の普及によるものです。
　ここでは情報の共有方法として，最も基本的な手段として電子メールについて学修します。

2.3.1 電子メールの仕組み

　電子メールは，インターネットなどを経由してメッセージをやり取りする仕組みですが，メッセージはテキストだけでなくMIME[*6]という規格で文書ファイルや画像や音声ファイルを添付したり，映像や音声が組み込まれたHTML形式のメッセージを送信したりすることができます。携帯電話やスマートフォンでは送信されたメッセージは，宛先の機器に自動的に着信表示され（プッシュ型配信）ますが，それは送信から受信までが自動化されているだけで，通常，パソコンでの電子メールの送受信では，メッセージは受信操作を自らが行う（プル型配信）ことで可能となります。そしてそれは郵便の仕組みになぞらえれば，送信操作は宛名とその住所を記入したメールを郵便ポストに投函すること，そして受信操作は郵便局の私書箱に届いたメールを自分から出向いて受け取りに行くことに該当します。このメッセージの送受信の仕組みについて確認しましょう。

■電子メールの送受信で何が起きているのか？
　まず下の概要図を確認してください。

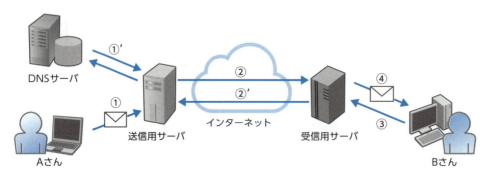

●図2-3-1　電子メールの送受信概要

① 　Aさんがメールソフトでメッセージを作成してBさん宛に送信します。
② 　Aさんの送信用サーバでは，宛先のBさんの受信用サーバにメッセージを転送します。（このとき，受信用サーバのドメイン名に対応するIPアドレスが不明な場合は，①'でDNSサーバ[*7]に問い合

[*3] 主として企業や研究所などで利用される大型コンピュータで，独自のアーキテクチャやOSが利用されることが多い。
[*4] 時分割共有システムのことで，非常に高価なメインフレームのCPUの待ち時間をユーザごとに分割して共有する仕組み。現在のPCではタスク（プロセス）ごとに分割して複数同時に実行するマルチタスクシステムになっている。
[*5] ARPANETについてはp.62を参照。
[*6] Multipurpose Internet Mail Extensionの略で，インターネットの電子メールでは当初扱えなかったフォーマットを利用できるように拡張した規格のこと。
[*7] DNSサーバ等の詳細については，p.70を参照。

わせが行われます。また宛先のメールアドレスに間違いがあったり，存在しなかったりした場合は，②′でエラーメッセージがAさん宛に戻ってきます。)
③ 送信メッセージはBさんの受信用サーバに保存されます。このメッセージを読むためにBさんはメールソフトで受信操作をします。
④ 受信用サーバに保存されていたメッセージが手元のパソコンにダウンロードされ，BさんはAさんが送信元のメッセージを読むことができます。

この概要図に示されているように，電子メールの送受信には，送信用・受信用それぞれの仕組み（サーバ）と，宛先・送信元の情報が必要です。

送信用サーバ：SMTP (Simple Mail Transfer Protocol) サーバ（ポート番号25番）
受信用サーバ：POP3 (Post Office Protocol version 3) サーバ（ポート番号110番）あるいは
　　　　　　　　IMAP4(Internet Message Access Protocol version 4) サーバ（ポート番号143番）

最近は，後に紹介するGmailのように，電子メールアドレスさえあれば，Webブラウザだけで簡単に使えるWebメールシステムが多く利用されていますが，電子メールのクライアントソフトウェアを個別にインストールして使う場合には，上記サーバ項目の設定が必要となります。

■ **電子メールアドレスの形式**

電子メールの宛先・送信元の情報としての電子メールアドレスは基本的に，

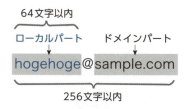

左図のように，ローカルパートとドメイン名で「@」を挟んだ形式になっています。ローカルパートは，通常それぞれの利用者のユーザIDとなっていて，ドメインパートが郵便での住所を意味します。

● 図2-3-2　電子メールアドレスの形式

2.3.2 電子メールの基本操作

ここではGmailを使った電子メールの送受信について各種操作手順を確認します。ブラウザでGoogleアプリの[メール]を起動するか，「https://mail.google.com/」にアクセスしてください。

● 図2-3-3　Gmailログイン画面

Chapter 2 情報の収集と共有

ログイン画面で各自の電子メールアドレスとパスワードを正しく順に入力すると，下記のような受信トレイの画面が表示されます。

● 図 2-3-4　受信トレイ

■ 新規メッセージの作成

新規メッセージを作成するには，画面左上の **[作成]** ボタンをクリックして，新規メッセージ作成ウィンドウを表示して，下記の項目を入力します。

① **受信者 (To:)**：宛先の電子メールアドレス（同報メールの場合は，④の Cc: や Bcc: を活用する。）
② **件名 (Subject:)**：メッセージの題名
③ **本文**：メッセージの本文

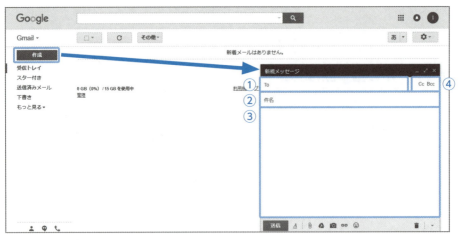

● 図 2-3-5　新規メッセージ作成

メッセージの入力が終わったら，もう一度宛先の電子メールアドレスを確認して，**[送信]** ボタン（あるいは Ctrl + Enter ）をクリックして送信してください。

送信したメッセージの履歴は画面左の **[送信済みメール]** をクリックすれば確認できます。また新規メッセージを送信せずに，一時的に中断すれば **[下書き]** に自動的に保存されます。新規メッセージウィンドウのゴミ箱アイコンをクリックすれば，一時保存せずに削除することもできます。

2.3 電子メール

■ 同報メール

宛先（To:）を記入する際，複数人に同時に送信する場合は，「,」（カンマ）で区切って複数の電子メールアドレスを指定することもできますが，本来の宛先と区別して送りたいときには，前頁の図2-3-4にある④のCCあるいはBCCを活用しましょう。CCとBCCには次のような特徴があります。

CC：CCとは，Carbon Copyのことで，CCを利用した場合，本来の宛先（To:）にだけでなく，Cc: で指定した相手にも，それぞれお互いの電子メールアドレスが受信したメッセージに表示されます。

BCC：BCCとはBlind Carbon Copyのことで，BCCを利用した場合には，本来の宛先（To:）に送信したメッセージにはBcc: に記載した電子メールアドレスは表示されません。

■ 受信メッセージの確認

新規にメッセージを受信すると，受信トレイに受信した件数とともにメッセージの件名などが一覧表示されます。

● 図2-3-6　受信トレイ（着信メッセージ有り）

受信トレイに表示されているメッセージをクリックすれば，メッセージの内容を確認できます。

■ 返信メッセージ作成

受信メッセージに返信するには，メッセージ画面の[**返信または転送するには，ここをクリックしてください**]の「返信」リンクや「返信」ボタンをクリックするか，「その他」のメニューから[**返信**]を選択してください。

● 図2-3-7　返信メッセージ作成

返信メッセージの入力が終わったら，もう一度宛先の電子メールアドレスを確認して，[**送信**]ボタン（あるいは Ctrl + Enter ）をクリックして送信してください。返信メッセージの件名には，[**Re:**]の

文字列が追加されて送信されます[*8]。

■ メッセージの転送

受信したメッセージに対して，返信するのではなく，そのまま別の電子メールアドレス宛に送信し直すことを転送（フォワード）といいます。メッセージを転送するには，メッセージ画面の **[返信または転送するには，ここをクリックしてください]** の「転送」ボタンをクリックするか，「その他」のメニューから **[転送]** を選択してください。転送メッセージには，メッセージ冒頭に「---------- 転送メッセージ ----------」の表記が挿入され，件名にも **[Fwd:]** の文字列が追加されて送信されます。

なお，個々のメッセージを必要に応じて手動で転送するのではなく，すべてのメッセージを特定の電子メールアドレス宛に自動的に転送（リダイレクト）することもできます。この自動転送の設定については，次の2.3.3節「電子メールの環境設定」をご覧ください。

■ 添付ファイルの送信

テキスト以外の文書ファイルや画像データなどをメッセージに添付して送信するには，新規メッセージ作成ウィンドウのクリップアイコンをクリックして添付するファイルを選択するか，新規メッセージ作成ウィンドウにドラッグアンドドロップしてください。メッセージ本文下に添付したファイル名が表示されます。

なお，添付ファイルを送信する際は，ウイルスと間違われないように，件名やメッセージ本文に，ファイルを添付したことを相手にわかるように記載しましょう。

ちなみに，Gmailでは，ウイルスに対するセキュリティ対策として，実行ファイル（拡張子が .exe のファイルなど）を送受信できないようになっています。.exeファイル以外にも次の拡張子を含むファイルは（圧縮しても）送信できません。

● 図 2-3-8　添付ファイルの送信

> .ade, .adp, .bat, .chm, .cmd, .com, .cpl, .exe, .hta, .ins, .isp, .jar, .jse, .lib, .lnk, .mde, .msc, .msp, .mst, .pif, .scr, .sct, .shb, .sys, .vb, .vbe, .vbs, .vxd, .wsc, .wsf, .wsh

また，添付ファイルのデータ容量にも制限があります。受信できる添付ファイル容量は50 MBまでとなっていますが，送信する際に添付できるファイル容量は25 MBまでとなっています。そのため，20 MB以上のファイルを送信するには，ファイルを分割して別々に送信するか，事前に圧縮するか，あるいはオンラインストレージサービス（例えばGoogleドライブのリンク機能）を利用する必要があります。Googleドライブを利用する場合，最大5 TBまで共有できます。

Googleドライブについては，2.4.2節「メディアの利用法」を確認してください。

■ ファイルの圧縮と展開（解凍）

添付ファイルのデータ容量が25 MBを超えると電子メールを送信することができなくなるので，

[*8] 返信メッセージのRe: や転送メッセージのFwd: については，「その他」のメニューにある「メッセージのソースを表示」で確認できます。

ファイルを分割して送るか，圧縮して送りましょう。圧縮の形式（可逆圧縮）には，**CAB**や**LHA**など様々な種類の圧縮方法がありますが，Windowsではシステム標準で**Zip圧縮**が利用できます。

ファイルをZip圧縮するには，圧縮したいファイルを選択してエクスプローラーの[**共有**]タブにある[**Zip**]を選択するか，圧縮したいファイルの上で右クリックして表示されるメニューから[**送る(N)**]→[**圧縮（Zip形式）フォルダー**]を選択します。

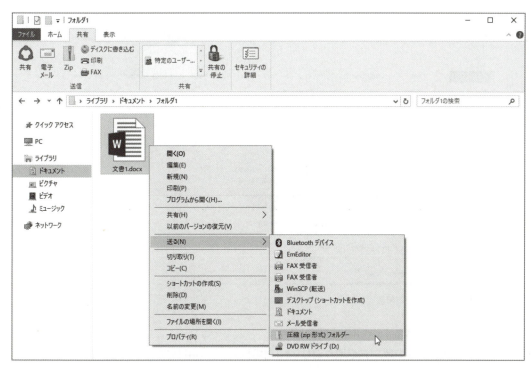

● 図2-3-9　ファイルの圧縮

ファイルが圧縮されると，同じフォルダーに元のファイルの拡張子が".zip"に変更され，アイコンもジッパーが施されたフォルダーとして表示されます。

圧縮されたファイルを元に戻すことを**展開**あるいは**解凍**と呼びますが，圧縮ファイルを展開するには，圧縮ファイルを選択してエクスプローラーの[**圧縮フォルダーツール**]にある[**すべて展開**]をクリックするか，圧縮ファイル上で右クリックして表示されるメニューから[**すべて展開(T)**]を選択します。

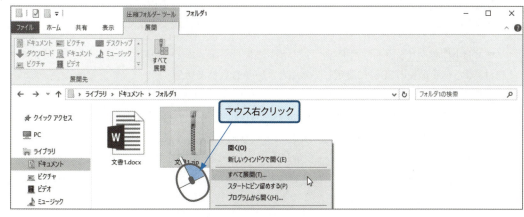

● 図2-3-10　圧縮ファイルの展開

2.3.3 電子メールの環境設定

Gmailの環境設定については，画面右上の歯車アイコンをクリックしてメニューから[**設定**]を選択してください。

なお，設定項目を変更した場合は，必ず[**変更を保存**]をクリックして設定内容を適用します。

● 図2-3-11　Gmailの環境設定

設定項目は，[**全般**]，[**ラベル**]，[**受信トレイ**]，…とカテゴリーごとにタブ形式に分類されていますが，特に[**全般**]タブでは，「**送信取り消し**」と「**署名**」の2つの項目については必ず設定を確認してください。

■ 送信取り消し機能

● 図2-3-12　送信取り消し

「送信取り消し」機能については，宛先の電子メールアドレスをよく確認せずにうっかり間違った相手に送ってしまった際に，メッセージの送信を取り消す機能で，送信後の取り消しまでの時間（秒数）を設定できます。

まずは☑をクリックして選択し，「取り消せる時間」をメニューから設定しましょう。安心のためには，なるべく最長の30秒に設定しておくとよいかもしれません。

送信取り消しが適用されている場合，メッセージを送信した際に，メッセージの送信ステータス表示に「取り消し」が表示され，設定した時間内であれば，メッセージの送信を取り消せます。

ただし，送信取り消しが有効なのは，送信後に取り消すまでに何も操作を行っていない場合だけで，さらに新規メッセージを作成したり，受信したメッセージを表示したりした場合は，「取り消し」の表示自体が消えて，取り消しできなくなってしまいますので，注意が必要です。送信を取り消したメッセージは，[**下書き**]に保存されます。

● 図 2-3-13　送信取り消し

■ 署名機能

「署名」は自分の連絡先情報などGmailのメッセージ末尾に，正に署名（サイン）として自動的に挿入する機能です。電子メールとはいえ，メッセージであれば，宛先の宛名や敬称などに加え，送信元としての自らについても明確に記載することは最低限のマナーです。「署名」機能を利用すれば，連絡先情報やちょっとした定型句をメッセージに自動的に挿入することができます。

初期状態では[署名なし]のラジオボタンが選択されているので，署名入力欄のラジオボタンをクリックして選択し，署名を設定しましょう。

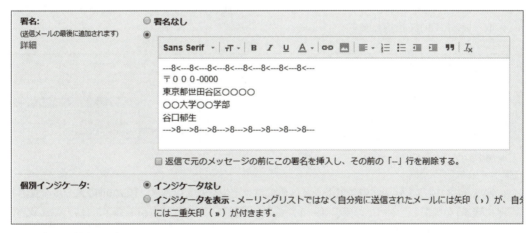

● 図 2-3-14　署名の設定

署名には，基本的には自分の連絡先情報（氏名や所属，そしてその住所など）を記述します。その他に時候の挨拶を含む定型句（所属や住所の変更なども）も，その都度メッセージ本文に記述すると，場合によっては記述し忘れることもあるので，署名欄に記述してもよいかもしれません。

署名作成で注意すべき点としては，一度署名機能を有効にすると，誰にでも同じ内容の署名がメッセージに自動的に挿入されるので，個人情報に配慮した内容であるかを確認し，また署名ばかりが肥大化（メッセージ本文が1行しかないのに署名は10行もあるなど）しないようにしましょう。

■ メール転送機能

2-3-2節「電子メールの基本操作」で紹介した個々のメッセージの転送操作（フォワード）と異なり，指定した電子メールアドレス宛に，すべてのメッセージを自動的に転送（リダイレクト）する場合には，[メールの転送とPOP/IMAP]タブで転送設定を行います。

Chapter 2 情報の収集と共有

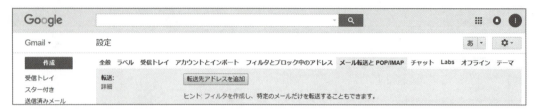

● 図2-3-15　転送先アドレスの追加

　[転送先アドレスを追加]をクリックして，転送先アドレスを入力すると，入力した転送先の電子メールアドレス宛に，そのアドレスが実際に利用できるのかを確認するための**確認コード**が送られてきます。「確認コード」入力欄に送られてきた確認コードを入力し，「確認」ボタンをクリックして登録してください。

● 図2-3-16　確認コードの送信

　転送先アドレス登録後，設定した転送先アドレスを有効にし，転送元のアカウントでのメッセージの取り扱いについて選択します。

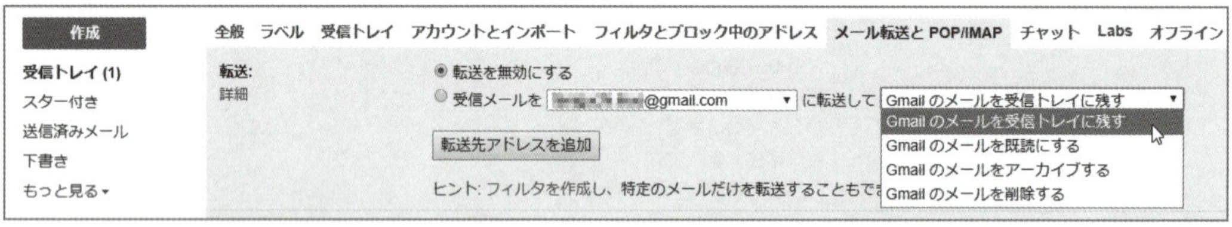

● 図2-3-17　転送後の受信メッセージの取り扱い

　転送先だけでなく転送元の受信トレイにも受信メールを残す場合は，**[Gmailのメールを受信トレイに残す]**を選択し，すべての受信メールを転送先に送り，転送元の受信トレイには残さない場合は，**[Gmailのメールを削除する]**を選択しましょう。

　さらにこの転送先設定以外に，個別の条件（例えば特定の送信元やドメイン）を設定して，条件に合致した（あるいは不一致の）受信メールだけを転送することも可能です。その場合，**[フィルタを作成]**で転送する条件を設定してください。

■連絡先の活用

　Gmailの環境設定の**[全般]**タブにある**「連絡先を作成してオートコンプリートを利用」**が有効になっていると，メッセージの送信履歴から宛先の電子メールアドレスがGoogleアプリの**「連絡先」**の**[その他の連絡先]**に自動的に登録され，次回メッセージを作成する際に，新規メッセージ作成ウィンドウの受信者（To:）にアドレスを途中まで入力すると，連絡先に登録済みのものから文字列が合致するアドレスが先読み変換されてその場で一覧表示されます。この**連絡先**をアドレス帳としてアドレスを手動で登録したり登録済みのアドレスを整理したりするには，Gmailメニューから**[連絡先]**を選択するか，Googleアプリから**[連絡先]**をクリックしてください。

●図 2-3-18　連絡先の追加

2.3.4 電子メール利用上の注意とマナー

　電子メール，特にGmailのようなWebメールは，インターネットにアクセスできる環境であれば，いつでもどこでも簡単に素早くメッセージのやり取りができて非常に便利ですが，利用に際しては，以下の項目に注意しましょう。

- ■ 宛先について
    - ●送信する前に何度も確認しましょう
    - ●1文字でも間違えば相手に届かないだけでなく，間違った相手に送ることになります
    - ●宛先は，To: か，Cc: か，それともBcc: か
- ■ 件名について
    - ●件名は必ず記入しましょう（件名自体が未記入のケースも見受けられる）
    - ●件名がメッセージの内容と関連して簡潔にまとめられているかどうか
- ■ 添付ファイルについて
    - ●データ容量が適正かどうか
    - ●ファイルを添付していることをメッセージ本文に記載しているか
    - ●ファイル形式が宛先の環境に適合しているかどうか（OSやソフトウェア）
- ■ メッセージ本文について
    - ●敬称を含め，宛先が明記されているか確認しましょう
    - ●自分の立場も明記しましょう（署名機能を活用）
    - ●メッセージの目的を明確に記載しましょう（確認，質問，依頼，あるいはお礼なのか…）
    - ●内容毎にまとまりを分け，明瞭・明確に記述することを心掛けましょう
- ■ メッセージの不達の可能性について
    - ●電子メールに限らず，コンピュータの故障やインターネットの障害により，メッセージが届かない可能性があります
    - ●メッセージが宛先に届いていたとしても，相手が読んでいるかどうかはわかりません
    - ●重要な案件については電子メールだけでなく，他の連絡方法での確認も必要です

Chapter 2 情報の収集と共有

以下に，電子メールの具体的なサンプルを掲載しておきました。

■電子メールメッセージサンプル

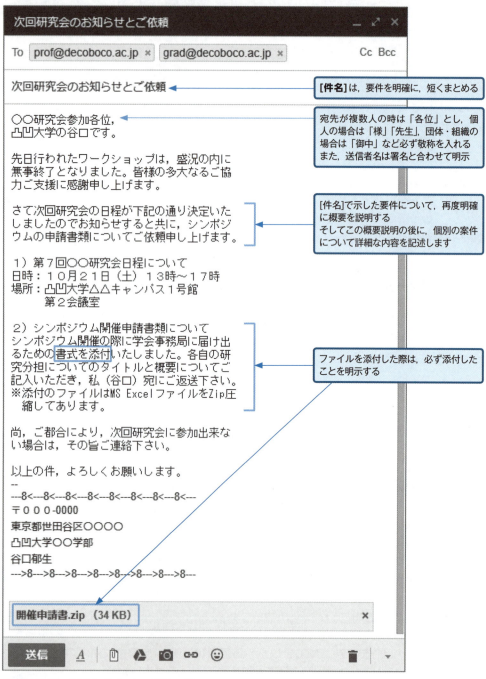

● 図 2-3-19　電子メールメッセージサンプル

2.4 データストレージ

電子メールに限らず，データ・情報を相互にやり取りする方法として，各種データストレージは，USBメモリなど気軽に持ち運べ，簡単に接続できるという点で非常に便利で，メディアの種類も豊富です。ここでは各種メディアの特徴と機能について確認し，取り扱い方について学修しましょう。

2.4.1 メディアの種類と機能

データの保存先として利用できるストレージとしては，パソコン本体に内蔵されている**ローカルディスク**があり，OSその他のアプリケーションソフトがインストールされているだけでなく，ドキュメントフォルダーなどのユーザーデータの保存先としても利用されていますが，ここではメディアを取り外して持ち運べる**リムーバブルメディア**と，インターネット上のネットワークサービスとして提供されている**オンラインストレージ**について確認します。

コンピュータ本体（筐体）の外部インターフェイスを利用して接続できる取り外し可能なストレージやメディアには，現在，主に以下のものがあります。

■リムーバブルメディア

外付けディスク	高速で回転する磁気ディスクを内蔵するHDDや，シリコンチップでできた不揮発性メモリを内蔵するSSDがあり，USBケーブルなどで接続する
光学ディスク	ドライブはパソコンに内蔵あるいは外付けされ，CD，DVD，Blu-rayなどのメディアを利用 書き込みが1回限りのものと複数回可能なメディアがある
USBメモリ	フラッシュメモリの一種で，ドングル状の形でパソコンのUSBポートに直接挿入して利用
SDメモリカード	フラッシュメモリの一種で，専用の挿入スロットを必要とし，形状としてSD，miniSD，microSDなどがある

※ハードウェアの詳細な内容については，第1章をご覧ください。

■オンラインストレージ

NAS	Network Attached Storageのことで，外見は外付けディスクと類似のものもある一方，家庭や組織内の無線LANやイーサネットなどのネットワークを媒介して接続する
クラウドストレージ	インターネット上でファイルを共有するサービスで，Googleドライブ，OneDrive，iCloud Driveなど，無償で提供されているものと有償のサービスもある

2.4.2 メディアの利用法

リムーバブルメディアのうち，外付けディスクや光学ディスクについては，OSやファイルシステムによって，利用する前にフォーマット（初期化）が必要なものがあります。USBメモリなどのフラッシュメモリでは，基本的にフォーマットされているので，接続すれば直ぐに利用することができます。ただし，標準ではFAT32形式でフォーマットされているので，4 GB以上の大容量のファイルを保存することができません。その場合は，exFAT形式などで再フォーマットする必要があります。

また，リムーバブルメディアは，標準で**遅延書き込み**が設定されており，ファイルやフォルダーをコピーしたりした直後に，メディアをいきなり抜き取ったりすると，データが壊れてしまったり，OS自体の動作が不安定になったりするので，注意が必要です。

Chapter 2 情報の収集と共有

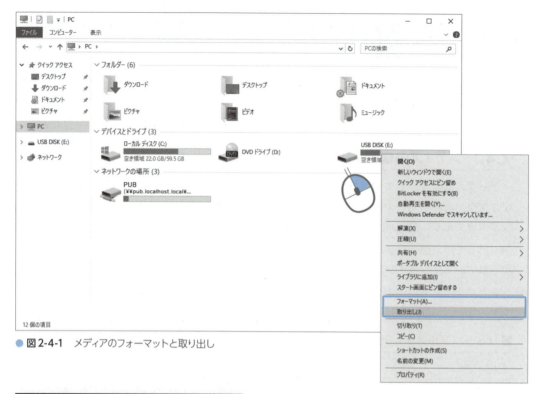

● 図 2-4-1　メディアのフォーマットと取り出し

● 図 2-4-2　メディアの取り外し

● 図 2-4-3　Googleアプリとドライブ

　リムーバブルメディアを取り外すときには，エクスプローラーのメディアアイコンの上で右クリックし，[**取り出し**]をクリックして選択してください。（タスクバーのインジケーターにあるUSBアイコンをクリックして，[**USBデバイスの取り外し**]をクリックして選択しても安全に取り外せます。）

　[**取り出し**]をクリックして選択した後，デスクトップ画面右下の通知に「安全な取り外し」の表示が出てから取り外してください。

　オンラインストレージは，インターネット上でファイルを共有するサービスで，インターネットが利用できればいつでもどこでも利用できるので便利です。ここでは，Gmailと連携して利用できるGoogleドライブ（以下，ドライブ）について確認します。

　ドライブは，Google検索のWebページなどの[**Googleアプリ**]にある[**ドライブ**]をクリックして選択し利用します。すでにGmailにログインしている場合は，自動的にそのアカウント情報が引き継がれてドライブ画面が開きますが，事前にログインしていない場合はログインしてください。

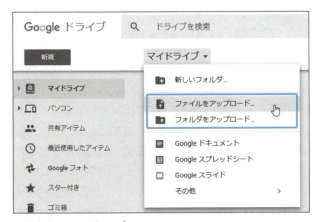

●図2-4-4　マイドライブ

[**マイドライブ**]が表示されますので，[**新規**]ボタンをクリックあるいは[**マイドライブ**]メニューから[**ファイルをアップロード…**]をクリックして，保存するファイルを選択します。

ドライブにアップロードして保存したファイルやフォルダーを他のユーザーと共有するには，右クリックしてメニューから[**共有**]を選択し，共有するユーザーの電子メールアドレスを入力したうえで，閲覧のみか，編集も可とするのかを選択して，通知します。送られてきた共有の通知には，共有するファイルやフォルダーへのリンクが表示されますので，リンクをクリックすれば，ネットワーク越しに開くことができます。

事前にドライブにファイルを保存しておけば，Gmailを利用して，新規メッセージの作成画面で，クリップアイコンで直接ファイルを選択する代わりに，[**Google ドライブ**]アイコンをクリックして，ドライブに保存済みのファイルのリンクを，共有機能を使って送信することができます。

●図2-4-5　ファイルの共有

Chapter 2 情報の収集と共有

Column　　　　　　2000年問題って知っていますか？

　今，この本を手に取っている多くの方が生まれる少し前，世界中を恐怖のどん底に陥れたコンピュータにまつわる大問題がありました。西暦が2000年に切り替わるタイミングで，コンピュータが誤作動して世界中が大混乱すると噂された，いわゆる「2000年問題」です。

　この問題は，1980年代までに作られたシステムやプログラムでは，現在と比べて非常に高価だったメモリなどのコンピュータリソースをなるべく節約するために，システム内部の日付処理として西暦年4桁を下2桁で省略して表現したことが原因[*1]です。したがって1999年から2000年になった際に，2000年の下2桁「00年」を1900年と誤認識し，システムが誤作動を引き起こす可能性が懸念されたわけです。その影響範囲は，銀行や株式市場などの金融機関，自動車や鉄道そして航空機などの交通管制システム，果ては上下水道，ガス，発電所などの各制御システムにも及ぶとされ，弾道ミサイルの誤発射や，軌道を外れた衛星が落下する，などとまことしやかに噂されました。実際，2000年を跨ぐ年末年始に掛けて運航する鉄道を臨時停車させたり，航空便を欠便にしたり，システムに異常がないか泊まり込みで対応した会社もあったことが当時ニュースで報道されたほどでした。しかし，幸いなことにこの問題が表面化して以降，技術者たちによる事前の努力によって対策が施され，一部を除いてほとんど致命的な混乱は起きませんでした。

　2000年問題は，限りあるリソースを有効に活用するための苦肉の策が結果として仇となったわけですが，当時の技術者は，他人任せに「後世，誰かが改良してくれるに違いない」あるいは，そもそも「同じシステムを何十年も使い続けることはあるまい」と高を括っていたようです。技術者たちの想像力の欠如と一笑に付すだけでなく，私たちにとってもひとつの戒めとしなければなりませんね。

　さて，コンピュータと暦の問題では，今後予想される，つまり対策が必要な身近な問題として2025年問題と2038年問題があります。2025年問題については，行政や金融機関などで使用される公的書類に「和暦」が使われる日本固有の問題です。和暦の計算では平成31年を「昭和94年」のように昭和からの通算年として計算していることが多く，2桁表記の場合，西暦2025年が「昭和100年」で桁溢れとなり，誤作動を引き起こすとされるのです。2025年問題については，実は2000年問題が表面化するのと並行して対策が行われ，現状では2000年問題の時のような混乱は起きないと予測されていますが，油断は禁物です。

　残る2038年問題は，2000年問題のようなプログラムへの対策では済まない根本的な問題を孕んでいます。と言うのは，現在多くのシステムが協定世界時（UTC）1970年1月1日0時を日付処理の起点として累積秒数を計算しているのですが，CPUやOSが32bit対応の場合，2038年1月19日3時14分7秒までしか計算できない[*2]のです。したがって2038年のこの日時を越えると日付処理に基づくシステムに誤作動が起こる可能性があるのです。2038年問題の回避策としては，64bitのコンピュータに乗り換えることです。お宅のコンピュータは64bitですか？

＊1　西暦年の2桁表記だけでなく，閏年の計算を間違えて2000年を平年扱いしてしまう問題もあり，実はこちらの置閏法の誤解釈の問題の方が深刻ともいわれました。

＊2　32bitの最上位1bitは正負の符号に利用するため，実際は31bit=2,147,483,648秒。0.5秒の倍精度で計算していた一部の銀行などの金融機関では，その半分の期間に当たる2004年に大規模なトラブルに見舞われました。

Chapter 3 データ表現と情報通信

　コンピュータは，利用者の操作に従って，データの計算や加工，表示，印刷，送受信など，様々な処理を実行します。コンピュータを操作する際に，私たちはコンピュータの内部の処理を意識することなく，キーボードやマウスでデータを入力または処理内容を指示して，その処理結果をディスプレイの表示で確認することができます。これらの一連の処理工程で，コンピュータは内部的に「0」と「1」からなるデジタル形式のデータに置き換えて処理を行っています。この処理特性を理解することは，コンピュータやネットワークの効果的な利用を促し，技術上の問題が発生した場合の解決に役に立ちます。

　本章では，コンピュータ内部のデータ保存形式とその表現の方法，情報通信の歴史的な経緯と通信制御の仕組みについて解説します。

Chapter 3 データ表現と情報通信

3.1 コンピュータのデータ表現

3.1.1 デジタル情報

データには**デジタル形式**のデータと**アナログ形式**のデータの2つの形式が存在します。デジタル形式のデータは電気信号や電磁記録のオンとオフの情報です。保存されたデジタル形式のデータはオンとオフを「1」と「0」として表すことができますが、私たちがそのままの表記からデータの意味を把握することは困難です。しかし、コンピュータが処理するためにはこのデジタル形式であることが必要です。一方、私たちが視覚や聴覚などの感覚器から取り込む情報や自然界に存在する様々な情報をコンピュータは直接処理することはできません。これらをアナログ形式のデータといいます。視覚から取り込まれる画像、聴覚から取り込まれる音、外界の温度、空気中の酸素の濃度など、感知できる情報はたくさんありますが、これらはコンピュータで直接処理できるものではなく、いったん数値化やデジタル形式のデータに置き換えて初めてコンピュータで処理することが可能となります。

デジタル (digital) という言葉は指や桁を表す**デジット** (digit) から派生しています。これは正に「0」と「1」で構成されるデジタル形式を表現しています。私たちが通常コンピュータを利用する際には、プログラムやデータをファイルや可読データとして意識することはありますが、コンピュータ内部のデジタル形式のデータを意識することはありません。計算処理にせよ、文書編集にせよ、コンピュータ内部では、「0」と「1」の配列のデジタル形式データとして扱われています。処理の結果こそ、ディスプレイ装置に可視情報として表示されていますが、結果に至るまでのディスク装置、主記憶装置、中央演算装置の処理はもちろんデジタル形式ですし、ディスプレイ装置上の表示も実は画素ごとの色調がデジタル形式データを元に出力されているものです。

コンピュータは、電気信号の量的な変位をオフ・オンの情報として取り扱います。1つのオフ・オンの状態で表現のパタンは2種類です。このオフ・オン1つの組み合わせを

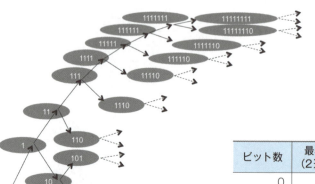

ビット数	最小値 （2進数）	最大値 （2進数）	表現パタン数 （10進数）
0	0	0	0
1	0	1	2
2	0	11	4
3	0	111	8
4	0	1111	16
5	0	11111	32
6	0	111111	64
7	0	1111111	128
8	0	11111111	256

● 図3-1-1　ビット数と表現パタンの数

ビットといいます。1つのビットでは2通りの情報を表現できることになります。2ビットが存在すれば4 (2×2) 通り，3ビットで8 (2×2×2) 通り，さらにnビットあれば2のn乗の表現が可能であることがわかります。このビットが8つ集まったものを1バイトといいます[*1]。1バイトの情報量では，2の8乗である256通りの表現が可能で，これがコンピュータの基本の単位のひとつです。

　コンピュータが取り扱うデータ量の単位は，2の10乗，つまり1024を順次掛け合わせた値ごとに単位が変化します。1024バイトを**1キロバイト(KB)**，1キロバイト×1024を**1メガバイト(MB)**，1メガバイト×1024を**1ギガバイト(GB)**，1ギガバイト×1024を**1テラバイト(TB)**，1テラバイト×1024を**1ペタバイト(PB)**といいます[*2]。参考までに新聞の情報量で考えると，文字部分とイメージ部分を含めて朝刊一紙で約1MB，1GBでは約3年分，1TBでは約333年分の情報量となります。昨今のPCの内蔵ディスク装置は500GBや1TBの容量をもっており，膨大なデータ量であることが伺えます。

3.1.2　コンピュータの処理

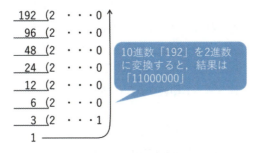

● 図3-1-2　10進数から2進数の変換

　コンピュータは数字や文字列を直接処理することができないため，前述のオフ・オンの情報の形式つまり2進数の形式に変換して処理を実行します。2進数は「0」と「1」で表記され，10進数でいう「2」の値に達したところで，位が上がります。この位取りの基本になる数字のことを基数といいます。2進数の場合は2です。コンピュータは10進数から2進数への変換，または逆の変換の処理を実行しています。机上でこれらを計算することができます。10進数から2進数の変換は，変換元の10進数を順次2で割って余りを並べます。図3-1-2では10進数の「192」を上から順に割り算して余りを右側に並べて2進数「11000000」に変換しています。2進数から10進数の変換は，2進数の各桁を10進数に換算して，これらを合計します。図3-1-3の表を使うと2進数の「11000000」が8桁目と7桁目が10進数の128と64であることからこれらの10進数の値を合計して「192」になることがわかります。

　コンピュータの処理を実行する際には何らかの操作が起点になります。例えば，文字や数字の入力，様々な入力装置による読み込み操作です。キーボードからの入力やスキャナーからの印刷物や書類の読み込み処理などが該当します。特定のアナログ形式のデータはデジタル形式データに変換することが可能です。例えば，位置情報はGPS用のセンサーが緯度，経度，標高の情報を数値化しています。温

[*1]　バイトとは1文字分を表現するためのビットの集合を意味していますが，旧来のコンピュータでは8ビットを1文字として扱っていなかった事例もあります。8ビットの集合を表す単位としてオクテットがあります。

[*2]　厳密には国際単位系 (International System of Units) では，10^3 を1KB，10^6 を1MB，10^9 を1GB，…，2進接頭辞の単位系では 2^{10} を1KiB (キビバイト)，2^{20} を1MiB (メビバイト)，2^{30} (ギビバイト) を1GiB，… としています。ただし，2^{10} を1KB，2^{20} を1MB，2^{30} を1GB，… として扱うことが慣例になっています。

度についても専用のセンサーが外気の温度を数値化します。例えば，デジタル方式のカメラは撮影の時点でアナログ形式の画像をデジタル形式に変換して保存しています。縦横の微細なマス目（画素，単位はピクセル）に読み取った画像を分割して，マス目ごとの色調をカラーの場合は赤青緑の基本三原色で，モノクロの場合は黒白で，各々数値化します。マス目の場所と色調の数値を対応付けることにより画像のデジタル形式への変換が可能となります。

デジタル形式への変換の結果，元のアナログ形式のデータから差異が発生します。場合によっては，画像であれば元の画像と異なる印象を受けたり，音声であれば聞き取りにくくなったりする状況も起こります。ただし，デジタル化処理の粒度，つまり画像変換であればマス目の密度を上げて色調の数値化の情報量を増やすことによって，この差異は減少します。

デジタル形式のデータにはアナログ形式のデータにない長所があります。デジタル形式化されたデータは，一般的にアナログ形式データよりも長期間保存可能です。例として，紙の印刷物は紙質や管理方法によって時間経過とともに劣化します。一方，デジタル化されたデータであれば，そのデータ形式を扱うプログラムが利用できる前提[3]で長期間参照することが可能です。ただし，数十年単位の長期間の媒体の読み取りを可能にするためには，保存媒体の入れ替えが必要となります。デジタル化されたデータはネットワークを経由して遠方のコンピュータに伝送したり，コンピュータ独自の処理，つまり，複製，集計，分析，加工などを行ったりすることが可能です。他にコンピュータの記憶装置の記録密度が非常に高いため，紙媒体と比較すると置き場所も節約することができます。

3.1.3 データとアプリケーション

コンピュータのアプリケーションは特定のデータ形式を前提に設計されています。私たちは，文書データであれば「MS Word」，表データであれば「MS Excel」，テキストデータであれば「メモ帳」，写真データであればMicrosoft社の「フォト」やAdobe社の「フォトショップ」，といったアプリケーションを使用します。文書編集のアプリケーションの市場ではWordの利用率が高いため，他の文書編集アプリケーションもWordのデータ形式を処理できるよう互換性に配慮されています。写真データではJPEG形式などが一般的であり，デジタルカメラを使ってこの形式で撮影したデータはPCに取り込めばそのまま表示・編集が可能です。このようにコンピュータで取り扱うデータ形式は，各々のアプリケーションの機能仕様に関係しています。

3.1.4 データの保存形式

入力したデータ，ネットワークなど外部から取り込んだデータ，デジタル形式に変換されたデータは，基本的にコンピュータ内部にファイルとして保存されます。ファイルには処理の対象となるデータファイルと処理を制御するためのプログラムファイルが存在します。いずれのファイルもコンピュータで読み取って処理することが可能です。コンピュータは操作に応じて，入力装置から要求を受け付けてディスク装置からファイルを読み込んで，主記憶装置，中央演算処理装置で処理を実行します。

ファイルを指定する際には，ドライブ名，フォルダー名，ファイル名が必要です。フォルダー名は階層構造をとることもあります。実際は，エクスプローラーからドライブを選択，フォルダー階層をたどって，対象のファイルをクリックします。ファイル名とすべての階層を含むフォルダー名の文字数の合計は上限があります。また，同一のフォルダーに複数の同一名称のファイルおよびフォルダーを

---

[3] メディアの物理的な読み取り寿命に配慮する以外に，インターネットの創設者の一人であるヴィントン・サーフ (Vinton Cerf) によれば数百年レベルを前提に考えるとプログラムによるデータの互換性を維持する，つまり論理的なデータ形式に対応するプログラムがなくなる可能性があるとの見解もあります。

作成することはできません。ただし、フォルダーが異なれば同じファイル名およびフォルダー名を指定することも可能です。

Windows環境の**ファイル名**は、**ベース名**と**拡張子**で構成されます[*4]。ベース名部分に含むことができる文字や文字数には制約があります。ベース部分の文字列は日本語も含めて任意ですが、拡張子部分には規則があります。OSは拡張子の文字列によってプログラムファイルかデータファイルか、データファイルとした場合はその種類を判別します。エクスプローラーで拡張子を表示できますが、表示されていない場合はエクスプローラー画面右上の「表示/非表示」の「ファイル名拡張子」のチェックボックスをクリックしてオンにします。ただし、エクスプローラーに表示されるデータファイルのアイコンは拡張子に対応します。

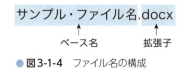

● 図3-1-4　ファイル名の構成

プログラムファイルの拡張子は「.exe」「.com」または「.dll」です。プログラムファイルにはベンダーによって提供されるものとユーザーが開発したものが存在します。Windows OSについては、システム制御用やソフトウェア製品に用いられるプログラムファイルは専用のフォルダーにまとめて格納されています。これらのファイルはWindows Updateによって更新されることがありますが、基本的にはユーザーが操作する必要はありません。

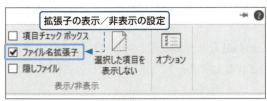

● 図3-1-5　ファイル情報の表示設定

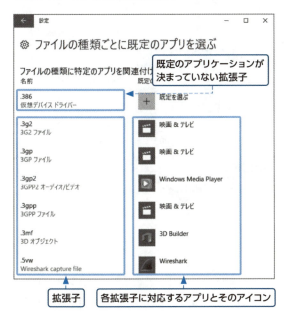

● 図3-1-6　既定のアプリの表示

データファイルは拡張子によって特定のプログラムに関連付けられます。いくつかのデータファイルの拡張子はOS初期設定の状態ですでに特定のプログラムに関連付けされています。関連付けられたプログラムのことを**既定のアプリ**といいます。Windows環境ではこの既定のアプリの設定によって、データファイルをクリックするだけで関連付けられたプログラムが起動して、データファイルが開きます。ファイル名の変更の操作からデータファイルの拡張子の文字列を編集することも可能ですが、関連付けも変更されるので注意が必要です。

データファイルの拡張子は、代表的なものとして、Excelの「.xlsx」、Wordの「.docx」、Power Pointの「.pptx」、ブラウザのChromeやEdgeの「.html」、テキストファイルの「.txt」があります。各々の拡張子のファイルは対応付けられたプログラムが起動可能であるように内部的なデータ構造をとっています。一部のプログラムでは複数の拡張子のデータを扱うことができます[*5]。どのような拡張子のデータファイ

[*4] 「/」(スラッシュ)、「\」(半角円記号)、「*」(アスタリスク)、「?」(クエスチョン)、「"」(ダブルクォーテーション)、「|」(縦棒)、「:」(コロン)、「;」(セミコロン) はファイル名に含むことはできません。

[*5] Wordであれば「.txt」(テキスト形式ファイル)、「.html」(htmlファイル)、「.pdf」(PDF形式ファイル) を処理することが可能です。

ルをプログラムが処理可能かはプログラムの機能仕様に依存します。また，**既定のアプリ**は1つの拡張子に対して1つのアプリケーションのみ指定することが可能です。すでに関連付けられたアプリケーション以外のアプリケーションをデータファイルから起動する場合は，データファイルを選択して右クリック，さらに[**プログラムから開く**]をクリックして起動するプログラムを選択します。いくつかの拡張子についてはOS初期設定で既定のアプリの設定がありません。拡張子とアプリケーションの関係は，追加・変更が可能です。**スタートボタン**，[**設定**]アイコン，[**アプリ**]，[**既定のアプリ**]の順番でクリックして，[**既定のアプリ**]ウィンドウが表示されたら[**ファイルの種類ごとに既定のアプリを選ぶ**]をクリックします。この画面では拡張子ごとに対応付けられたアプリケーションが表示されます。変更する場合は右側の[**アプリ**]のアイコンをクリックしてアプリケーションを選びます。

3.1.5 文字コード

　ここではテキストファイルの操作を例に挙げて文字コードについて解説します。拡張子が「.txt」のテキストファイルは文字情報からなるファイルです。Wordのファイルと異なり文字の装飾やイメージデータを含むことはできません。テキストファイルの編集はWindows OSの Windowsアクセサリに含まれる[**メモ帳**]や[**ワードパッド**]，文書編集用アプリケーションの[**Word**]で可能です。テキストファイルはいわゆるテキストエディタと呼ばれるアプリケーションによって編集することができます。テキストエディタに求められる機能は単純であり，Windows OS以外の環境でもテキストエディタは提供されます。

　テキストファイルは文字データを保管するための最も単純な構造であり，ファイルに保管されるデータはディスプレイ装置やプリンターに出力される文字データ，改行キーに代表される制御文字，文字コードの種類を表す特殊な文字列のみです。

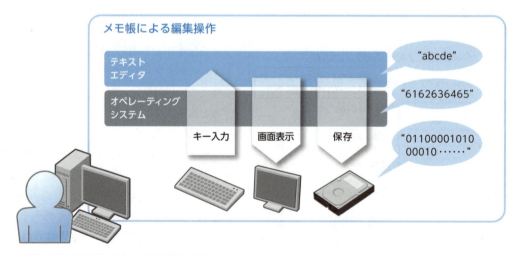

● 図3-1-7　テキストエディタの内部的な処理

　私たちがキーボードから入力した文字情報は，ハードウェア，OS，アプリケーション・プログラムを介して画面に表示されるとともにディスク装置に保存されます。キーボードからタイプされた入力は，一回のタイプごとに電気的な信号としてハードウェアに認識されてOSに送られ，さらにOSを介してアプリケーションに送られます。OSは内部的にこの情報をタイプされた文字のイメージではなく番号付けされた**文字コード**として保持しています。文字コードを表現するためには，その文字コー

ドの対象となる**文字集合**と各文字の文字コードへの対応付けるルール（**符号化方式**）が必要です。文字集合には，日本語であれば，ひらがな，かたかな，漢字があり，他言語も同様に別の文字の集合が存在します。この文字集合とルールの対応関係を**文字コード系**といいます。この文字コード系は**文字コード**と略して表現されることがあります。日本語の文字コード系にはShift-JIS，Unicode，EUC-JPなどがあります。

　アプリケーション利用者には文字コードに対応する文字が表示されるだけで，文字コードを意識させることは通常の操作ではありません。キーボードからの入力の受付けやディスプレイ装置やディスク装置への出力はアプリケーション・プログラムの制御によって行われます。これらの操作は再度OSを介してディスプレイ装置やディスク装置に送られます。ディスク装置への書き込み処理はこの文字コードで保存されます。

　テキストファイル内に保管される文字データは，文字ごとに割り当てられた文字コードです。英数字用の文字コード系に**ASCII**があります。ASCII文字コードは1文字分として7ビット分の容量を必要とし，7ビットを使用することにより1文字に2の7乗の128通りのパタンの表現が可能です。ASCIIの一文字は通常1バイトを占有しますが，先頭の1ビットは常にオフの決まりです。ASCIIの文字コードでは，アルファベットの「A」は文字コード「0x41」が割り当てられます。小文字の「a」は異なる文字なので文字コード「0x61」が割り当てられます。数字の「1」はコンピュータに表示する用途としては「0x31」が割り当てられています。ここでは「0x」で始まる表記を使いましたが，これは16進数であることを意味します。ここではコンピュータの処理を理解するため，16進数について説明します。

　16進数は**基数**が16であり，小さい順から数えて16まで進んだところで桁が上がります。ここで注意すべき点は，16進数の場合，9より後の数字の表記をどうするかという点です。10と記述すると，10進数では10を意味することになりますが，16進数なので10と記載すると16まで進んで桁が上がったことを意味してしまいます。この問題を解決するために16進数では10進数でいうところの10まで進むと，「A」と表記します。同様に10進数の11まで進んだところでは「B」，以降順に「C」，「D」，「E」，「F」まで進んで次に基数に達したところで桁が上がって10となります。この16進数1桁分の表現はいうまでもなく「0」から「F」までの16通りです。16という数字は2の4乗です。4ビットのデータがあれば16進数1桁の情報を表現できることがわかります。ASCIIの場合は「0x00」から「0x7F」の文字コードを使用することになります。

　アルファベットと数字，特殊記号および制御文字の範囲であれば，128通りの表現で収めることが可能です。漢字を含む日本語の場合は常用漢字だけでも2136文字[6]あります。その他にもひらがな，カタカナ，日常生活で利用する特殊記号を含めると1バイトの容量では不足します。このため日本語には2バイト以上を使って1文字を表現するいくつかの文字コード系が存在します。

●図3-1-8　メモ帳で選択可能な文字コード体系

「メモ帳」アプリケーションはファイル保存時には文字コードを選択できます。選択肢で表示されている「ANSI」「Unicode」「Unicode Big Endian」「UTF-8」いずれも日本語表示・編集が可能

＊6　2010年の内閣告示による漢字の数。

です。デフォルトの設定は「ANSI」となっています。「ANSI」はWindows OSの言語設定に依存しており，日本語が設定されている環境ではMicrosoft社が定めた文字コード「CP932」です。これは「Shift-JIS」を元にいくつか文字を追加したものです。「メモ帳」で平仮名の「あいうえお」を入力，異なる「文字コード」を指定して別ファイルに保管してから，各ファイルの内部データの表示結果を表3-1-9に例示しました。「ANSI」の形態では先頭の識別子[*7]はありません。日本語の場合，「Unicode」と「Unicode big endian」は2バイト文字の集合に対する符号化方式です[*8]。Unicode big endianは処理の仕様のために，元の文字コードであるUnicodeの1バイト目と2バイト目を入れ替えています。「UTF-8」は，日本語の場合，3バイトの長さの文字に対する符号化方式を表しています。

文字コード体系	先頭識別子	あ	い	う	え	お
ANSI		82 A0	82 A2	82 A4	82 A6	82 A8
Unicode	FF FE	42 30	44 30	46 30	48 30	4A 30
Unicode big endian	FE FF	30 42	30 44	30 46	30 48	30 4A
UTF-8	EF BB BF	E3 81 82	E3 81 84	E3 81 86	E3 81 88	E3 81 8A

● 表3-1-9　「メモ帳」の各文字コード体系を指定して保管した文字コード

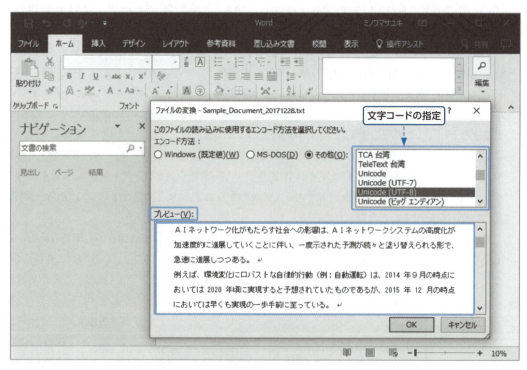

● 図3-1-10　Wordで外部ファイル取り込み時にエンコード方法を指定する操作

外部ファイルから読み込んだファイルの文字コードがアプリケーションから認識できない場合は，

---

*7　「Unicode」「Unicode big endian」「UTF-8」はいずれもファイルの先頭に変換方式の識別のため制御文字が含まれますが，これはByte Order Markと呼ばれる文字列です。

*8　「Unicode」と「Unicode big endian」の実体は，UTF-16 Little EndianとUTP-16 Big Endianです。Big Endianは上位から順に，Little Endianは下位から順に処理する方式です。

文字コードを指定する操作が必要になります。例として，オフィス・ツールのアプリケーションによる外部のファイル・データの取り込みがあります。Word, Excelは外部のテキストファイルを取り込むことができます。この場合，オフィス・ツールに取り込めるように外部ファイルの文字コードを指定します（図3-1-10参照）。適切な文字コードを指定しないと文字化けが発生します。

🖱 演習問題

1. すべてのひらがなとカタカナを表記するためには最低何ビットが必要ですか。
2. 身近な情報システムで文字や図形以外を処理対象にしているものを挙げてください。また，その対象とするデータは何ですか。
3. メモ帳でテキストファイルを編集，UTF-8の文字コードを指定して保存してください。その後，保存したファイルをWordで開くとどのような画面が表示されるか確認して，さらにこのファイルを編集しようとしたら，どのような操作が必要になるか考えてください。

3.2 コンピュータ・ネットワークの仕組み

　コンピュータ・ネットワークと聞くと，多くの場合，インターネットを思い浮かべることでしょう。しかし，そのインターネットにしても現在に至るまでの背景（歴史）や仕組み（接続方法や通信規格など）について概観すると様々な紆余曲折があったことがわかります。以下，まずはインターネット成立に至る経緯とインターネットが一般に開放されるまでの歴史を簡単に振り返り，その後インターネットを支える技術について確認します。

3.2.1 情報通信の概念と歴史

■ インターネット前史
　「計算機」としてのコンピュータの開発・発明が明確にいつ・誰から始まるのかについては議論の余地があるかもしれません。しかし，コンピュータ・ネットワークとしてのインターネットに関しては，電子式デジタル計算機としてのコンピュータを前提としたネットワークであるとすれば，その多くをアメリカのクロード・シャノン (Claude Elwood Shannon)に負っていることは明らかでしょう。シャノンは，MITの大学院生だった1937年の修士論文"A Symbolic Analysis of Relay and Switching Circuits"で，継電器（リレー）を利用した電気的なオン・オフをそれぞれ数字の1と0に記号化して対応付けることでブール代数に基づく論理的演算における操作が実現できることを理論的に証明し，計算機のデジタル回路設計の発展に先鞭を付けます。また情報通信の分野では，1941年に入所したベル研究所で，通信でやり取りされるメッセージから意味内容を捨象して，「情報」を単なる「量」として定式化することで，ノイズが混入する通信経路でも情報を確実に早く伝達することができることを1948年に発表した論文"A Mathematical Theory of Communication"で明らかにしました。その際シャノンは情報を0と1の2進数で符号化し，情報量の最小単位をbit（binary digitからの造語）と表現しました。なお，第二次世界大戦中には，通信回線における暗号データの数学的な定式化にも取り組み，戦後に機密解除に伴って1949年に論文"Communication Theory of Secrecy Systems"として発表しています。セキュリティの重要性が増すばかりの現代にあって，シャノンは暗号理論の先駆者ともいえ

るのです。コンピュータのデジタル回路設計，通信回線における情報の数学的定式化，そして暗号理論への貢献から，シャノンは情報科学の父と称されます。なお，シャノンはコンピュータ上のチェス・プログラムや迷路探索ロボットの開発など，人工知能 (Artificial Intelligence) の研究にも寄与し，後の発展に期待しました。

■ **インターネットの黎明（ARPAとARPANETの誕生）**

　第二次世界大戦終結直後から始まるアメリカとソビエトとを中心とする冷戦状態において，当初アメリカは原子爆弾の製造技術を含め，世界最大の軍事技術大国であることを自負していました。しかしそれも1957年10月にソビエトが人類初の人工衛星スプートニクを地球の軌道上に打ち上げるのを成功させるまでのことでした。このスプートニク・ショックによってアメリカは初めて自国本土が直接他国から核弾頭を積んだ大陸間弾道弾による爆撃その他の戦略的脅威に晒される恐怖を実感するようになったわけです。そのような状況において当時のアイゼンハワー大統領からの諮問を受けた国防総省は，同年11月に国防総省の傘下に，国土防衛に関する先端軍事技術の研究開発を一手に担う**高等研究計画局**（Advanced Research Projects Agency：以下，**ARPA**）を設置することを大統領に提言，承認を取り付け，翌1958年2月にARPAが正式に発足しました。

　ARPAの本来の使命は「アメリカ軍の技術的優位を維持し，革新的且つ高度に決定的な研究を後援することで，様々な基盤的研究とそれらの軍事的利用との間隙を橋渡しし，国家安全保障を予期せぬ技術的奇襲から防衛すること」(https://www.darpa.mil/) でしたが，より具体的には，弾道ミサイルの防衛や核実験の検出，また核攻撃に対する反撃についての研究開発が主な任務とされ，これらに関連する情報処理技術や行動科学，材料工学など隣接する様々な分野も研究の対象とされました。しかし1961年，ユタ州にある3か所の電話回線基地局に対する爆破テロにより，一般回線のみならず，国防通信回線も一時完全に麻痺するという事態が発生したことで，中央集中型通信網の戦時の指揮統制における弱点についても憂慮することになったわけです。ここに後のインターネットにつながる，新たな情報通信技術の研究開発が始まったのです。

　ところでARPAでの研究とは別に米空軍は1962年，空軍系列のシンクタンクであるRAND社に委託して核攻撃にも耐え得る通信ネットワークの研究に着手し始めます。当時RAND社に在籍していたポール・バラン (Paul Baran) は1964年までにこの新たなネットワークの構築に関する基本的な技術として "On Distributed Communication" という題名で，分散型ネットワークシステムとパケット交換技術 (Packet Switching Network) に関して一連の報告書を提出する一方，IEEEなどにも論文を発表し，普及に努めます。ただしパケット交換技術については，MITの大学院に在籍していたレナード・クラインロック (Leonard Kleinrock) が，1961年の時点ですでに関連する論文を執筆しており，また英国国立物理学研究所 (NPL) のドナルド・デイヴィス (Donald Watts Davies) も，バランとほぼ同時

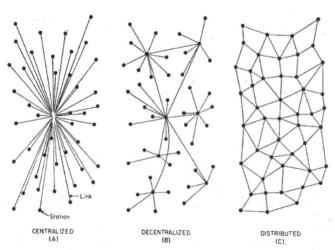

● 図3-2-1 "On Distributed Communication" より

期にまったく独自にパケット交換技術に関する研究を行っていました。ちなみに、現在、コンピュータ・ネットワーク上でやり取りするデータ・ブロックを「**パケット**」と呼びますが、この言葉を最初に用いたのはデイヴィスなのです。バラン自身はパケットを単に「**メッセージ・ブロック**」と呼んで、パケット交換についても「ホットポテト発見的経路制御 (Hot-Potato Heuristic Routing)」と呼んでいました。

　バランの構想した分散型ネットワークについては、国防通信局 (DCA) を通じて通信回線網を独占していたAT&Tに提案されたものの、回線交換式が主流であった当時の通信業界にあっては結局受け入れられなかったのですが、その分散型ネットワークのアイデアは、パケット交換技術とともに後のインターネットの原型である **ARPANET** (ARPA NETwork) へと受け継がれていきます。バランはパケット交換技術の父と称されたりすることもありますが、ARPANETの構築には直接携わっていないことは事実です。また逆にARPANETが核攻撃にも耐え得る通信ネットワークを目的として開発されたという誤解や混乱が散見されることが多いのは、バランのパケット交換技術に関するいわば伝道師としての普及活動があったからであるといえるのですが、その一方でARPAの存在理由が軍事技術の研究開発に立脚していたことも紛れもない事実なのです。

　ところで、この当時のコンピュータは大学や国立の研究所、あるいは軍が所有していて、現在のPCのようなパーソナルなものではなく、またダウンサイズしたとはいえ未だ広大な場所を占有し、巨額の研究資金が必要なものでした。そのため、1台のコンピュータを複数の研究者たちが共有して同時に利用するという形態、いわゆる「時分割システム (TSS : Time Sharing System)」でした。しかもコンピュータごとにオペレーティング・システムやファイルのフォーマットも違えば、また相互に接続するためのインターフェイスも存在しませんでした。互換性がなく、研究資金も嵩むことに業を煮やした研究者・技術者たちは、各地に分散しているコンピュータ資源と、コンピュータに関連した様々な情報を共有するためのコンピュータ・ネットワークの仕組みを模索することになります。つまりこの時点ですでにコンピュータは単なる計算機の概念を超え、コミュニケーションツールとしての可能性を含んでい

● 図3-2-2　IMP*9

たことがわかります。1964年当時、MITのリンカーン研究所に在籍していたラリー・ロバーツ (Lawrence G. Roberts) もその一人で、バージニア州のホームステッドで開催されたある会議で同席したARPAのIPTO (Information Processing Techniques Office) 初代ディレクターで、ARPANET構築の立役者であったJ.C.R.リックライダー (Joseph Carl Robnett Licklider) に感化され、ロバーツはコンピュータ・ネットワーク研究の世界へと飛び込むことになります。

　1966年にARPAに移籍したロバーツは、ARPAにおけるコンピュータ・ネットワークの構築に着手し、1968年には正式に予算が付いたことでARPANET構築計画が実質的にスタートします。ロバーツは、ARPANET設計責任者として、最終的にその当時主流であった回線交換式ではなく、パケット交換式ネットワークを採用し、またネットワークとコンピュータとを仲介する専用のハードウェアである **IMP** (Interface Message Processor) を導入することを決定しました。IMPは大型冷蔵庫

＊9　出典：Steve Jurvetson from Menlo Park, USA (https://commons.wikimedia.org/wiki/File:ARPANET_first_router.jpg),
"ARPANET first router", https://creativecommons.org/licenses/by/2.0/legalcode

ほども ある機器で, ネットワークの接続を代行する, 現在のルータに似た経路制御やエラーチェックの役割を担っていました。つまり様々な規格・仕様が乱立していたコンピュータを直接ネットワークにつなごうとすると, それぞれのコンピュータに対して個別に多くの変更を施さねばならず, またネットワークの規格や仕様の変更のたびにすべてのコンピュータに対して新たに変更を行うことになり非効率的となりますが, データのやり取りをするためだけの共通仕様の専用コンピュータでまずネットワークを構築してしまえば, 実際に接続するコンピュータへの変更は最小限で済むことになるわけです。そのネットワーク専用のコンピュータとしてIMPを導入したのです。

1969年9月には, UCLA教授に着任していたクラインロックの研究室のコンピュータが奇しくもARPANETに最初に接続する第一号のホストコンピュータとなりました。まさにARPANETが誕生した瞬間です。(実際にはARPANETのノードであるIMPとホストコンピュータとが接続されました。)翌月にはスタンフォード大学のSRI (Stanford Research Institute) と接続され, 11月にはカリフォルニア大学サンタバーバラ校と, そして12月にはユタ大学と4つのノードが接続されプロトコルが流れ始めます。翌年9月までにMITやハーバード大学を含め9ノードまで拡張し, 大陸を横断するネットワークが構築されました。この成果は1972年10月に開催されたコンピュータ通信に関する国際会議(ICCC72) においてARPANETのデモとしてお披露目されました。このデモを目の当たりにして, それまでパケット交換式分散型ネットワークの実効性そのものを訝しんでいた研究者・技術者たちも, これ以降はその存在を無視し得なくなりました。

■TCP/IPの誕生とインターネット

ARPANETの成功で徐々にコンピュータ・ネットワークが世界的な規模に拡大し始めるのと同時に, 一方では別の問題が生じていました。それは, 多種多様なコンピュータやコンピュータ・ネットワークがARPANETに接続されていく中で, その当時ARPANETで採用されていたプロトコルである**NCP** (Network Control Protocol) は特定のアーキテキチャにしか対応しておらず, 互換性が問題になり, より幅広く対応したプロトコルの標準化が急がれたのです。ARPAのボブ・カーン (Robert E. Kahn) は, スタンフォード大学のヴィント・サーフ (Vinton G. Cerf) と協力して新たなプロトコルの標準化に取り組み, 1974年にIEEEの学会誌に論文を発表します。そこには, 「**TCP** (Transmission Control Protocol)」と名付けられた標準化されたプロトコルの機能が紹介されていました。このTCPには, フロー制御や再送処理などのアプリケーションに近い内容と, 経路制御の機能が同居したものが両方含まれていました。その後サーフはARPAに移籍しTCPの実装を主導する中, 1978年にはTCPから経路制御の部分を「**IP** (Internet Protocol)」として分離し, 現在の**TCP/IP**が完成します。TCP/IPは, ARPANETでは1981年に正式に採用され, 1983年1月1日にNCPからの移行を完了します。そしてTCP/IPはその後インターネットでのディファクト・スタンダード, つまり実質的標準プロトコルとなります。

インターネットにおけるTCP/IPの標準化以前には, 1978年に国際標準化機構 (ISO : International Organization for Standardization) が規格化したOSI (Open System Interconnection) やDEC社のVAX/VMSで利用されていたDECnetといったプロトコル群 (プロトコル・スイート) が乱立していました。この中で標準化の覇権を争うにあたってISOによる7つの階層 (レイヤー) に分けられたOSI参照モデルの果たした役割は大きいものでした。というのも, このOSIの7層モデル以後, 研究者も技術者もネットワークの研究開発に際し機能ごとにレイヤーに分けて考えることが慣習となり, OSI参照モデルが基本的な概念枠組みを提供することになったからです。ARPANETにおけるプロトコルにしても, 初期のものは, IMPを経由してホストコンピュータとネットワークとをつなぐためにそれぞれに対応した2層だけから構成されていましたが, NCPあるいはその後TCPを間に挟んだ3層構造, そし

てTCP/IPになり4層構造となりました。しかし，インターネットにおけるプロトコルの標準化の綱引きは，複数の国家間協調の下での硬直的な官僚的施策によって完璧なモデルとして構想・構築されたOSI参照モデルに対して，ほとんど制約のない自由な議論の下で実装形態として構築されたTCP/IPへと最終的には集約されることとなりました。

■草の根ネットワークの勃興とインターネットの一般開放

ところで，ARPANETのお膝元のARPAは1972年3月に国防政策の転換に伴いDARPA (Defence Advanced Research Projects Agency) と改称されているので，ARPANETも厳密にはDARPANETと呼ぶべきかもしれませんが，当初の呼び名であるARPANETと呼ばれることが一般には浸透しています。そのARPANETのノードが日毎に増え，接続するネットワークが拡大していくのと同時に，ARPANETに接続できない大学や研究機関からは不満の声が上がり始めます。それというのも軍事研究に携わっていた大学や研究機関だけしかARPANETへの接続を許可されなかったからです。そこで1979年ウィスコンシン大学のラリー・ランドウィーバー (Lawrence Landweber) を提唱者として**全米科学財団** (**NSF** : National Science Foundation) を中心にARPANETとの相互乗り入れを目標に全米のコンピュータ科学科を擁する大学を結ぶ「**CSNET** (Computer Science NETwork)」の構築が計画されます。ARPANETは各ノードが常時接続の専用回線で接続されたものでしたが，CSNETでは一般公衆回線を利用したダイアルアップ方式の接続も含めたものが構想され，1981年から試験的な運用が始まります。その一方で，同じ1981年には，ARPANETにもCSNETにも取り残されたその他の研究者たちのために「**BITNET** (Because It's Time NETwork)」の構築が始まります。BITNETは，軍関係者でもなくコンピュータ科学の専門家でもない一般の研究者たちからのネットワーク利用の切望を元にニューヨーク市立大学のアイラ・フュークス (Ira Fuchs) が中心となって独自に構築されたネットワークで，国内に止まらず日本やヨーロッパ諸国など，国外の研究機関とも接続し，最終的には3000を超す機関が接続を果たすことになりました。CSNETとBITNETは1989年には「**CREN** (the Corporation for Research and Education Networking)」に統合されます。

CSNET構築を支えたNSFは，1983年にはCSNETが従量課金制採用により財政的にも自立したことを見届けるとCSNETから手を引く一方で，1986年には全米5か所（プリンストン大学，イリノイ大学，カリフォルニア大学サンディエゴ校，コーネル大学，ピッツバーグ大学）に前年設置されていたスーパー・コンピュータ・センターを相互に高速回線で接続する**NSFNET**を構築します。このNSFNETは当初56 kbpsの帯域の回線で結ばれていましたが，1989年には1.5 MbpsのT1回線へと増速され，ARPANETとも接続されるに至ります。NSFNETに接続するノードが増加するとともにNSFNETは，ネットワークのネットワーク，つまりはバックボーンとしての機能を発揮していきます。

インターネット略史
1958年：ARPA発足
1961年：パケット交換理論
1964年：分散型ネットワーク理論
1967年：ARPANET計画開始
1968年：IMP開発
1969年：ARPANET誕生, UNIX開発 (AT&T)
1970年：NCP完成
1971年：電子メール開発
1973年：イーサネット開発 (Xerox)
1974年：TCP発表
1980年：イーサネット規格公開
1981年：CSNET運用開始, BITNET構築開始
1982年：TCP/IP完成
1983年：DNS開発, ARPANETからMILNET分離
1984年：日本のJUNET運用開始
1986年：NSFNET開始
1988年：日本のWIDEプロジェクト発足
1989年：World Wide Web開発 (CERN)
1990年：ARPANET終了
1991年：CIX設立, ISPによる商用利用拡大
1993年：NCSA Mosaic開発
1995年：Windows 95発売, NSFNET終了

Chapter 3 データ表現と情報通信

　NSFNETの隆盛の一方で，1990年2月にはARPANETは終焉を迎えます。すでに1983年4月にはARPANETから軍事専用ネットワークとして「**MILNET** (MILitary NETwork)」が分離しており，研究・実験的な役目は当に果たしていたのです。その一方でNSFNETのAUP (Acceptable Use Policy：接続規定) には個人的なビジネスなどの営利目的での使用が禁止事項として掲載されていました。しかし1991年に後のクリントン政権の副大統領となるアル・ゴア上院議員による「HPC法」の成立に基づく情報スーパーハイウェイ構想や，1992年に成立した「1992年の科学と先進技術法」により，インターネットの商用化に法的な根拠を与えることになり，1991年に設立されていた**CIX** (Commercial Internet eXchange association：キックス) を中心として，インターネットの商用利用が加速度的に促進されることになりました。そしてその他の様々な**インターネット接続業者** (Internet Service Provider：**ISP**) の増加に伴って，これまで一部の専門家に独占されていたインターネットが一般の人々にも開放される最中の1995年4月にNSFNETはひっそりと幕を閉じました。

3.2.2　トポロジーとプロトコル

　ARPANETは，成立の経緯からして，また物理的な距離や論理的な結びつきを考えてみても，最初からネットワークのネットワークとして構想されていたことは明らかです。物理的な距離として1 km前後を境界にして広領域のネットワーク技術をWAN (Wide Area Network)，近接領域のネットワーク技術をLAN (Local Area Network) と呼びますが，その意味でARPANET，ひいてはインターネットはWANの技術を基本にしているといえます。

　しかし，各ホストが専用回線というメディアを占有して直接つながる場合（ポイント・トゥー・ポイント）と異なり，比較的狭い領域で複数のホストがメディアを共有するLANの場合には，メディアへの物理的・論理的なアクセス方法の構成に注意する必要があります。この共有メディアへの接続形態のことを**トポロジー** (**Topology**) と呼びます。トポロジーには物理的なトポロジーと論理的なトポロジーがあります。

　代表的な物理的トポロジーとしては，バス型，リング型（二重リング型），スター型（拡張スター型）などがあります。

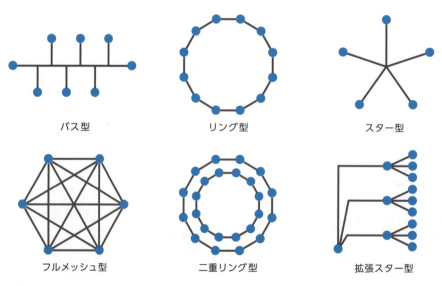

● 図3-2-3　ネットワークトポロジー

一方，論理的なトポロジーとしては，大きく分けて，リング型トポロジーに対応したトークンリング (Token Ring) やFDDI (Fiber Distributed Data Interface) と，スター型トポロジーに対応した**イーサネット** (**Ethernet**) があります。現在のLANの多くは，イーサネットを利用して構築されています。イーサネットでは，送受信の通信経路が1組，すなわちメディアを共有する**半二重通信** (half duplex) の場合，データの衝突（**コリジョン**）が起きることが問題でした。衝突検知付搬送波感知多重アクセス (Carrier Sense Multiple Access / Collision Detection : CSMA/CD) と呼ばれる機能が実装され，コリジョンの回避が目論まれましたが，CSMA/CDではネットワークの規模拡大に伴い伝送効率が顕著に低下してしまうため，スイッチングHUBなどの**全二重通信** (full duplex) に対応した機器の導入などにより，送受信それぞれの通信経路を2組別々に用意して通信を制御することで伝送効率を向上させています。ちなみに無線LANではCSMA/CA (Carrier Sense Multiple Access / Collision Avoidance) と呼ばれる，衝突回避策が採られています。

　さて，コンピュータとコンピュータのネットワークが成立するためには，コンピュータ相互のデータ通信が可能でなければなりません。特にインターネットは地球規模のコンピュータ・ネットワークであり，インターネットに接続するコンピュータやネットワーク機器は多種多様となります。

　同一機種，同一OSのコンピュータ同士での接続においてはあまり考慮されませんが，異機種間接続の場合は，すべてのコンピュータ間で共有される同一仕様の通信手順が必要となります。この標準化された通信手順のことを**プロトコル** (**Protocol**) と呼びます。OSI参照モデルは，機能ごとにわかりやすく7つの階層に整理されていることから，教育的見地からもインターネットの概念的枠組みを学習・理解する際に利用されていますが，インターネットの歴史においてすでに見てきたように，インターネットのディファクト・スタンダードとして現在使用されているのは，ARPANETで開発研究されてきたTCP/IPです。

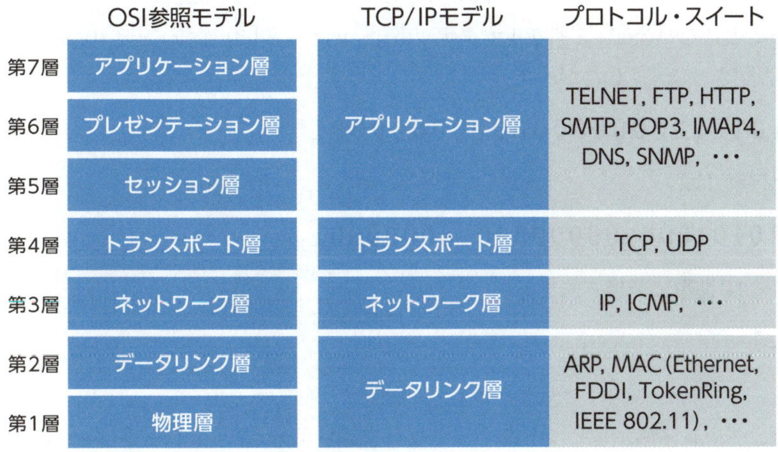

OSI参照モデル		TCP/IPモデル	プロトコル・スイート
第7層	アプリケーション層	アプリケーション層	TELNET, FTP, HTTP, SMTP, POP3, IMAP4, DNS, SNMP, …
第6層	プレゼンテーション層		
第5層	セッション層		
第4層	トランスポート層	トランスポート層	TCP, UDP
第3層	ネットワーク層	ネットワーク層	IP, ICMP, …
第2層	データリンク層	データリンク層	ARP, MAC (Ethernet, FDDI, TokenRing, IEEE 802.11), …
第1層	物理層		

● **図3-2-4**　プロトコルレイヤー

3.2.3 アドレッシングとIP

　コンピュータ同士を相互に接続してネットワークを構築する際に，接続の形態としてのトポロジーと，通信手順としてのプロトコルとともに必要なのが，個々のコンピュータを識別するためのアドレッシングの技術です。コンピュータ・ネットワークとしてのインターネットは，共有メディア上にデー

タ（パケット）を送受信するためには，郵便制度を利用して手紙やハガキを送る際に宛名や住所が必要なのと同じで，それぞれのコンピュータを一意に識別する方法が必要です。この個々のコンピュータの個体識別方法のことを**アドレッシング**と呼び，それぞれのコンピュータに割り振られる個体識別番号のことを**アドレス**と呼びます。現在のコンピュータやネットワーク機器では，一般に物理的アドレスとしての**MACアドレス** (Media Access Control Address) と論理的アドレスとしての**IPアドレス** (Internet Protocol Address) を利用して識別しています。

■MACアドレス

LANの代表的なトポロジーであるイーサネットでは，ネットワーク機器のROMに書き込まれたMACアドレスによって物理的に実装された固定的なアドレスとして識別が行われます。MACアドレスは48ビット長で，上位24ビットがベンダーコード（実際には上位2ビットはアドレスの種類を表示するために使用されます），下位24ビットが各ベンダーによって個々の機器に固定的に割り振られる平板なアドレスです。

実際のMACアドレスは，

```
01-23-45-67-89-AB
```

のように1バイト（＝8ビット）ずつ16進数に変換され，[-]（ハイフン）や[:]（コロン）あるいはスペースで区切られて表記されます。

LAN内の同一ネットワークにある機器同士は，このMACアドレスで直接通信を行います。ちなみに，IPアドレスを動的に自動で割り当てる仕組みである**DHCP** (Dynamic Host Configuration Protocol) では，このMACアドレスが目印となってDHCPサーバからIPアドレスが自動的に割り当てられます。

■IPv4とIPv6

現在主に利用されているIPアドレスであるIPv4は，32ビット長であり，単純にいえば2^{32}＝約43億通りの識別ができることになります。これを1オクテット (1 octet = 8 bit) ずつドット (.) で区切って10進数に変換して表記されます。したがって，

```
11000000101010000000000000000001
```

のような32ビットの2進数は，

```
11000000.10101000.00000000.00000001
```

と区切られて，最終的に10進数に変換されて，

```
192.168.0.1
```

と記載されます。

なお，IPアドレスは，アドレスの上位ビットをネットワーク識別部分（ネットワーク部），下位ビットをホスト識別部分（ホスト部）に分けられますが，以前はネットワークの規模により上位の数ビットを固定的に振り分けて，クラスA，クラスB，クラスCなどと分類して運用されていました（**クラスフル・アドレッシング**）。上記の「192.168.0.1」であれば，上位ビットが「110」から始まるので，クラス表のクラスCに相当するので，クラスフル・アドレッシングでは，ネットワーク部が上位24ビットの「192.168.0」となり，残り8ビット（＝256個）がホスト部として個々のネットワーク機器に割り振られることになります。（実際にはネットワーク・アドレスとブロードキャスト・アドレスを差し引いた254個となります。）

● 図3-2-5　ネットワークの分類とクラス表

　しかしクラスフル・アドレッシングでは，柔軟なアドレスの運用が困難であることと無駄になるアドレスもあり，クラスをさらにサブネットに分割して **CIDR**（Classless Inter-Domain Routing：サイダー）表記することになりました。上記の例でいえば，

　　192.168.0.0/24

のように，ネットワーク・アドレスの後ろに［ / ］（スラッシュ）で区切ってネットワーク部の上位ビット数（プリフィクス長）を表記し，ネットワーク部とホスト部の区切れ目を認識できるようになっています（**クラスレス・アドレッシング**）。ネットワーク設定の際など実際には，IPアドレスに対するマスク値（サブネットマスク）との論理積でネットワーク・アドレスが識別できるサブネットマスク表記になっています。

　　IPアドレス：　　　192.168. 0.1
　　サブネットマスク：255.255.255.0　　　→ 192.168.0.0（＝ネットワーク・アドレス）

　そしてこのCIDRをさらに拡張して可変長のサブネットを利用できるようにし，より無駄のないアドレスの割り当てを可能にしたのが，VLSM (Variable Length Subnet Masking) です。

　IPv4アドレスはクラスレス・アドレッシングやVLSMによって，柔軟に無駄なく利用することができるようになりましたが，IPv4アドレスの枯渇問題が1990年代後半から問題になりました。延命策としてインターネット接続用に利用するグローバルIPアドレスではなく，LANなどの組織内でのみ利用されるプライベートIPアドレスをNAT (Network Address Translater) 技術を使ってグローバルIPアドレスに変換して活用するなどの措置も取られていますが，どの対策にも一長一短あり，根本的な解決策として期待されているのが，IPv4の拡張版としてのIPv6です。

　IPv6は，128ビット長（2^{128} ＝約3.4×10^{38}）のアドレスを有し，ほぼ無尽蔵のIPアドレスを利用できるだけでなく，標準でセキュリティ (IPsec) やサービス品質 (QoS : Quality of Service)，そしてプラグ・アンド・プレイ (Plug and Play) に関する機能を装備していることも特徴です。

　IPv6アドレスは，128ビットを16ビットずつ8つに分けて［ : ］（コロン）で区切り，それぞれを16進数に変換して表記します。

　　ABCD:EF01:2345:6789:ABCD:EF01:2345:6789

　また，連続した［ 0 ］は省略が可能で，複数箇所連続している場合は，1か所に限り［ :: ］と表記できます。したがって，例えば

```
ABCD:EF01:2345:0000:0000:EF01:0000:6789
```
というIPv6アドレスの場合,

```
ABCD:EF01:2345::EF01:0:6789
```
と省略表記できます。

　IPv6アドレスの種類には，単一インターフェイス宛の**ユニキャストアドレス**，複数のインターフェイスグループの内最も近くにあるインターフェイス宛の**エニーキャストアドレス**，そして複数のインターフェイスグループ宛の**マルチキャストアドレス**があり，さらにパケットの到達範囲に従って，例えば**リンクローカルユニキャストアドレス**と**グローバルユニキャストアドレス**のようにそれぞれ分類されます。

　IPv6には様々なメリットがある一方で，現在主に利用されているIPv4に対応したネットワーク機器では，直接IPv6での通信ができないため，IPv6への移行は少しずつゆっくりと行われています。IPv6のみに対応する**ネイティブ方式**に対して，IPv6のパケットを丸ごとIPv4にカプセル化する**トンネリング方式**やIPv4だけでなくIPv6にも対応する機器に徐々に置き換える両方のプロトコルを利用する**デュアルスタック方式**など，様々な試みが行われています。当然，パソコンを含むネットワーク機器やOS，そしてアプリケーションのIPv6への対応も必要です。

3.2.4 IPアドレスとDNS

　IPアドレスは，現在主流のIPv4では32ビットの2進数で，10進数表記されていても覚えにくいので，最初はIPアドレスとホスト名とを対応付ける一覧表 (HOSTS.TXTファイル) で管理していたのですが，インターネットに接続する機器が増加するに従って，個別にHOSTS.TXTファイルを維持管理していくことが困難となり，IPアドレスとホスト名とをグループ化して対応付けるシステムとして1983年頃からDNS (Domain Name System) が開発・導入されました。

　インターネットに接続する機器同士はIPアドレスで通信しているので，私たちがWebブラウザを利用する場合など，DNSを使って階層構造化された住所表記である**ドメイン名**とIPアドレスとを対応付ける，**名前解決**が行われます。ドメイン名に対応するIPアドレスを検索することを**正引き**，逆にIPアドレスに対応するドメイン名を検索することを**逆引き**と呼びます。この名前解決のために階層ごとにIPアドレスとドメイン名のデータベースをもつ**DNSサーバ**が設置され，名前解決できないドメイン名については，最上位の階層のDNSサーバから順に問合せがされる仕組みになっています。一度，名前解決がされたドメイン名は，一定期間DNSサーバに蓄積（DNSキャッシュ）されて無駄な問合せが発生しないよう再利用されます。最も上位のDNSサーバは**ルートサーバ**と呼ばれ，ルートサーバの中でも最上位のAサーバからMサーバまで世界に13システム設置されています。（そのうちAサーバを含む10システムが米国内にあり，日本にもMサーバがWIDEプロジェクトに設置されています。）

　ドメイン名の階層は，図3-2-6のように [.]（ドット）で区切られて右から逆順にトップレベルドメイン (Top Lebel Domain : TLD)，第2レベルドメイン，第3レベルドメイン，…と続きます。TLDには分野別トップレベルドメイン (generic TLD: gTLD) と国別トップレベルドメイン (country code TLD: ccTLD) があります。ccTLDには「jp（日本）」，「uk（英国）」，「fr（フランス）」といった

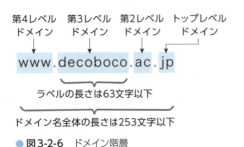

●図3-2-6　ドメイン階層

gTLD	用途
com	商業組織用
net	ネットワーク用
org	非営利組織用
info	情報提供用
int	国際機関用
biz	ビジネス用
edu	米国教育機関用
gov	米国政府機関用
mil	米国軍事機関用

SLD	用途
ac	教育機関用
co	企業・会社組織
go	政府機関用
lg	地方公共団体
ne	ネットワーク用
or	特定法人組織用

● 表3-2-1　ドメイン種別

2文字略記の国名が使われます。gTLDには商業組織用の「com」，非営利団体用の「org」，そしてネットワーク用の「net」などがあります。なお，米国教育機関用として「edu」，米国政府機関用として「gov」，そして米国軍事機関用として「mil」といった例外的にほぼ米国でのみ独占的に利用されるドメイン名もあります。

第2レベルドメイン (Second Lebel Domain : SLD) には，**属性型ドメイン**と**地域型ドメイン**があります。属性型ドメインには当該組織の種類に従って，教育機関用の「ac」，会社・企業組織用の「co」，そして政府機関用の「go」などがあります。また地域型ドメインには，「tokyo」や「hokkaido」などの都道府県を表すドメイン名があります。そして第3レベル以降のドメインには，具体的な組織名や機能が表記されます。したがって，これらのドメイン名の基本的な命名規則がわかれば，ドメイン名からその組織の種類を類推したり，逆に組織の成り立ちからドメイン名を類推したりすることもある程度できるわけです。例えば，上述のドメイン名

www.decoboco.ac.jp

であれば，「日本」の，「教育機関」の，「凸凹（大学？）」の「wwwコンピュータ（Webサーバ？）」というおおよその推定ができ，逆に「凸凹大学のWebサーバ」からドメイン名をある程度推定することもできるわけです。ただ「ある程度推定」と記したのは，まず例外が様々存在するということが挙げられます。例えば，東京23区の各区役所のドメイン名については，杉並区は地域型ドメイン名

www.city.suginami.tokyo.jp

であるのに対して，同じ23区でも隣の世田谷区は，属性型の地方公共団体 (Local Government) 用の [lg] で

www.city.setagaya.lg.jp

と登録されています。第3レベルドメイン名となると，総務省が

www.soumu.go.jp

とローマ字表記であるのに対して，財務省は

www.mof.go.jp

と英語名"Ministry of Finance"の略記になっており，政府機関の中でさえ統一されておらず，混在している状況なのです。

また，そもそも規則に縛られないドメイン名利用の要望の高まりによって，SLDの属性型・地域型といった枠組みを離れて登録できる汎用ドメイン名が導入され，さらには使用できる文字列として，これまでは数字やアルファベットだけだったところ，日本語を含む多言語対応の国際化ドメイン名 (Internationalized Domain Name : IDN) が導入されたこともドメイン名の自由化に拍車を掛けています。すでにJPドメインでも「北島康介.jp」や「総務省.jp」といった人名や組織・団体名，そして商品やサービス名の日本語JPドメインが登録・利用されています。

汎用ドメイン名の導入により，これまで第3レベルに指定していた具体的な名称を第2レベルに設定することも可能となり，より簡素化したドメイン名の登録ができるようになりました。もちろん，IDNを利用する場合は，DNSの側の対応と，利用者側のWebブラウザも対応していることが必要です。(IDNに対応していないシステムへの対応策としてPunycodeと呼ばれる符号変換した文字列をドメイン名として設定することで互換性が保たれています。)

なお，これらドメイン名の管理については，非営利団体の**ICANN**(Internet Corporation for Assigned Names and Numbers：アイキャン)を中心にして管理・運営されています。このICANN以下，地域や国別にドメインを管理・運用する**レジストリ**(Registry)，そしてレジストリに申請してドメイン名を登録する事業者である**レジストラ**(Registrar)を経て各利用者がドメイン名を取得することができるようになっています。

3.2.5 ネットワーク設定の確認

Windows 10でネットワーク設定の項目について情報を確認するには，［**スタートボタン**］→［**設定**］→［**ネットワークとインターネット**］にある「状態」画面で接続状況を確認したうえで「ネットワークのプロパティを表示」で詳細な設定内容を確認しましょう。

● 図3-2-7　ネットワーク設定の確認

「ネットワークの状態」で「インターネットに接続されています」と表示されていれば適切な設定でインターネットに接続していることになりますが，設定項目を指定した通りに入力しても接続に不具合がある場合は，まず「ネットワークのトラブルシューティングツール」を起動して問題点を確認してみましょう。そしてもう一度，設定項目の詳細を「ネットワークのプロパティを表示」で確認してください。

3.2 コンピュータ・ネットワークの仕組み

また「ネットワークと共有センター」をクリックしてコントロールパネルのネットワークと共有センターを開き，「イーサネット」をクリックして「イーサネットの状態」ウィンドウの[**詳細**]ボタンをクリックしてネットワークの詳細な設定内容を確認することもできます。設定内容を変更する場合は，[**プロパティ (P)**]ボタンをクリックします。

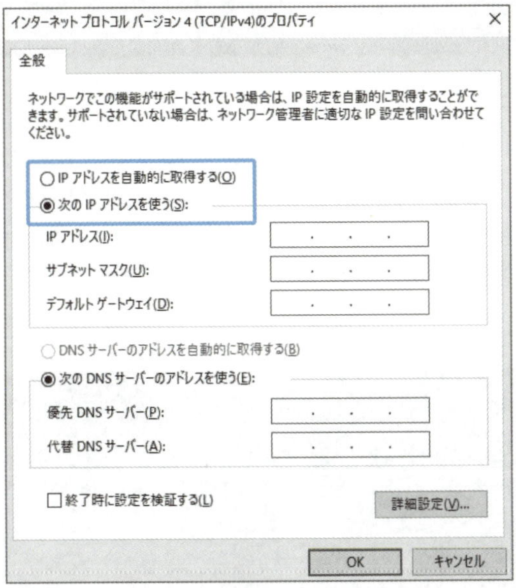

● 図3-2-8　イーサネットの状態

プロパティの設定画面（「インターネットプロトコルバージョン4 (TCP/IPv4)」の設定画面）では，[**次のIPアドレスを使う(S)**]のラジオボタンをクリックして，IPアドレスとサブネットマスク，デフォルトゲートウェイ，そしてDNSサーバのアドレスを指定します。（同一ネットワーク内にDHCPサーバが稼働していれば，[**IPアドレスを自動的に取得する(O)**]のラジオボタンをクリックすれば，自動取得できます。）

● 図3-2-9　インターネットプロトコルバージョン4 (TCP/IP) のプロパティ

　ちなみにWindowsの場合，コマンドプロンプト[10]でもこれらネットワーク設定の設定項目や，またDNSサーバを利用した名前解決をコマンドで確認することもできます。
　[**スタートボタン**]→[**全てのアプリ**]→[**Windowsシステムツール**]で[**コマンドプロンプト**]をクリックして起動してみましょう。（あるいはWindows 10の場合はCortanaの検索ウィンドウで"cmd"あるいは"コマンド"と入力してコマンドプロンプトを検索して起動することもできます。）

---

[10] コマンドプロンプトとは，文字入力で命令を実行させるインターフェイスのことで，マウスで命令を実行するGUIに対して，CUI（Character User Interface）あるいはCLI（Command Line Interface）と呼ばれます。

73

Chapter 3 データ表現と情報通信

　まずネットワーク設定について確認するには，コマンドプロンプトで"ipconfig /all"と入力して Enter を押下してください。(ipconfigと / の間には半角スペースを入力してください。)
　表示された項目の中で，「イーサネットアダプター　イーサネット：」という項目に表示されているのが，ネットワーク設定項目です。

```
管理者：コマンドプロンプト

C:¥Users¥hogehoge>ipconfig /all

Windows IP 構成

    ホスト名. . . . . . . . . . . . . : hogehoge
    プライマリ DNS サフィックス . . . :
    ノード タイプ . . . . . . . . . . : ハイブリッド
    IP ルーティング有効 . . . . . . . : いいえ
    WINS プロキシ有効 . . . . . . . . : いいえ

イーサネット アダプター イーサネット:

    接続固有の DNS サフィックス . . . :
    説明. . . . . . . . . . . . . . . : Intel(R) 87654LM Gigabit Network
    物理アドレス. . . . . . . . . . . : 8C-89-A5-FB-6F-04
    DHCP 有効 . . . . . . . . . . . . : いいえ
    自動構成有効. . . . . . . . . . . : はい
    リンクローカル IPv6 アドレス. . . : fe80::1122:33cc:a01b:c990%5(優先)
    IPv4 アドレス . . . . . . . . . . : 192.168.1.101(優先)
    サブネット マスク . . . . . . . . : 255.255.255.0
    デフォルト ゲートウェイ . . . . . : 192.168.1.1
    DHCPv6 IAID . . . . . . . . . . . : 59591919
    DHCPv6 クライアント DUID. . . . . : 00-01-00-01-20-03-40-05-60-07-A9-8B-C7-8D
    DNS サーバー. . . . . . . . . . . : 192.168.1.11
                                        192.168.1.12
    NetBIOS over TCP/IP . . . . . . . : 有効
```

● 図3-2-10　Windows IP 構成

　次にIPアドレスとドメイン名の対応付けについて確認するには，コマンドプロンプトで"nslookup"コマンドを利用します。ドメイン名からIPアドレスを調べるには，nslookupコマンドに続けてドメイン名を入力します。(コマンドとパラメータの間には，半角スペースを入力してください。) 逆にIPアドレスからドメイン名を調べるにはnslookupコマンドに続けてIPアドレスを入力します。

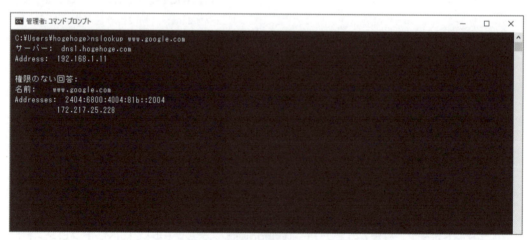

```
管理者：コマンドプロンプト

C:¥Users¥hogehoge>nslookup www.google.com
サーバー:  dns1.hogehoge.com
Address:  192.168.1.11

権限のない回答:
名前:    www.google.com
Addresses:  2404:6800:4004:81b::2004
          172.217.25.228
```

● 図3-2-11　nslookupコマンド

　コマンドプロンプトでどのような操作ができるのかについては，"help"コマンドで調べてみてください。Windows標準のコマンド一覧を確認できます。また各コマンドでどのようなパラメータを指定できるのかについては，各コマンドに続けて"/?"と入力してみてください。

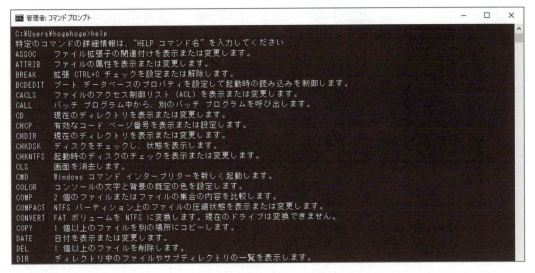

● 図3-2-12　コマンド一覧

　Windows OSなど，マウスでの操作に慣れていると意外に思うかもしれませんが，エンジニアの世界では，今でもコマンドでの操作が必要な場面に遭遇します。利用できるコマンドには，上記コマンドリストにもあるように，ファイルやフォルダーをコピーしたり削除したりといった身近なものもあります。

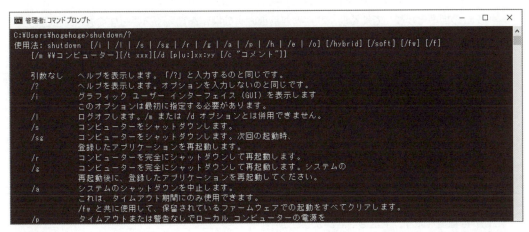

● 図3-2-13　コマンドの詳細設定

演習問題

教室で各自が利用しているコンピュータのネットワーク設定について確認してみましょう。

1. まず，各自利用しているコンピュータに設定されたIPアドレスを確認してください。
2. 次に，調べたIPアドレスを2進数表記に変換してみましょう（3-1節を参照）。
3. 最後に自分の住んでいる自治体（都道府県あるいは市区町村）のWebページを探して，そのドメイン名が割り振られたIPアドレスを調べましょう。

Column　　　　　　　情報技術の発達と標準化

　情報技術が急速に発達してきたひとつの要因には，標準化による恩恵が挙げられます。標準化と行っても，即思い浮かばないかもしれませんが，PCのハードウェア構成で考えると，インテル仕様のCPUを初めとする各部品，部品間でデータのやり取りを制御する機構，ディスプレイ装置，外部記憶装置，ソフトウェア構成では，Windows OS，ブラウザ，内部的には文字コード体系などが該当します。標準化とは厳密には異なりますが，例えば電話機の仕様が通信サービス会社ごとに違っていたら契約する通信サービス会社に対応した電話機しか使えないということにもなりかねません。

　1980年代に登場したIBM PC/ATと呼ばれる製品が販売を伸ばし，この機種の仕様を元に，デルやコンパック（現在はヒューレットパッカード）が互換機を発売して，これら互換機が市場占有率を伸ばしました。いわゆるAT互換機というPCです。IBM社がPC/ATの仕様を公開し[11]，他社がそれに追随することによって，実質的な標準化を推し進めることになったのです。一方，1980年代半ば国内ではOSはマイクロソフト社のDOS（Disk Operating System）が主流になりかけていたものの各社が独自のOSも残っており，ハードウェアの仕様もバラバラでした。インテル社，モトローラ社，ザイログ社などのCPUが装填され，各社の独自性がゆえに，固有の操作方法も求められたり，データの互換性がなかったり，周辺機器が機種固有であったりといった弊害がありました。その後，OSはDOSからDOS/V，Windows 3.1，Windows 95へと発展し，ハードウェアの仕様もAT互換機に収斂されていきます。

　PCの標準化が進んでくると，利用者が機種固有の操作を覚える必要もなくなり，部品の共通化や部品ベンダーの価格競争を促すことになって，PCの価格が下がるメリットも生まれてきます。異なるハードウェア機種で使用できるプログラムやデータの互換性も高まりました。この流れに迎合しなかったアップル社は1997年にはライバルであったマイクロソフト社から支援を受け，2001年のiPod出現まで長き低迷期に入っていきます[12]。

　情報技術には，純粋に素晴らしい機能をいかに創造するかという技術的な側面と，開発した技術をいかに現実の世界に適用するかというルールの側面があります。どんなに素晴らしい技術でもこのルール，つまり標準化が進まないと利用範囲が広がることは難しいと言ってよいでしょう。ここでいう標準化は，技術の優劣以外のビジネス戦略の影響を受けやすいことも事実です。標準化を作って，市場に浸透させていくことがPC以外の様々なサービス領域でも現代の情報技術では重要なポイントになっています。

---

[11]　IBM PC についてはハードウェアを制御するためのプログラミングの情報が "Programmer's Guide to THE IBM PC & PS/2" (Peter Norton/Richard Wilton 著，1988 年，Microsoft Press 刊) の書籍で公開されました。

[12]　アップル社の低迷期からの復活については "ジョブズ・ウェイ" (William L. Simon 著，2011 年，Softbank Creative 社刊) を参照。

Chapter 4 情報セキュリティと情報倫理

　PCやスマートフォンなどの情報機器を利用する際には，操作方法と技術的な知識以外にも，いくつかの考慮すべき点があります。サイバー攻撃を受けると金銭的被害や個人情報の漏洩につながります。被害を受ける立場とは反対に，自らの書き込みによって意図しない他者への誹謗中傷や人権侵害，ファイルのアップロードによっては著作権の侵害となる可能性もあります。情報サービスを適正に活用するためには，これらの対応策についても理解しておくべきです。

　前者の例は主にサイバー攻撃の被害を受けないように予防策を施したり，被害を受けてもその影響を最小限に留めたりすること，つまり情報セキュリティの対策と管理，後者は情報管理や法律にかかわる知識を得て適切に情報を取り扱うこと，つまり情報倫理とコンプライアンス（法令遵守）です。この章の情報セキュリティと情報倫理について理解を深めることによって，快適，安全な情報活用を実現しましょう。

4.1 情報セキュリティの概要

　私たちが情報機器を利用する際には正常にサービスが提供されることを前提に操作します。操作の内容は入力装置やネットワークを経由してコンピュータに送られて処理されますが，必ずしも期待した結果が得られるわけではありません。原因としては，操作が正しくなかったり，使用しているコンピュータに動作異常が発生したり，サービス提供側に問題があるなど考えられます。動作異常については，コンピュータの故障やバグの可能性もありますが，意図的に引き起こされることもあります。

　コンピュータ利用に際して特に問題となるのが，この意図的に引き起こされる事象，サイバー攻撃です。最近は主に金品の搾取・詐取を狙った攻撃が発生しています。このサイバー攻撃は被害に遭遇したことを簡単に認識できる場合とそうでない場合があります。データ漏洩の場合では，利用者が気付かない間にPCからデータを盗まれたり，利用者が登録した外部のサーバーから間接的にデータが盗まれたりすることもあり，状況の認識が困難である点も大きな問題です。

　4.1節から4.5節ではコンピュータを操作するにあたって，どのような形態のサイバー攻撃があるのか，どのような経緯で意図的な犯罪行為や迷惑行為に遭遇するのか，またどのような対策をとるべきか，についてサービス利用者の立場で説明します。

　セキュリティとは安全や警備のことを意味しますが，情報セキュリティの管理とは安全に情報サービスを利用または提供するための活動ということになります。

4.1.1 情報セキュリティのCIA

　様々な阻害要因を回避することによって，私たちは安全に情報サービスを利用することができます。情報サービスを的確に利用するために必要となる要素として，**機密性** (Confidentiality)，**完全性** (Integrity)，**可用性** (Availability) が挙げられます。これらを**情報セキュリティの3要素**，英単語の頭文字をとって**情報セキュリティのCIA**といいます。

　機密性は，情報を許可した利用者にのみ開示することを意味します。利用者はサービスの利用前にユーザー IDとパスワードの入力などの認証操作を行ってから情報を参照しますが，第三者が不正に入手したユーザー IDとパスワードを使ってそのPCやサービスにアクセスしている状況は**機密性**が維持できているとはいえません。

　完全性は，情報が完全であること，つまり不整合がないことや意図しない内容に変更されていないことを意味します。 PCの異常動作や情報漏洩をもたらすウイルス感染はPC内部の既存ファイルを不正に置き換えるものであり，**完全性**の阻害要因と捉えることができます。また，ホームページを悪意の第三者が不正に書き換える事態も同様に**完全性**が欠如している状態です。

　可用性は，利用したいときにその情報システムやサービスが利用できることを意味します。コンピュータやネットワークの障害が可用性に影響することはもちろんのこと，サービス提供者が計画的にサービスを停止する場合も可用性が低下すると捉えることもあります。第三者が意図的にサーバーに大量のアクセスを発生させてサービスを妨害したり，データ暗号化によってPC内のデータアクセスを不可としたりする行為も**可用性**の低下につながります。

　情報セキュリティの3要素を阻害する要因に**サイバー攻撃**があります。**サイバー攻撃**を仕掛ける主体を**ハッカー**と呼ぶことがあります。正確には**ハッカー**とは高い技術力をもった人を指します。ホワイトハッカーという言葉が存在することからもわかるように，必ずしも「ハッカー＝攻撃者」を意味す

るものではありません。**ハッカー**の中でも悪意を持って**サイバー攻撃**を行う人を特に**クラッカー**といいます。**クラッカー**の実体は，個人である場合もあれば，組織である場合もあります。本書では攻撃を試みる主体について**攻撃者**と表記します。

4.1.2 サイバー攻撃における脅威/脆弱性/リスク

　情報セキュリティのCIAを守るためには**攻撃**を予想して事前の防御策をとっておく，または被害を受けてもその影響を最小限に留めるか，ということが管理上求められます。攻撃に用いることが可能な技術や攻撃手法などの潜在的な要素を**脅威**といいます。攻撃者は自らの目的にかなった脅威を**攻撃**として実行します。実際は攻撃が実行されても必ず被害が発生するわけではなく，各々の**攻撃**に対して適切な防御策をとっていれば被害に至るわけではありません。**攻撃**する側からすると，防御策をとっていない箇所を狙って攻撃を仕掛ける必要があります。この**脅威**に対して被害となる可能性がある箇所を**脆弱性**といいます。逆に考えると，**脆弱性**があったとしても，それを狙った**攻撃**が発生しなければ被害に至ることはありません。被害は発生していないけれども脅威に対して脆弱性をもつ状態のことを，**潜在的なリスク**がある，といいます。この潜在的なリスクがある状態で，脆弱性を突いた攻撃が発生すると実際の被害が発生します。これを**リスクが顕在化した状態**，といいます。

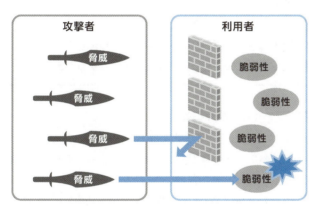

● 図4-1-1　脅威・脆弱性とリスク

4.2 サイバー攻撃の手法・被害・対策

4.2.1 マルウェア

■ 感染までの段階

　厳密な意味では，**ウイルス**とはコンピュータ内の既存ファイルにすり替わり，他のコンピュータに自らを複製（寄生）する悪意のファイルを指します。これを**狭義のウイルス**といいます。このウイルスがコンピュータ内部のソフトウェアに混入されてしまうことを**感染**する，といいます。**狭義のウイルス**も含めて，異常動作を引き起こすすべてのファイルを**マルウェア**といいます。**マルウェア**は既存ファイルの置換だけでなく，追加で導入されたファイルも含みます。ウイルスの用語が**マルウェア**と同じように異常動作を引き起こすすべてのソフトウェアとして使われることもあるので注意してください。

Chapter 4　情報セキュリティと情報倫理

　マルウェア感染後の状況は，すぐに被害が発覚するもの，感染直後は被害に気付かせないもの，直接感染対象の被害に至らないものの他者に被害を及ぼすものなど様々です。マルウェアの感染手法には，**狭義のウイルス**，**ワーム**，**トロイの木馬**，があります。狭義のウイルスはプログラム実行時に感染動作を試み，既存のファイルに悪意の機能を寄生させます。**ワーム**はネットワークを介して能動的に感染します。**トロイの木馬**は，何らかの手段で既存ファイルでないファイルとして導入され攻撃者の指定したタイミングで攻撃動作を実行します。近年はこれらの機能的な分類が取り上げられる機会は少なくなってきましたが，多くのサイバー攻撃の事案はマルウェアが関わっていることに注意してください。

　感染後の攻撃の手口としては，**スパイウェア**，**ランサムウェア**，**バックドア**，**キーロガー**などがあります。これらの攻撃によって，利用者に経済的な被害やプライバシーの侵害，さらには精神的な苦痛を与えることもあります。

　マルウェアの感染は攻撃者にとっては攻撃の成否に影響する犯行の糸口であり，感染阻止は利用者の立場では情報のCIAを守るうえで重要です。具体的に次のような複数の感染経路が存在します。

（ア）メールに添付されたマルウェアを含むファイルを開くこと

（イ）メールに添付された悪意のリンクをクリックすること

（ウ）ウェブ・ページの閲覧中に悪意のリンクをクリックすること

（エ）特定のインターネットのサイトや媒体から悪意のプログラムを導入してしまうこと

（オ）ネットワークを介してすでに感染している他のコンピュータから二次感染すること

（ア）メールに添付されたマルウェアを含むファイルを開くこと

　メールに添付された不正なファイルを開くとマルウェアが導入または実行されます。最も注意すべき攻撃の手法です。いくつかの工夫が凝らされており，".exe"などのプログラムファイルの拡張子がすぐにわかるような手口は使われません。MS Officeのファイル内部のマクロという形式でファイルを開いたタイミングでマルウェアが実行される，メール添付ファイル名の拡張子部分を巧みに隠蔽したマルウェアを実行させる，といった偽装を行います。マルウェアの導入は瞬時に実行されるため，利用者が気付くことは困難です。（ア）と（イ）の場合で共通ですが，メールのタイトル，発信者，本文などを一見すると，対処の必要性を強く感じさせますが，これが攻撃者の意図です。次のような事例があります。

- 受信者の未払いの請求が残っている（有料のウェブサイトやネットショッピング）
- 受信者が使用している情報機器内のソフトウェアに脆弱性がある
- 宝くじに当選した
- 格安の商品やサービスの紹介

　これらは架空の情報であり，添付ファイルを開いても，タイトルに相当する有効な情報は得られません。不特定多数を狙う場合もありますが，最近は特定の個人や組織のメールアカウントに対して，その標的に特化した内容のメールを送り付ける攻撃手法が存在します。これは**標的型攻撃**と呼ばれる手法です。攻撃者は対象となる組織を選定し，その組織のメールアカウントや固有の情報を入手して，その組織の業務に関係する内容のメールを送ってきます。不特定多数宛てのメールよりいっそう信憑性が高くなっており，不正メールの識別は困難になります。

（イ）メールに添付された悪意のリンクをクリックすること

（ア）のメールの添付ファイルの場合と類似していますが，添付ファイルではなくリンクをクリックさせ，攻撃者が準備したリンク先のWebページの機能によって強制的にマルウェアを導入します。

（ウ）ウェブ・ページの閲覧中に悪意のリンクをクリックすること

攻撃者が（イ）のようにメールでリンク先を伝える積極的な手法とは別に，特定のサイトやサイト上のバナー広告に悪意のリンクを忍び込ませる手法も存在します。どのサイトに悪意のリンクが存在するのか，目視で判別することは困難です。PCの環境や攻撃手法の詳細にも依存しますが，悪意のページを閲覧するだけでマルウェアに感染する事例も存在します（4.2.2節「不正サイト」参照）。

（エ）特定のインターネットのサイトや媒体から悪意のプログラムを導入してしまうこと

昨今は無償プログラムでも高機能なものが提供されていますが，これらのプログラムの中には悪意を疑われるものが存在します。一種類のプログラムでも様々なサイトからダウンロードすることが可能な場合がありますが，非正規サイトからのダウンロードはマルウェア感染の確率が高くなります。サイトからのダウンロード以外にも書籍や雑誌などの付録のCDやDVDなどの記憶媒体からマルウェアに感染した事例もあります。

（オ）ネットワークを介してすでに感染している他のコンピュータから二次感染すること

ワーム型のマルウェアに感染しているコンピュータがネットワークに存在する場合，そのコンピュータから他のコンピュータに二次感染する可能性があります。感染したPC内部のメール宛先用のアドレス帳を読み込んで登録された全メールアカウントに勝手にメールを発信し，そのメールを受信したPCでも同ワームが次のメール発信を実行するといった連鎖的な被害が爆発的に拡大した事例も存在します[1]。

■ マルウェアの感染対象

マルウェアによって感染の対象も異なります。前述の通り，実行可能形式の拡張子が ".exe", ".com", ".dll" といったプログラムファイル，Microsoft社のオフィス製品のデータファイル内部のマクロ，ブラウザのプラグインとして導入されているプログラムがあります。また，OS起動後のメモリ空間に一時的に存在する場合やOS起動時に使用されるブートレコードが書き換えられてしまう場合もあります。

■ 感染後の被害

マルウェアの感染を認識するまでの時間が長いほど，一般的に被害が拡大します。攻撃者はログを削除したり利用者の操作になりすましたりすることにより，自らの操作を隠蔽します。

最近のマルウェアは，後述のランサムウェアのように直接的被害を及ぼすものも存在しますが，次の段階の攻撃に移るための手段として利用されることがあります。また，金銭目的の攻撃が多い点も最近の特徴です。サイバー攻撃の代表的な手口と被害の内容は次のとおりです。

＜被害状況が直接的に利用者に認識される手口＞

（ア）ランサムウェア

ランサム（ransom）とは身代金を意味します。**ランサムウェア**に感染すると利用者は情報機器の正常

＊1 2004年に大流行したMydoomウイルスは，実行すると感染元のPCから発信者を偽ってメールを送り特定サイトにアクセスしてサービスを妨害する動作を伴うものでした。

な操作ができない状態となり，攻撃者は情報機器の回復と引き替えに身代金を要求します。情報機器には身代金支払い要求のメッセージ画面が表示されます。代表的な形態としては利用者の情報機器内のデータを暗号化するものです。データ暗号化以外に情報機器の正常な起動を妨害にするものも存在します。攻撃者の要求に応じて送金したとしても必ずしも状態の解除が保証されるものではありません。病院や警察といった組織のコンピュータがマルウェアに感染して社会的に大きな影響が発生している事例もあります。ファイルサーバーに接続しているPCが感染するとファイルサーバー上のすべてのファイルが暗号化されることもあります。

（イ）システムの破壊

攻撃対象となる情報機器のファイルを破壊する手口で，データが利用できないまたはシステム起動不可といった事象として表面化します。社会インフラが標的にされると，その被害は膨大なものになります。

＜被害状況が利用者に認識されにくい手口＞

利用者にとって被害状況の認識が困難な手口が多く存在します。利用者が状況を認識して対応をとるまで被害は継続します。

（ウ）キーロガーによる入力データの盗聴

マルウェアの一種としてのキーロガーは，利用者が打鍵した操作内容を攻撃者が盗聴する手口です。盗聴された打鍵データは隠匿された経路をたどって攻撃者に送られます。主にユーザー IDとパスワードなどを盗聴の対象として，盗んだアカウント情報で**なりすまし**インターネットバンキングの振り込み操作を実行したり，投稿サイトにメッセージを書き込んだり，クラウドサービス上のデータを盗むといった手口に発展します。

（エ）不正サイトへの誘導

感染した情報機器から特定サイトにアクセスすると，正規サイトに似せた不正サイトの画面が表示され入力した情報が盗まれる手口があります。主にインターネットバンキングやカードサービスなどが詐取の対象とされます。不正サイトについては4.2.2節「不正サイト」を参照してください。

（オ）遠隔操作

マルウェアの機能によって，利用者の情報機器に攻撃者がネットワーク経由で侵入して利用者に気付かれないように遠隔地から操作する手口です。バックドアと呼ばれることもありますが，バックドアとは正規ではない特殊な方法で情報機器にアクセスおよび操作することです。コマンドラインやグラフィカルな画面から操作が行われます。

（カ）ダウンローダー

攻撃者が段階的な攻撃を実施する場合，次の攻撃段階のマルウェアを導入するためのダウンロード機能をもつマルウェアを使うことがあります。これを**ダウンローダー**といいます。いったん，ダウンローダーに感染すると様々な攻撃に拡大する可能性があります。

（キ）ボット

広義においては遠隔操作に含まれますが，攻撃対象のコンピュータを感染させて別のコンピュータを攻撃する手段として用いられる場合，これをボットといい，その感染したコンピュータ群を**ボットネット**といいます。これは攻撃経路を隠蔽するための防御策であり，複数階層のボットをたどることもあります。ボットは踏み台と呼ばれることもあります。ボットはメールの発信やウェブ・ページの参照に利用されますが，特に大量のボットから特定のウェブサイトに集中的にアクセスする手口を**分散型サービス妨害**（DDoS; Distributed Denial of Service）**攻撃**といいます。分散型サービス妨害

攻撃の対象となったサイトにアクセスすると応答時間がかかる，または応答不能の状態となります。ボットのマルウェアに感染したPCは間接的に攻撃に加担したことになり，攻撃元が特定されると管理責任を問われたり，社会的な評価を落としたりすることになります。分散構成ではなく単一構成からの不正データを送りつけるような**サービス妨害**（**DoS**；Denial of Service）も存在します。

（ク）データ窃盗

利用者の手元にあるPC内部またはネットワーク上のSNSやストレージサービスに含まれる個人情報やプライバシー情報，インターネット上に存在する各種サービス利用のための登録情報などを攻撃者が盗み出す手口です。コンピュータ内部のデータを対象とする場合はマルウェアの機能によって盗み出します。ネットワーク上の利用者のデータを狙う場合は，キーロガーやフィッシングサイトで盗んだユーザーアカウント情報を利用します。

■ マルウェアの対策

マルウェア感染の予防策には次の項目があります。

（ア）メールの添付ファイルおよびリンクは極力開かない

発信者に身に覚えがないメールはもちろんのこと，添付ファイルやリンクは不用意にクリックしないことが重要です。マルウェアの感染はメールの添付ファイルを介した経路の割合が最も高いといわれています。

（イ）不審なサイトのアクセスは回避する

不審なサイト上にあるリンクをクリックすることによって，マルウェア感染が引き起こされるような手口も存在します。潜在的なリスクを削減する意味で，興味本位で不審なサイトにアクセスすることは慎しみましょう。

（ウ）インターネットや雑誌などメディア媒体で公開されているプログラムを安易に導入しない

現在は様々な形でプログラムいわゆるアプリを導入できる機会が多くなってきました。導入する場合はプログラムの機能仕様や利用条件を確認しましょう。悪質なプログラムがインターネット上に公開されていることもあります。本来のプログラム提供元以外のサイト上からプログラムを導入することもマルウェア感染のリスクを高めることになります。導入前にプログラムファイルの署名を検証することによってプログラムの提供元の真偽を確認することもできます。

（エ）製品プログラムは常に最新版に更新する

攻撃者が狙うのは，OSやブラウザをはじめとする製品プログラムがもっている脆弱性です。攻撃者は脆弱性の解析には余念がなく，この脆弱性を狙ったマルウェアを開発しています。プログラムの脆弱性を補完するのがプログラム更新の操作です。OS含めて，多くのプログラムで自動更新の設定が可能となっているので活用してください。

（オ）アンチウイルス・プログラムを導入し，常に最新の状態にしておく

気が付かないうちに導入されたマルウェアを検知するためにアンチウイルス・プログラムが役に立つことがあります。アンチウイルス・プログラムは，各製品の仕様に依存しますが，プログラムの動作パタンによってマルウェアを識別したり，ネットワークの通信状態から異常な動作を検知したり，不正サイトを識別したり，様々な機能をもっています。メールソフトによっては，不審なメールに警告マークを表示するものもあります。

4.2.2 不正サイト

■不正サイトの手口と被害

不正サイトは4つに大別されます。

(ア)正規サイトになりすまし, 入力情報を盗む偽物サイト

(イ)改竄された正規サイトまたは悪意のデータが書き込まれたサイト

(ウ)閲覧または利用者の操作によって不正プログラムの導入を仕掛けるサイト

(エ)利用者のサイト上の操作によって, 不当な金銭を請求するサイト

不正サイトの種類別の手口と被害は次の通りです。

(ア)では攻撃者が発信したメールやマルウェアによって利用者を誘導する手口が使われます。**フィッシング詐欺**と呼ばれます。特にブラウザ経由のインターネットバンキングやクレジットカードの利用で使われる攻撃の手口で, 入力した口座番号, カード番号・期限, パスワードなどが盗まれます。Webサイトはデジタルデータで構成されるため, 元サイトのデータを転用すれば外見上偽サイトの判別は困難になります。偽サイトと気付かずにサイトに入力したデータは攻撃者が窃取し, 利用者になりすまして攻撃者側の口座への振り込みなどの金銭的な被害へ発展します。

(イ)は正規サイトが改竄されることにより, そのサイトで入力したデータが盗まれたり, 不正サイトに誘導されたり, そのサイトで入力した認証情報が他サイトのサービスへの書き込みや設定に転用されたりするものです。特に3つめの手口は**クロスサイトリクエスト・フォージェリ**と呼ばれるものです。

(ウ)の手法は, サイトを閲覧するクライアント側のプログラムの脆弱性を利用したものです。サイト上に部分的に表示されるバナーにもマルウェアの感染の危険が潜んでいることがあります。この手口は**ドライブバイダウンロード**と呼ばれます[*2]。(ア)の手口と同様にメールによる誘導と併用されることもあります。

(エ)はいわゆる**ワンクリック詐欺**と呼ばれるものです。法律上, 金銭支払いを伴う契約は成立前に利用者に対して契約条件を明示して利用者が承認することが必要です。しかしながら, これらのサイトは非常に判別しにくい形でこの情報のリンクを提供するか, もしくは条件を提示しない場合もあります。

■不正サイトの対策

マルウェア感染と同様に攻撃者がメールによって誘導する手口がよく使われます。不審なメールを開く操作, リンクをクリックする操作は極力回避しましょう。巧妙な語り口で接近してくるメールにも注意しましょう。不正サイトか否か, またそのサイトに不正行為を働く機能が存在しているか否かなどの検知については, アンチウイルス・プログラムが警告メッセージを表示することがあります。URL文字列のプロトコルがhttpsであればその鍵アイコンを確認することによって, 偽のサイトか否かを識別することも可能です。URL文字列や画面の内容が前回アクセスしたものと異なるか注意することも予防策になります。参照しただけでマルウェアに感染してしまう**ドライブバイダウンロード**の手口はプログラムの脆弱性を狙ったものであるため, OSやブラウザなどの製品プログラムを最新化することが効果的です。

---

*2 この手口として2009年に被害が多発したガンブラー(Gumbler)攻撃が上げられます。正規サイトが改竄され, その正規サイトを閲覧したユーザーが不正サイトに誘導された結果, マルウェアに感染するものです。

4.3 マルウェア，不正サイト以外の攻撃手法と被害

マルウェアと不正サイトによる攻撃はサイバー犯罪で高い割合を占める手口ですが，その他にも様々な手口が存在します。

4.3.1 パスワード窃盗

■ パスワード窃盗の手口と被害

キーロガーや不正サイトによってパスワードを盗む手口以外にも，攻撃者がパスワードを直接類推する手口が存在します。認証操作は利用者の指紋や瞳孔を利用した**生体認証**，クライアント証明書データを事前にコンピュータに登録しておく**証明書認証**，**認証トークン**の文字入力による認証などが存在しますが，ユーザー IDとパスワードが最も高い頻度で用いられています。インターネット上のサイトではメールアカウントをユーザー IDに転用する場合が多く，これによって連絡先の登録や管理が省力化される反面，メールアカウントが把握できれば，パスワードの推測だけで**なりすまし**が可能となり，リスクが高くなります。

攻撃者はメールアカウントが判明している利用者のパスワード部分の値を変えて認証操作を試みます。攻撃者が着想するままにパスワードを入力する手法を**総当たり攻撃**，事前に準備した頻出するパスワードの一覧に従って入力する手法を**辞書攻撃**，事前に入手した他のサイトなどのユーザーアカウント情報リストを利用する手法を**パスワードリスト攻撃**といいます。攻撃者がメールアカウント以外に氏名や生年月日などの個人情報をもっている場合はここからパスワードを推測するため，窃取される可能性は高くなります。

■ パスワード漏洩の対策

パスワード漏洩のリスクは，文字列が長いほど，文字種類が多いほど，推測が困難であるほど，低くなります。利用するサイトごとに設定可能なパスワードの条件は異なるため，大文字小文字の登録可否や最大の文字列の長さ，登録可能な文字種類については考慮する必要があります。複数のサイトで同一の文字列をパスワードとして利用すると，パスワードリスト攻撃に遭う可能性が発生するのでサイトごとに別々のパスワードを設定すべきです。また，長期間同一のパスワードを用いることも避けた方が賢明です。

4.3.2 ソーシャルエンジニアリング

■ ソーシャルエンジニアリングの手口と被害

ソーシャルとは，社会的，社交的であることを意味しますが，**ソーシャルエンジニアリング**とは，技術的な手法を用いないで直接的または間接的に攻撃者が攻撃対象者に接して，機密情報の窃取を狙う手口です。氏名と電話番号，会社の役職や所属などの連絡先の情報の入手をきっかけに攻撃者が攻撃対象者またはその関係者との電話や対面のやりとりから，ユーザー IDとパスワードを聞き出し，なりすまして情報システムへの侵入を図る手口が例として挙げられます。攻撃者は接触を図る際に，攻撃対象者が何らかの瑕疵がある，対象者が属する組織の手続きを熟知している，または火急の要件であるなどのシナリオを準備しており，巧妙に対象者を欺そうとします。

ソーシャルエンジニアリングの被害としては，企業の機密情報などを奪われたり，金銭を詐取されたりするものなどがあります。

別の手口として，ゴミ箱を漁って秘匿情報を盗み出したり，机や情報機器に貼り付けられたパスワード情報を盗み見たりするものもあります。前者の手口は特に**スキャベンジング**という名前が付けられています。組織内の構成員にとっては日常見慣れた情報でも，攻撃者にとっては貴重な情報であることも考えられます。これらの情報が単体では効果的な攻撃に結びつかなかったとしても，複数の情報が集積すると効果的な攻撃に発展することが考えられます。

最近はマルウェアの攻撃と組み合わせた**サポート詐欺**のようなケースも存在します。ブラウザの操作中に「Windowsのセキュリティ警告　(XX)-XXXX-XXXXのWindowsサポートにお問い合わせください」というメッセージが突然表示され，表示中はコンピュータのブザー音が鳴って，ブラウザを強制的に停止するまでブザー音は継続します。指定の電話番号に電話すると，問題解決のためのサポート料を振り込むよう要求してきます。ただし，実際にセキュリティの障害が発生したわけではなく，利用者に不安を抱かせて料金を詐取する，いわゆる劇場型の手口です。

■ ソーシャルエンジニアリングの対策

基本的に，ソーシャルエンジニアリングは攻撃者が組織内のメンバー，近親者，困ったときの相談者になりすます手口です。普段からコミュニケーションがあれば，真偽を確認することは容易です。真偽の判定が難しいようであれば，相手に急かされたとしても慌てないで十分確認した後に対応を打つべきです。普段コミュニケーションがない人から，電話やメールでパスワードなどの問い合わせがあった場合，即座に回答するのではなく，いったんコミュニケーションを打ち切ってからこちらから再度連絡することを伝えてください。その要求が受け入れられないようであれば，ソーシャルエンジニアリングの確率は高いと考えられます。攻撃者は対象者が精神的に逼迫することを意図して，巧みな話術で接近してくる点に注意してください。

4.3.3 利用サイト攻撃時の二次的な影響(間接的な攻撃)

■ 利用サイト攻撃時の二次的被害

利用者自らが適切な防御策を講じて攻撃を防いだとしても，利用者がアクセスするサイトが攻撃の対象となることがあります。このような場合，次の被害形態が想定されます。

(ア)アクセス先のサーバーに保管されている個人情報やプライバシー情報の漏洩

(イ)アクセス先のサーバーがサービス妨害攻撃のため利用不可

(ウ)アクセス先のサーバーの内容が書き換えられることにより本来の情報や機能が提供不可

利用者が自らの被害を認識することも困難な場合がほとんどですが，(ア)のアクセスしているサーバーの問題発生については，被害者であるサイト側の管理者が被害を公表するか，漏洩した情報により何らかの被害が発覚するまで，利用者は事態を認識することができません。漏洩した情報は，名簿業者などに販売されることもあります。これらの情報は，サイバー攻撃以外にも特殊詐欺や公文書の偽造など，様々な形態の犯罪に利用される可能性があります。(イ)は，攻撃者が大量のボットから集中的にアクセスするなどの妨害行為によって，引き起こすものです。対象サイトが負荷分散を図ったり，攻撃元を特定してアクセスを排除したり，攻撃者がボットからの集中アクセスを停止するなど，

事態が解消するまで，当該サイトの正常な利用はできません。(ウ)については，攻撃者が密かに不正な機能を仕掛ける形態，攻撃者がコンテンツを書き換えて特定の思想や理念を利用者に広報する形態，同様に書き換えによって当該サイトのサービスを妨害する形態などがあります。

■ 利用サイト攻撃時の対策

(ア)の場合，サイト管理者からの連絡や報道に接したら，被害の状況を正確に把握して早急に対応しましょう。自分の情報が漏洩対象に含まれていたか否か，漏洩した情報は何か，具体的な被害が身辺に発生していないか，まず確認してください。当該サイトのパスワードを他のサイトに転用している場合は，他サイトの被害の有無についても確認する必要があります。パスワードが漏洩していた場合，またはその可能性が疑われる場合も含めて，パスワードは早急に変更しましょう。

(イ)の場合を想定して，アクセスしているサイトが正常に操作できない原因として，

① 処理能力を超過したアクセスによる応答の遅延や応答不能
② コンピュータやネットワークの意図しない障害
③ 攻撃者の意図的なサービス妨害

が考えられます。①は事前に状況が予測できれば識別できます。②と③については一定範囲で問題判別が可能です。自分が利用している環境に特有の問題であるか否かは，他のコンピュータやネットワークから同じサイトにアクセス可能か，当該サイトの固有の問題か否かは他のサイトも同様にアクセスできないか，などを確認することによって問題箇所の切り分けが可能です。①～③の状況で対象サイトが発信機能を失っている場合は，他の情報源から被害状況や回復時期の情報を得ることになります。

4.3.4 その他の攻撃

攻撃の手法は日々進化しています。それらの攻撃手法の中には既成概念を覆すようなものも含みます。従来的な発想ではマルウェア感染や不正サイト操作といったOSやユーザー操作を前提とした形態をとっていましたが，直接的な攻撃になっている点が特徴です。次に示す手法は，技術的には可能であるものの実際の被害が発生していないものも含みます。

■ 無線通信ポートからのデータ窃盗とその対策

情報機器には通信機能を使う複数のプログラムが導入されていますが，プログラムごとに通信用ポートが割り当てられています。無線通信のポートの中には特定の操作によって利用者以外もデータにアクセスできるような脆弱性をもつものが発見されることがあります[*3]。無線通信の脆弱性は無線であるが故に他者が容易にアクセスできるためリスクは高いものとなります。

提供されている対策用のソフトウェアの更新版を適用すれば防ぐことはできます。

■ 不正なハードウェア制御プログラムによるデータ漏洩とその対策

コンピュータ内部にはファームウェアやBIOSといったOSとの仲介をするハードウェア内蔵の制御用プログラムが存在します。このプログラムはハードウェアベンダに依存する構成要素であり，OS上で稼働するプログラムと異なって簡単に変更することはできません。同様に外部ディスク装置やUSBメモリといった個々の周辺機器にも制御用プログラムが内蔵されています。

制御用プログラムは障害情報やユーザー支援の目的で処理情報を収集することがあります。この機

[*3] 2017年にBluetoothポートの脆弱性(Blue Borne)が指摘され，Bluetoothのペアリングの操作なしでデバイス間の通信可能であることが判明した例があります。

Chapter 4 情報セキュリティと情報倫理

能によって情報窃取を狙う手口が存在します。USBメモリ内部のファームウェアを変更してPCにマルウェアを感染させる，またはキーボードの接続ポートに専用の小型装置を介在させてキーボードの入力情報を読み取るなどの手口です。これらの手口は，情報機器のOS制御の範囲外に原因が存在するため，一般的には発見が困難ですが，他の攻撃に比較すれば，被害の確率は低いと考えられます。ただし，ネットバンキングや組織のレベルで重要な機密情報を扱う場合は注意すべき攻撃の手口です。

ハードウェアに起因する不正行為の発見は技術的に困難ですが，インターネットに掲載されている情報が役に立つことがあります。万全を期すのであればハードウェア購入時に導入されているプログラムについても確認して不要であれば削除することを勧めます。また，拾得したUSBメモリや不審なDVDなどのメディアも安易に装填したり，再生したりすべきではありません。攻撃者がメディアを意図的に落とした可能性もあり，不正行為を助けてしまう可能性もあります。

■ 公衆ネットワーク（無線／有線）利用に伴う情報漏洩の手口とその対策

現在は様々な無料サービスによって利用者が所有するデバイスからインターネットに接続することが可能ですが，通信データを盗聴する手口には注意が必要です。無線通信データはアクセスポイントまでの電波は共有空間を伝搬するため容易に盗聴可能ですが，基本的に暗号化がその防御策となります。しかしながら，盗聴防止策として不十分な仕様のものが存在します[4]。マルウェア対策が不十分なホテルなどの宿泊施設では有線のネットワークも盗聴されるリスクがあります。有線無線を問わず，公衆ネットワーク経由でインターネットバンキングなどの金融取引のサービスを利用することは好ましくありません。会社などの組織に所属している場合は，組織が準備したVPNによって個別に暗号化したネットワークおよびプロキシサーバを経由してインターネットにアクセスする防御策が考えられます。

■ 公衆PCまたは共用PC利用に伴う情報漏洩の手口とその対策

インターネットカフェや宿泊施設，家電販売店や展覧会場のデモ施設などでは，PCが自由に利用できます。公開された環境では，攻撃者はキーロガーなどのマルウェアを仕掛けたり，遠隔操作の対象として操作データを盗んだりすることが可能です。このような環境でPCを利用する際には認証を伴うような操作は回避すべきです。

4.4 攻撃者の実態

サイバー攻撃の被害件数はここ数年間横ばいの状況が続いています。サイバー攻撃の被害を受けること自体，組織の評価を落とすことにもなり報告を控えることもあるため，正確な件数は定かではありません。新種の攻撃の手口は発生が止むことがなく，その度に私たちは対抗策をとっています。サイバー犯罪はコストと利益を考えると採算性が高いといわれています。ここでコストとはマルウェア開発や個人情報を入手するための費用や逮捕される危険性などを，利益とは詐取した金品やサイバー攻撃の依頼主から貰った報酬などを指します。最初期のサイバー犯罪として1960年代すでに金銭をだまし取る事例がありました[5]。インターネット初期の犯罪形態は，技術力を誇示する目的の手口がほとんどでした。しかしながら，インターネットの商業利用が盛んになるにつれて，金銭目的の手口が増加しつつあります。さらに2000年以降は，不特定多数ではなく特定の組織を執拗に狙う攻撃が増え，犯行の主体が組

---

* 4 SSID (Service Set ID) のステルス化や WEP (Wired Equivalent Privacy) による暗号化は容易に解読できるものとされています。

* 5 銀行の預金システムで金利の端数を個人の口座に振り込ませるようプログラムを密かに改竄する，サラミスライスと呼ばれる手口がありました。

織的になってきていることも特徴です。

これらのサイバー犯罪を助長する要因として，**ダークネット**といわれる匿名アクセスを可能とするネットワークが挙げられます。これはインターネットの一部ではあるものの，名前解決ができなかったり，検索エンジン経由でアクセスしたりすることができないサイトの集合体です。本来は民主化運動を守るための秘匿通信を狙ったものでしたが，現在は犯罪目的でも利用されているのが実態です。このネットワークを経由してサイバー犯罪を実行すると，アクセス経路を隠匿することが可能であるため，攻撃者の特定はほぼ不可能です。

このダークネットのネットワーク空間は，サイバー犯罪にかかわる人々の取引や情報交換の場としても利用されています。ダークネット上の闇市場では，違法薬物などと同列にマルウェアや個人情報の取引が行われています。サイバー犯罪に関しては，個人情報やマルウェアなどの分野ごとに特化した違法業者が存在し，限られたコミュニケーションの中でサイバー攻撃の主体となる攻撃者は材料を集めて，より高度な攻撃が可能となっています。

サイバー攻撃で憂慮すべきはその国際性です。インターネットは国境を跨ぐものであり，あらゆる国が攻撃対象となるため，国内の被害が必ずしも国内犯によるものとは限りません。国外犯の難点を敢えて上げるとすれば，犯行に使われるメール文書やソーシャルエンジニアリングにおける会話などの言語力の弱さです。よって，攻撃者によるメールであるか否かの判別で，言い回し，言葉遣いを検証することもひとつの方策です。しかしながら，昨今は攻撃者側の言語力もかなり向上しつつあります。

4.5 サイバー犯罪の被害を削減するためにできること

4.5.1 サイバー犯罪対策に関する情報

サイバー犯罪の予防策としては，本書記載の内容にあるサイバー犯罪の形態とその対策を学ぶこと，使用している情報機器に脆弱性が含まれていないか情報源に接して対策をとること，組織または個人的にセキュリティ管理が適切に行われているか定期的に検証することが挙げられます。サイバー犯罪の形態は常に進化しているため，最新の情報はインターネットから入手した方がよいでしょう。省庁および関連組織のサイト[6]の次の情報が役に立ちます。

- サイバーポリスエージェンシー (警察庁)
- 国民のための情報セキュリティサイト (総務省)
- 情報セキュリティ (情報処理推進機構)

上記のサイトには具体的な被害状況や対策がわかりやすく説明されています。技術的な観点からは次に挙げるサイトの攻撃の手口，脆弱性，更新プログラムの情報が参考になります。

- 脆弱性対策情報データベース (情報処理推進機構)
- マイクロソフト セキュリティ更新プログラム (Microsoft社)

これらのサイト情報は専門的な内容を含みます。

＊6　サイバーポリスエージェンシー，国民のための情報セキュリティサイト，情報セキュリティ，脆弱性対策情報データベース，マイクロソフト セキュリティ更新プログラムなどの URL については巻末の「参考リンク一覧」を参照ください

4.5.2 サイバー犯罪の対策

サイバー攻撃に遭遇する確率を減らすためには，コンピュータを利用しないか，または脆弱性に適切に対応してコンピュータを利用するか，のいずれかです。現実的には，後者の選択を取らざるを得ません。私たちは，どのような攻撃の手口や脆弱性が存在して，具体的にどのような対策をとれば被害に遭遇しにくくなるのか，理解すべきです。残念ながら，攻撃者の技術レベルは高く，完璧な防御策をとることは不可能です。よって，リスクが顕在化した際の対応策も考えておく必要があります。現在利用しているコンピュータやインターネットには潜在的な問題点が多々存在しています。新しい技術が登場するたびに脆弱性が発見され，さらにそれらに対応していくといった恒久的な循環があります。

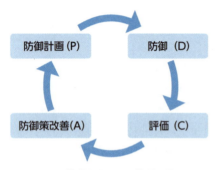

● 図 4-5-1　情報セキュリティ管理の運用サイクル

サイバー犯罪は，採算性が高いことや攻撃者が技術的に優位な立場にいることから，劇的に減少することは望むべくもありません。最新の技術やサービスには常に新たなリスクが潜んでいます。私たちができることは，続々と発生する問題に対して適切な防御策を講じることによってサイバー犯罪のリスクを顕在化させないように努めることです。情報セキュリティ管理には最終形が存在しません。常にPDCAサイクルを回し続けていくことが求められます。そのためには，4.5.1節のサイトを参照して技術情報を収集したり，PCに導入されているソフトウェアのバージョンを最新化したり，自らの情報セキュリティ管理について評価・改善することが大切です。

技術的な対応と同様に，情報セキュリティに対する謙虚な姿勢も重要です。様々な対応をとっていたとしても被害を受けないという確証は決して得られません。また，1件でもサイバー犯罪が成立することは攻撃者に対する利得であり，サイバー攻撃を助長するものです。一方，防御策を講じて，サイバー攻撃の被害を減らすことは攻撃者のモチベーションを削ぐことになります。情報セキュリティに対する私たちの継続的な努力は，健全な技術の発展にもつながるのです。

演習問題

1. 私たちが旅行に行った際に情報機器を利用するに当たって，サイバー犯罪の被害に遭わないための予防策を3つあげてください。
2. サイバー犯罪以外の犯罪と比較した場合のサイバー犯罪の特徴を挙げてください。
3. PC上のアンチウイルス・ソフトのログを参照して不正な操作が実行されていないか確認してください。

4.6 情報倫理とコンプライアンス(法の遵守)

コンピュータが，政府や特定の大学・研究所などの学術研究機関などにおいて，限定された者にのみ利用されていた時代から，1960年代に入ると，オフィス・オートメーションの波に乗り，企業，特に銀行などの金融機関における事務処理や財務会計処理などに利用され始めました。そしてコンピュータが徐々に一般の人々の利用にまで開放されていくと，そこに一般社会の縮図ともいうべき状況として，コンピュータが生み出した時間的・空間的，そして人間関係的な距離感の喪失によってもたらされた利便性の増大とモラルの希薄化によって，悪意をもった人物により，コンピュータ本来の使用目的や使用法を逸脱した，不正で違法な利用が行われることになりました。さらにコンピュータがオンライン化され，ネットワークにつながるようになると，不特定多数による急激な利用の拡大によって，今までは内部関係者に限られていた問題も一気に外部に表面化することになりました。それに伴って法の理解と遵守がより重要になったのです。

4.6.1 日本におけるコンピュータ犯罪と刑法改正

■オンラインサービスの普及と高度化する犯罪手法

米国においては，日本に先んじてすでに1960年代からコンピュータを悪用した各種犯罪が増加する傾向にあり，1970年代に入ると日本でも徐々にコンピュータにまつわる犯罪への懸念が生じてきました。1973年以降，多くの銀行で給与振込のサービスが始まり，急速に**オンラインサービス**が普及し始めると，それに伴って**キャッシュカードの偽造**などを含む金融機関を中心とした詐欺事件などのコンピュータ犯罪が起き始めました。しかし，この当時のオンラインサービスといえば，銀行ATMなどを除けば，主に法人向けに専用端末を設置して専用通信回線を介した**ファームバンキング**（firm banking）でした。したがって，オンラインサービスにおける実際のコンピュータ犯罪としては，システムへのアクセスが限定された一部の**内部関係者による犯行**がほとんどだったのです。

■刑法改正へ向けた動き

1981年に起きた三和銀行オンライン詐欺事件は，コンピュータ犯罪に対する取締りのひとつの転換点を迎える契機となりました。それは当時の刑法における「詐欺罪」は「人を騙す」のがその要件であったために，たとえ入力されたデータが不正なものであったとしても，「コンピュータを騙す」ことは詐欺には該当しないことになってしまうので，この事件のようなコンピュータを悪用したオンライン詐欺対策として，法改正を含む新たな措置が必要になったのです。

なお，警察白書[*7]では，コンピュータ犯罪について，上記三和銀行オンライン詐欺事件の起きた1981年以前には銀行のキャッシュカードの偽造・不正利用犯罪などに関連して，認知数や検挙数などが簡単に触れられているだけなのに対して，1982年版以降の警察白書では，明示的に「コンピュータ犯罪」の項目を掲げて具体的な事例や統計情報も掲載するなど，コンピュータ犯罪に対する警察の積極的な取り組みが伺われます。翌昭和58（1983）年の警察白書では，「不正データの入力」，「データ，プログラム等の不正入手」，「コンピュータの破壊」，そして「コンピュータの不正使用」を日本のコンピュータ犯罪における4類型として挙げています。しかし当時の刑法においては「プログラムの改ざん」と「磁気テープ等の電磁的記録物の損壊」の2類型については，法的措置はされませんでした。

[*7]　警察白書については，以下を参照。　http://www.npa.go.jp/publications/whitepaper/index.html

4.6.2 コンピュータ犯罪関連法

1987年に一部改正が行われた刑法の新たな処罰規定としては，主に以下のものがあります。

・公正証書原本等不正作出罪 (刑法157条)
・電磁的記録不正作出及び供用罪 (刑法第161条の2)
・電子計算機損壊等業務妨害罪 (刑法第234条の2)
・電子計算機使用詐欺 (刑法第246条の2)

　ちなみに，これらの規定で扱われる**電磁的記録**とは，「電子的方式，磁気的方式その他人の知覚によっては認識することができない方式で作られる記録であって，電子計算機による情報処理の用に供されるもの」(刑法第7条の2) と定義されています。ここで「電子的方式」とは各種メモリ，「磁気的方式」とは，磁気テープや磁気ディスク (HDDなど)，キャッシュカードなどの磁気ストライプ，そして「その他人の知覚によっては認識することができない方式」とは，光学式ディスクなどが具体的に挙げられます。つまり，この刑法改正によって，無形物としてのデータが電磁的記録として法的に定義されたのです。それ以前の刑法においては，犯罪の証拠となる対象としては目に見える具体的な形をもった「モノ」のみが想定されており，電磁的記録，すなわちコンピュータ上のデータのように直接手に取り，目で見ることができない無形のものについては，「文書」として取り扱うことができなかったのです。そして当然，文書でないものを毀損，すなわちデータを改竄・破壊したとしても，厳密な意味で罪に問うことができなかったのです。

　この刑法改正によって，ようやく従来の刑法犯の類型としての取締りから脱して，コンピュータ犯罪に対する取締りが明確に位置づけられました。しかし，この刑法改正によるコンピュータ犯罪の現場として想定されているのは，あくまで企業や官庁などのコンピュータを扱う特定の組織内部であり，そのコンピュータの利用者も組織の内部関係者であるという閉じた環境が前提でした。外部からの不正アクセス，不正利用，改竄・漏洩などについては，コンピュータが設置されている建物や部屋への入退館 (入退室) に関する物理的な防犯対策として想定されるに留まっているのです。

		コンピュータシステムの機能を阻害する犯罪				コンピュータシステムを不正に使用する犯罪				
		コンピュータ本体又は付帯設備の損壊等	うち過失，事故等	磁気テープ，フロッピーディスク，磁気ディスク又は光ディスクの損壊等	データ又はプログラムの改ざん，消去	ハードウェアの不正使用	うちいたずら	データ又はプログラムの不正入手	データ又はプログラムの改ざん，消去	計
平成7年		0	0	0	0	0	0	0	168	168
昭和46〜平成7年までの累計		14	1	0	12	7	2	12	615	660

● **表4-6-1**　コンピュータ犯罪の認知状況 (平成8年版警察白書)

　平成8 (1996) 年の警察白書までは，**コンピュータ犯罪**として，表4-6-1のような事案の分類により昭和46 (1971) 年からの経年 (あるいは累計) の認知件数を掲示しています。

4.6.3 ネットワークの開放と新たな犯罪要件の出現

1985年にそれまでの日本電信電話公社が現在のNTTへと民営化されるのに伴い整備された電気通信事業法によって通信の自由化が起こり，一般加入者線（電話回線）を利用したパソコン通信などのコンピュータ・ネットワークの開放は，結果としてネットワーク犯罪という新たな犯罪の舞台をも提供することになりました。そして，1987年の刑法改正以後も，コンピュータの社会への浸透と各種オンラインサービスの拡大とともにコンピュータ犯罪は増加の一途をたどります。それまでのコンピュータ利用犯罪の多くが，犯行・被害の双方とも，主に内部関係者に留まっていたのに対して，ネットワーク犯罪においては，一般の利用者が犯罪者となり，被害者ともなる状況が生まれたのです。

パソコン通信とは，電話回線を通じて専用通信ソフトでホストコンピュータにダイアルアップ接続し，電子メールやチャット，ソフトウェアライブラリ，電子掲示板 (BBS) など主にテキストでのやり取りを中心としたユーザー同士の交流の場を提供するオンラインサービスです。アスキーネットやニフティサーブ，PC-VAN，日経MIXなど，大手のパソコン通信サービスの会員数は，それぞれ数百万人を超えたともいわれ，インターネットが普及する前夜一時的に活況を呈した通信サービスでした。そして，パソコン通信の特徴であるテキスト中心のサービスであることと，ユーザーが実名ではなくお互いに別名としてのハンドルネーム (HN) で呼び合う風潮も相俟ってその匿名性を笠に着たオンライン詐欺事件や違法・不法薬物販売事件，そしてサイバーポルノ事件などが多発します。

4.7　ハイテク犯罪への対応

1970年代のコンピュータのオンライン化に伴い広まった日本におけるコンピュータ犯罪は，1980年代後半から浸透したパソコン通信を始めとするコンピュータ・ネットワークの利用により舞台をネットワークの世界に移してさらに拡大していくことになります。そして米国では，それまで大学などの高等学術研究機関に利用が限定されていたインターネットが，1989年にARPANETの事実上の解散とほぼ時を同じくして商用利用が開始され，1992年にはゴア副大統領（当時）による情報スーパーハイウェイ構想が発表されると一般の利用が一気に加速します。日本でも1年遅れて商用利用が解禁されるようになると，各種**プロバイダ** (Internet Service Provider : **ISP**) が起業し，一般利用が促進され，それまでのパソコン通信に取って代わるようになりました。

4.7.1　不正アクセス禁止法とネットワーク利用犯罪に対する法的措置

インターネットの一般の利用者への開放として商用利用が開始されると，それまで隆盛を誇っていたパソコン通信は，徐々に衰退していきました。そして1990年代半ばにもなると，Windows 95の発売などにも後押しされ，一般家庭へのコンピュータの浸透に乗じてインターネットが一般利用者のネットワーク利用の中心に躍り出ます。パソコン通信とは異なり，言葉や人種，国などの壁を超え，さらに時間・空間を超えてあらゆる人が相互につながる世界がインターネットによって提供されるようになったのです。そのためインターネット利用の拡大に伴って，コンピュータ犯罪など新たな犯罪要件に対処するために行われた刑法改正だけでは対応できない事象や概念をはらむ事案に対しては，さらなる法的措置が必要となったのです。

ここではまず国内に目を向けて，コンピュータやインターネットを含むコンピュータ・ネットワークを利用した犯罪として警察庁により分類されている内容について確認することにしましょう。

Chapter 4　情報セキュリティと情報倫理

　平成8 (1996) 年の警察白書までは,「犯罪情勢と捜査活動」の章立ての中のひとつの項目としてコンピュータ犯罪が位置づけられていたのに対して, 平成9 (1997) 年の警察白書からは, コンピュータ犯罪に加えて「**ネットワーク利用犯罪等**」が「ネットワーク利用犯罪とは, コンピュータ・ネットワークをその手段として用いる犯罪でコンピュータ犯罪以外のもの」と定義付けられて, ようやく紙面に登場します。ただし, ここでのネットワーク利用犯罪については, 未だパソコン通信を主な舞台とした事案への言及が多く見られ, 急激に進むインターネットの利用状況との間に若干の乖離が見られます。その様相が一変するのが平成10 (1998) 年の警察白書です。前年6月に米国で開催されたデンバー・サミットの「コミュニケ」において,「コンピュータ技術及び電気通信技術を悪用した犯罪」が「**ハイテク犯罪** (high-tech crime)」という用語で再定義され, 国際的にも認知されたことを受けて, 第1章に「ハイテク犯罪の現状と警察の取り組み」の名のもとに丸々ハイテク犯罪について警察の取り組みに紙面が割かれています。

　そして平成13 (2001) 年からは, ハイテク犯罪の統計に, その前年2月に施行された「**不正アクセス行為の禁止等に関する法律**」（以下, 不正アクセス禁止法）による検挙件数が登場します。この時点でのハイテク犯罪の検挙件数は559件で, その内訳は, 以下の通りです。

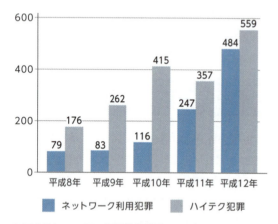

●図4-7-1　ハイテク犯罪検挙統計とその内訳

　この時点でも平成8 (1998) 年の統計に遡って比較してハイテク犯罪が3倍に急増していることがわかります。そしてこの2000年前後の時期を境に, それまでハイテク犯罪と呼ばれていたものが, インターネットを含むコンピュータ・ネットワーク環境を前提に, 徐々に「**サイバー犯罪** (Cybercrime)」と呼ばれるようになりました。ちなみに平成30 (2018)年のサイバー犯罪検挙件数は9,040件で, 51倍以上に上り, 不正アクセス禁止法制定後と比較しても, 16倍以上に増えています。以下, 主に不正アクセス禁止法とネットワーク利用犯罪について, 具体的に確認してみましょう。

■ **不正アクセス禁止法違反**

　1987年に一部改正された刑法が1970年代にコンピュータの利用の浸透に伴って, 企業や官庁などの内部に閉じた環境でのコンピュータ利用において, 詐欺罪の構成要件や電子的なデータとしての文書の概念への新たな対応が盛り込まれるに留まっていたのに対して, 不正アクセス禁止法では, 不特定多数の利用者によるネットワークを利用した犯罪について, 特にIDやパスワードなどによる利用者のアクセス制御が行われているシステムへの侵入そのものを不正なものとみなし, 処罰規定が設けられました。また, 他人のIDやパスワードを第三者に勝手に開示することも, 不正アクセスを「助長する行為」であるとして, 同様に処罰の対象となりました。

■ ネットワーク利用犯罪

ネットワーク利用犯罪の具体的な対象としては,

1) わいせつ物頒布等
2) 児童買春・児童ポルノ法違反
3) 詐欺 (電子計算機使用詐欺を除く)
4) 著作権法違反
5) その他

が挙げられています。

このうち,児童買春・児童ポルノ法違反に関しては,中学・高校生を中心に18歳未満の児童・生徒の携帯電話の普及率の上昇とともに,出会い系サイトなどを通じて売買春に巻き込まれる事件が続発したことを受け,平成15 (2003) 年に「インターネット異性紹介事業を利用して児童を誘引する行為の規制等に関する法律」,いわゆる「**出会い系サイト規制法**」が制定されました。(平成20 (2008) 年に事業者に対する取締りの強化を含めた改正がさらに行われています。)

また,詐欺に関しては,**ワンクリック詐欺**などの架空請求詐欺や**フィッシング詐欺**などの増加も顕著でした。特にワンクリック詐欺は,一見利用者のコンピュータ操作ミスを装い,特定のWebサイトに会員登録されたかのような警告が表示され,高額な利用料金を請求されるというものです。その際,IPアドレスやパソコンのOS,Webブラウザの種類や携帯電話の番号,個体識別番号なるものが表示される場合もありますが,本人の承認なくワンクリックだけで会員登録が成立することはありません。しかし,閲覧したWebページというのが,アダルトサイトである場合など,利用者自身の後ろめたさも手伝い,詐欺であるにもかかわらず高額な料金請求に応じてしまう事例が後を絶ちませんでした。ワンクリック詐欺に関しては,電子商取引における錯誤について利用者の救済を目的に平成13 (2001) 年に制定された「電子消費者契約及び電子承諾通知に関する民法の特例に関する法律」いわゆる「**電子消費者契約法**」や「**特定商取引に関する法律**」などにより,利用者本人の意志と無関係な契約が無効であることが確認できますが,その後もツークリック詐欺,スリークリック詐欺など新手の詐欺による被害が後を絶ちません。

フィッシング詐欺については,当初SPAMメールやそれに添付されたマルウェアによって不特定多数をターゲットに個人情報の窃取を引き起こし,結果として経済的な損失や知的財産の漏洩をもたらすものですが,近年,不特定多数をターゲットとした一本釣りとしてのフィッシングから,DNSキャッシュを悪用したターゲットの囲い込みを牧場に見立てた**ファーミング詐欺**,そしてさらには特定組織や特定個人をターゲットとする**標的型攻撃**へと,手口がより巧妙に進化していることに注意が必要です。ちなみに平成23 (2011) 年の統計では,不正アクセス行為のためにユーザーIDやパスワードなどの識別符号の入手方法として,フィッシング行為が約9割を占めるという驚くべき状況になっています。このような状況を受け,平成24 (2012) 年に改正された不正アクセス禁止法では,フィッシング行為そのものが取締りの対象となり,刑事罰が課されることになりました。

また,コンピュータがデジタルな情報を扱う計算機であるため,アナログ情報に比べて複製するのが容易であることから,知的財産権としての**著作権法**に抵触あるいは明確に違反する事案も急増しています。著作権法違反による検挙数は,平成28 (2016) 年だけで,586件となっています。

著作権法違反に関しては,ファイル共有ソフトなどにより,コンピュータソフトウェアや,音楽・映画などのプログラムを含む他人の著作物をインターネット上にアップロードし,不特定多数に配信するといった事案が多数発生しています。なお,平成21 (2009) 年の著作権法の一部改正の際には,

違法にアップロードされた音楽・映画などのプログラムであると知りながらダウンロードする行為についても違法なものと規定されましたが，罰則規定はありませんでした。それが平成24 (2012) 年の改正では，**違法ダウンロードの刑罰化**と，暗号化などにより保護されたDVDなどのデータをその保護技術を回避して抜き出す，いわゆる「リッピング」の違法化が盛り込まれました。また，著作権法違反に関連しては，ネットショッピングやネットオークションにおいて，出品者が権利者の許諾を得ずに店舗名やブランド名を使用したり，出品に際して**商標権の侵害**に関する事案も多数起きています。

このネットショッピングやネットオークションにおける著作権法違反や商標権侵害については，その当事者だけでなく，サービスの場を提供しているISPの側にも当該情報などの削除といった対応が必要であることが，平成14 (2002) 年に制定された「特定電気通信役務提供者の損害賠償責任の制限及び発信者情報の開示に関する法律」（以下，「**プロバイダ責任制限法**」）に規定されています。なお，このプロバイダ責任制限法では，著作権法違反や商標権侵害に関してのみならず，特定個人に対するインターネット上での名誉毀損やプライバシーなどの権利侵害への対応についても規定されています。プロバイダ責任制限法は，事業者側の損害賠償責任の制限と，被害者からの求めに応じて発信者情報の開示を規定することで，インターネット上での謂われ無き誹謗中傷や，個人情報[8]の勝手な漏洩に対して，ユーザーがただ被害者として泣き寝入りすることなく，発信した相手の情報の開示を請求したり，当該情報の削除を申請したりすることができる根拠となったのです。

4.7.2 インターネットにまつわる事件と公的機関による取り組み

ではここで，インターネットにまつわるサイバーセキュリティについて，公的機関による取り組みについて確認しましょう。

まず，国や政府は，高度情報化社会を見据え，ITを基軸に社会基盤の整備のために，政府主導のIT戦略会議によってIT基本戦略をまとめました。これを受け，平成12 (2000) 年9月に発表された**e-Japan構想**に基づいて「高度情報通信ネットワーク社会形成基本法」，いわゆる**IT基本法**が制定されました。このIT基本法には，第22条に各種施策の策定にあたって，安全性および信頼性の確保，個人情報の保護その他，高度情報通信ネットワークを安心して利用することができる措置を講じる必要がある，と情報セキュリティ政策への指針が記されています。

この方針に基づき，高度情報通信ネットワーク社会推進戦略本部，いわゆる**IT戦略本部**が内閣に設置され，平成17 (2005) 年に情報セキュリティ政策の基本戦略を決定する「情報セキュリティ政策会議」と，その実務機関としての「**内閣官房情報セキュリティセンター**（National Information Security Center, 以下**NISC**)」[9]が日本の情報セキュリティ政策の中核を担う組織として設置されました。そしてNISCは防衛省，総務省，経済産業省，そして警察庁その他の省庁や独立行政法人を含む民間機関とも連携しつつ横断的な情報セキュリティ対策を推進しています。

なお，e-Japan構想に基づくIT国家戦略であるe-Japan戦略は，後に総務省主導で**u-Japan政策**として受け継がれました。u-Japan政策では，「いつでも，どこでも，何でも，誰でも」ネットワークにつながる「**ユビキタス** (Ubiquitous)」をキーワードに，ITにCommunicationを加えたICT国家戦略として，

---

[8] 個人情報については，国内法として事業者を対象とした個人情報保護法がビッグデータの活用を視野に2017年5月に大幅な改定が行われ施行されています。その一方EU（欧州連合）で2018年5月に施行されたGDPR (General Data Protection Regulation) は個人情報のより厳格な取り扱いが規定されており，日本への影響も甚大と予測されています。

[9] 平成27 (2015) 年に，前年成立した「サイバーセキュリティ基本法」に基づき，「内閣サイバーセキュリティセンター (NISC: National center of Incident readiness and Strategy for Cybersecurity)」に改組されました。
https://www.nisc.go.jp/index.html

ユビキタスネット社会の構築を目標に掲げました。

次に警察における取り組みとしては，警察庁に設置された情報技術犯罪対策課（および情報技術解析課）を中心に，各都道府県警に**サイバー犯罪対策課**を設け，実際の取締りや地域への啓蒙活動を行うとともに，サイバー犯罪捜査官の育成も行ってきました。しかし，サイバー犯罪の激化に伴って，さらなるサイバー犯罪対策強化として，平成25 (2013) 年4月に**サイバー攻撃特別捜査隊**を13都道府県警に新設し，サイバー攻撃分析センターによる統括の下，都道府県情報通信部の技術部隊「サイバーフォース」による支援を受けつつ，捜査・情報・技術の三位一体の体制を強化しました。平成29 (2017) 年6月からは，これまで「警察庁＠Police」や「警察庁サイバー犯罪対策」など，分散していたサイバーセキュリティ関連の情報を**サイバーポリスエージェンシー**[10]としてまとめたポータルサイトを開設して，サイバー犯罪やサイバー攻撃についての犯行の手口や攻撃手法の情報公開と被害防止対策を強化しました。

また各都道府県警には，情報セキュリティ・アドバイザーなどの専門職員を配置したサイバー犯罪相談窓口を設けている他，全国組織としてのインターネット・ホットラインセンターを運用し，違法情報や有害情報の通報を受け付けています。なお，インターネット・ホットラインセンターは，国際的な組織であるINHOPE (International Association of Internet Hotlines) にも加盟して，国際的な協調と情報の収集にも努めています。

そして平成26 (2014) 年から運用が開始された一般財団法人**日本サイバー犯罪対策センター** (JC3) と連携して，産官学共同でそれぞれの情報・知見を結集し，捜査情報を共有することでサイバーセキュリティ事案への迅速な対応と対処に努めています。

現在の警察のサイバーセキュリティ体制は下記図[11]の通りとなっています。

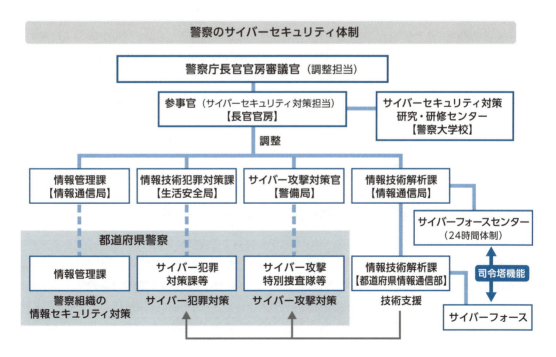

● 図4-7-2　警察のサイバーセキュリティ体制

---

* 10　サイバーポリスエージェンシー，https://www.npa.go.jp/cybersecurity/，Accessed 2018-01-01.
* 11　警察庁，http://www.npa.go.jp/cybersecurity/pdf/201706261.pdf，Accessed 2018-01-01.

Chapter **4** 情報セキュリティと情報倫理

4.8 サイバー犯罪の国際化への対応

　サイバー犯罪は，ほとんどの場合インターネットを舞台にして行われるので，世界各国それぞれの国内での対策や法律の整備だけでは不十分で，各国が協調・連携して取り組む必要があります。ここで各国の取り組みと国際的な協調体制について確認しましょう。

4.8.1 サイバー犯罪の国際化について

　米国では高度化するコンピュータ犯罪について，インターネットが登場する以前から社会問題化していたこともあって，情報セキュリティポリシーを確立して対策を練るとともに，立法化に着手していました。すでに1984年の「**包括的犯罪規制法**」＊12によって，コンピュータ関連の犯罪については，連邦刑法典が改正され一部の不正行為に関しての罰則規定が設けられていましたが，1987年の改正では，不正アクセスについての罰則規定（1030条）が設けられました。日本では同じ年に刑法の一部改正が行われ，コンピュータ犯罪についての認知と対策に乗り出したばかりであったのと対照的です。米国では，この連邦法以外に，各州の州法でも個別にコンピュータ犯罪に関する規定が為されています。ちなみに，米国司法省刑事局配下のコンピュータ犯罪及び知的財産部では，犯罪行為におけるコンピュータの役割を元にサイバー犯罪を以下の3つに分類しています。

　　1）コンピュータ自体を犯罪の対象 (target) とするもの
　　2）コンピュータを犯罪で使う道具 (tool) とするもの
　　3）コンピュータが犯罪に付随する (incidental) もの

　米国と同様，カナダでは，米国に先んじて1984年に刑法典が改正され，不正アクセスに関する罰則規定（301，302条）が盛り込まれており，フランスでは，1988年に情報処理関連不正行為に関する法律として刑法典を改正し，不正アクセス禁止（323-1条），業務妨害や不正なデータの操作についての規定（323-2，323-3条）を設けています。英国では1990年に制定した「コンピュータ不正使用法 (Computer Misuse Act 1990)」で不正アクセス禁止についての規定（第1条）を設け，その他ドイツやイタリアなどを含む，当時のG8各国は，1990年までには，ほぼ不正アクセスを含むコンピュータ犯罪に関する法律を制定していました。こうして国境のないインターネット空間を舞台とした問題や犯罪に対して，国際的な協調を促す契機が整ったのです。

4.8.2 サイバー犯罪条約と情報セキュリティポリシー策定へ

　インターネットを介してコンピュータ・システムに対する攻撃やコンピュータ・システムを利用した犯罪については，国境を越えて相互に影響を及ぼし合い，国際的な協調が必要との認識から，欧州評議会 (Council of Europe) において平成13 (2001) 年に「**サイバー犯罪に関する条約**＊13 (Convention on Cybercrime)」（以下，**サイバー犯罪条約**）が起草・採択され，平成16 (2004) 年7月発効しました。平成24 (2012) 年時点で，締約国34か国，署名済み未締結国13か国となっています。

　このサイバー犯罪条約は，第一章のコンピュータ・システムやコンピュータ・データなどに関する定義から始まり，第二章の「国内的にとる措置」では，第一節で以下の5つの約款によりサイバー犯罪

＊12　Comprehensive Crime Control Act of 1984, https://www.congress.gov/bill/98th-congress/senate-bill/1762, Accessed 2018-01-01.

＊13　外務省，http://www.mofa.go.jp/mofaj/gaiko/treaty/treaty159_4.html, Accessed 2018-01-01.

が規定されています。

第一款，コンピュータ・データ及びコンピュータ・システムの秘密性，完全性及び利用可能性に対する犯罪
違法なアクセス・傍受，システムやデータの妨害や濫用について
第二款，コンピュータに関連する犯罪
コンピュータ・データの偽造や改竄，削除及びコンピュータを利用した詐欺について
第三款，特定の内容に関連する犯罪
児童ポルノに関して
第四款，著作権及び関連する権利の侵害に関連する犯罪
著作権及び著作隣接権等の侵害について
第五款，付随的責任及び制裁
未遂及び幇助又は教唆について

そして第二節以降で，サイバー犯罪に対する具体的な捜査のための手続き，また犯罪の証拠としてのコンピュータ・データの保全や捜索及び押収，そして裁判や犯人の引き渡しなどについて規定されています。

ちなみに日本は，この条約の検討段階からオブザーバーとして参加しており，すでに条約起草時には署名していたのですが，平成16 (2004) 年4月に条約締結について国会の承認を得た後，さらに平成24 (2012) 年11月になって批准しました。発効までに時間が掛かったのは，批准に必要な日本の国内法の整備が間に合わなかったためで，平成23 (2011) 年6月に刑法及び関連法の改正に関する「情報処理の高度化等に対処するための刑法等の一部を改正する法律」*14，いわゆる「**サイバー刑法**」の成立を待つ必要があったのです。このサイバー刑法では，主に，

1）情報技術の発展に対応できる捜査手順の整備
2）コンピュータ・ウイルス作成・供用罪の新設など罰則の整備

が行われることになりました。上記1）については，刑事訴訟法99条で記録命令付差押え，すなわちコンピュータの代わりに保存されているデータのコピーを差押えることが規定され，110条の2では接続サーバ保管の自己作成データなどの差押えが規定され，コンピュータやインターネットなどに接続したメールサーバやオンラインストレージなどの該当するデータのみを差し押えることが可能となりました。また2）については，**不正指令電磁的記録に関する罪**（刑法168条の2）が新たに規定され，コンピュータ・ウイルス（マルウェア）を研究目的など正当な理由なく作成・所持・提供した場合*15，未遂であっても罰せられることになりました。また**サイバーポルノ**の取締りについても，わいせつ物頒布に関する罪に「電気通信の送信によりわいせつな電磁的記録その他の記録を頒布」（刑法175条）した場合や「有償で頒布する目的で，前項の物を所持し，又は同項の電磁的記録を保管」（刑法175条の2）した場合も追加されました。つまり，わいせつ「物」に「電磁的記録」あるいは「電磁的記録媒体」が加わり，「頒布」についてもは「電気通信の送信」も対象となりました。したがって，インターネットを通じてわいせつ画像を送信した場合には罰せられるようになったのです。

国内外の不正アクセスに関する法律や刑法その他のみならず，サイバー犯罪条約を含む国際的な取

---

*14　法務省，http://www.moj.go.jp/keiji1/keiji12_00025.html, Accessed 2018-01-01.

*15　バグやセキュリティホールなどを含め，プログラミングの過程で作者の意図しないものは対象とすべきではない，との意見もあり，法務省も故意犯でなければ罰せられないとしている。

Chapter 4 情報セキュリティと情報倫理

り組みによって，サイバー犯罪を未然に防ぎ，犯罪事案の影響範囲と程度を最小限に抑えようと，各国協調したゆまぬ努力が現在も続けられているのです。

4.8.3 個人と世界が直結するインターネット環境

　こうしてコンピュータにまつわる問題を見てくると，時代とともにコンピュータを悪用した犯罪の多様化，高度化と影響範囲の拡大が明らかです。当初，コンピュータが大学や研究所など，限られた場所，時間，そして人によって利用されていた時代から，1960年代から始まるオフィス・オートメーションに伴い銀行など金融機関を中心に一般の企業での利用が行われるようになると，徐々に犯罪の手口としてコンピュータが悪用されるようになりました。ただし，この時点ではシステムにアクセスが可能な特定の内部関係者による事案がほとんどで，それが1970年代にサービスがオンライン化するとともに不特定多数による犯罪の多様化と，コンピュータ自体を対象とする犯罪も起き始めます。また，新しいテクノロジーが出現するたびに，犯罪の要件定義や概念の変容に合わせる形で法律の改訂も迫られることになりました。

　そしてコンピュータがネットワークを介して相互に結びつくインターネットの時代ともなれば，時間や場所，言葉や文化，国境を越えて，個人や組織・団体，あるいは特定の地域が直接コミュニケーションをとれるようになり，それとともに犯罪も国際化することになりました。したがって，現代社会においては，個々人のローカルな環境が，すなわちグローバルな環境と直接結びつく時代であるということを肝に銘じておく必要があります。さらにテクノロジーの進化に伴い，法律を含む規則や言葉の定義や概念も変化し，それは国内に留まらず，国際的な取り組みとしてどのように位置づけられるのかということにも注意を向ける必要が出てきています。また，コンピュータやネットワークを犯罪の手段として利用するだけでなく，今や社会の重要なインフラともいえるコンピュータやネットワーク自体が犯罪の対象や目的となっていることにも気をつけなければならないのです。

4.8.4 犯罪か，戦争か

　すでに見てきたように，時間や場所，言葉や文化，国境を越えて世界中のコンピュータが相互につながるインターネットにおいては，たとえそれが個人による些細ないたずら心を満たすことを目的とした行為であったとしても，結果として広範で深刻なダメージをシステム全体に及ぼしかねません。逆に言えば，もともと悪意を以て行動する者にとってはその目的を遂行するために，これほど取扱が容易で安価な仕組みは他にないということにもなります。そして最終的には，国家の体制を揺るがしかねないライフラインを含むインフラへの攻撃が，いとも簡単に行われる可能性があるのです。したがって単なる愉快犯や経済事犯とテロや戦争との境界線が曖昧になりつつあるということにもなります。実際，米国国防総省は，2011年6月のロバート・ゲーツ国防長官の「外国政府によるサイバー攻撃を『戦争行為』とみなして対処する」との発言を受け，サイバー空間を「第5の戦場」と位置づけ，米国に対するサイバー攻撃に対しては実際の武力で以て反撃すると宣言しました[16]。

　では，サイバー犯罪 (Cybercrime) とサイバー戦争 (Cyberwar) との違いは一体どこにあるのでしょうか。相手を攻撃するに際しての手段はサイバー犯罪でもサイバー戦争でも変わりはありません。セキュリティソフトで有名なトレンドマイクロの元CTOであるRaimund Genesによれば，「目的」こそ

---

*16 既に2009年6月に，それまで陸・海・空軍それぞれ個別に活動していたサイバー戦闘部隊を「サイバー司令部 (Cyber Command)」として統合する指示の下，2010年5月にアメリカサイバー軍 (USCYBERCOM) が発足しました。
https://www.cybercom.mil
日本においては，2014年に自衛隊統合幕僚監部の指揮通信システム隊隷下に「サイバー防衛隊」が新設され，有事の際のサイバー防衛に備え，またサイバー戦に対応するための最新技術の研究と人材育成を急いでいます。

100

サイバー犯罪とサイバー戦争とを隔てる分水嶺だということです。知的な遊び，あるいは単なる個人的ないやがらせや金銭を得ることを直接的な動機とする攻撃がサイバー犯罪であるのに対して，政治的意図や動機による攻撃はサイバー戦争であるということになります。しかし，目的が何であれ，引き起こされる事象や状況には違いはありません。国家や組織，あるいはコミュニティに頼るだけでなく，私たち一人一人が自らのコンピュータ・システムやデータを保護するための努力を怠ってはならないのです。

演習問題

　下記の事例はインターネットにまつわる，あくまでも**架空の事件簿**です。これまでの学修内容を踏まえ，まずそれぞれの事例について読み，以下のポイントに注意してグループで討論してみましょう。

- 犯行に使われた手口や手法は何か
- 検挙・逮捕に至った法的根拠は何か
- 被害者の側にも何か落ち度がなかったか
- 事件を未然に防ぐことはできなかったのか
- 常識や人間関係に照らして問題はなかったか
- 今後どうすれば類型の犯罪を防ぐことができるか

参考

警察庁サイバー犯罪対策プロジェクト（http://www.npa.go.jp/cyber/index.html）

警察庁＠police（http://www.npa.go.jp/cyberpolice/index.html）

e-Gov法令検索（http://elaws.e-gov.go.jp/search/elawsSearch/elaws_search）

サイバー犯罪架空事例1

　警視庁サイバー犯罪対策チームにより逮捕された容疑者Aの犯行に至った経緯は以下の通り。東京都新宿区在住のコンピュータエンジニアA（28）は，自らの浪費癖や賭け事に使うための多額の借金のため，首が回らなくなっていた。そこで自分の技術を使って大金を手にすることを考えた。まず，インターネットオンラインバンキングの「イーバンク銀行」とそっくり（というか銀行のロゴを含め，丸ごとコピー）のWebページを作成し，スパムメール業者を通じてイーバンク銀行からのお知らせを装い，「イーバンク銀行顧客サービス係：重要通知！必ずお読みください」などとメールのタイトルに記し，オンラインシステムの不具合により緊急にユーザー情報を更新してほしいとのメールを無作為に送りつけた。そしてそのメールの文中にイーバンク銀行宛てのURLをリンクとして組み込んだのだ。しかし，メール文中のイーバンク銀行のURL表示（表示されているのは本来のhttps://www.ebank.co.jp/）をクリックすると実際にはAが作成したダミーのページ（このURLはhttp://www.ebanc.co.jp/）が表示されるようになっていた。このダミーページを信用してイーバンク銀行の顧客27人がログインしてユーザー情報を更新したつもりになっていたが，全員がその際ユーザーIDとパスワードをAに盗み取られたことに気付かなかった。ダミーページを通じてイーバンク銀行のユーザーIDとパスワードを手に入れたAは，その情報を元に，勝手に顧客の口座から大金を引き出し，借金の返済に充て，残りは遊興に使ってしまった。その総額は1,000万円を超えるという。その後，スパムメールを受信したイーバンク銀行とは無関係なユーザーの警視庁への通報や，口座からお金が勝手に引き出されていることに後で気づいた顧客からの銀行への通報により，通知されたメールなどを発端とするログの追跡によりAは逮捕された。

Chapter 4　情報セキュリティと情報倫理

サイバー犯罪架空事例 2

　埼玉県警警察本部生活安全企画課サイバー犯罪対策チームにより逮捕された女子高校生 B 子 (17) の犯行に至った経緯は以下の通り。

　埼玉県 K 市在住で私立 Y 高校に通学する女子高生 B 子 (17) は，コンピュータやインターネットの利用技術に長けていたため，自分のブログを開設して日夜ネット情報の収集に精を出していた。B 子の技術を知っていた親友の C 子は，自分もブログを開設したいと思い，そのためのアカウントを取得したものの，Web 作成に不慣れなため，同じクラスの B 子に頼んで自分のブログを作ってもらうことにした。B 子にはそれ以前にも C 子が自宅でノート PC を使ってどの部屋からもインターネットに簡単にアクセスすることができるようにと無線 LAN を設置してもらうのも手伝ってもらっていた。B 子は C 子が自分と同じようにブログを作りたいという申し出に仲間が増えたと嬉しく思い，二つ返事で引き受けた。C 子はその際，B 子が自宅からでも作業ができるようにと「作成中に使ってネ」とブログ作成のためのプロバイダのユーザー ID とパスワードを B 子に教えていた。C 子のブログには，C 子のリクエストで SNS の掲示板が設置された。B 子によって作成された C 子のブログはデザインもきれいで可愛らしく，開設してしばらくすると，そこに噂を聞いた同じクラスの D 男が掲示板に訪れるようになった。C 子はブログを自分で作ったと自慢して D 男と楽しくチャットし，学校でも仲良くなっていった。実は D 男は B 子の片思いの相手で，B 子は C 子に嫉妬しただけでなく，自分が作ってあげたブログを勝手に自慢されたことにも腹を立て，C 子への仕返しをしてやろうと考えた。B 子は自分が設置を手伝った C 子の自宅の無線 LAN が無認証で使えることを知っていたので，夜な夜な C 子の自宅近くにノート PC をもって行き，C 子の無線 LAN を通じてネットにアクセスした。C 子は D 男と仲良くなってからは，夜は D 男とスマホでやり取りするのに忙しく，ブログの方はほったらかしでパスワードも一度も変更していないことも B 子は知っていた。しばらくすると C 子のスマホ宛てに，見ず知らずの複数の男たちから，お付き合いしてくださいとか遊びに行こうとか様々な誘いのメールが大量に届くようになった。メールの中に「SNS で見たヨ」という文面を見つけ，しばらく覗いていなかった自分のブログにアクセスして見て C 子は驚いた。SNS は荒らされ，C 子についてのあることないことが書かれており，しかも C 子自身の名前で「彼氏大募集！」というタイトルで C 子のスマホのメールアドレスが何度も書き込まれていたのだ。C 子は親に相談のうえ，警察に通報，その後の調査で B 子が逮捕された。

サイバー犯罪架空事例 3

　警視庁サイバー犯罪対策チームにより逮捕された容疑者 E の犯行に至った経緯は以下の通り。都内の法科大学院に通う E (25) は，自らの司法試験に向けた勉強がなかなか捗らず，むしゃくしゃしていた。E がむしゃくしゃしていたのには，別の理由もあった。それは，大学の学部学生時代から付き合っていた F 美が最近つれないのだ。学部卒業後，大手出版社に編集者として入社していた F 美から，多忙を理由に会えないといわれ続けたことで電話や SNS 越しに喧嘩となり，ここ 1 週間ほど音信不通となっていた。最後に会ったときの F 美の素振りも気になる点があった。F 美が，自分の担当している流行作家で独身の G に，単に傾倒・心酔しているという域を超えて好意を抱いているようなのだ。一緒に食事に行ったともいっていた。最早心配というより嫉妬に近い気持ちでいる E が，勉強も手につかない状態でネットを徘徊していると，ちょっとアングラなサイトに「あなたの彼女は大丈夫？」というタイトルで，「彼女の行動が心配ならこれ！」という触れ込みで，あるソフトが紹介されていた。相手のスマホの位置情報の取得や遠隔操作ができるというアプリをこっそりインストールしてストーカー行為を働いて逮捕された事案について，授業で取り上げられていたことを思い出したが，このソフトは SNS でやり取りする画像と一体化してアプリには見えず，アンチウイルスソフトにも引っ掛からないものらしい。怪しいなと思いつつも好奇心には勝てず，E は「試すだけだから」と自分に言い訳して，F 美の誕生日が近いことを

利用して，「仲直りしようヨ」とケーキの画像にソフトを仕込んで，SNSに画像をアップロードするとともに，「クリックしてローソクの火を吹き消すと，イイことが起きるヨ！」と入力した。F美が画像をクリックすると，「誕生日おめでとう！」と画像が切り替わるとともに，ソフトが起動する仕組みだ。

　2日後，新聞各社の朝刊1面にデカデカと「新進作家Gにオンライン掲示板で殺害予告！」の見出しで重要参考人として，仮名ではあるが担当編集者であるF美が取り調べを受けているとの記事が載っているのを確認してEはほくそ笑んだ。F美のSNSのアカウント情報はメールその他のアカウントとユーザーIDだけでなくパスワードも共通だったために，Eは様々なSNSや掲示板にF美のアカウントでGの悪口や殺害予告を書き込んだのだ。しかし，その1週間もたたないうちに，警視庁の刑事がEの下宿を尋ねて来てあっけなくEは逮捕された。

Chapter 4　情報セキュリティと情報倫理

Column　　クラッカーの観察力?

　最近ビジネスメール詐欺と呼ばれているサイバー犯罪が発生しています。国内でも航空会社が巨額の被害に遭っています[17]。ビジネス上のメールのやり取りを行っている最中に，代金支払いのタイミングでクラッカーがなりすましメールを送って，不正口座に振込を行わせるものが代表的ですが，経営者になりすまして振込を求めるものなど，いくつかの手口があります[18]。ビジネス上の取引では，取扱金額も大きくなるため，その被害も相当です。米連邦捜査局によると，2013年10月から2016年5月までにビジネスメール詐欺の被害件数は15,668件，被害総額は約10.5億米ドルとしています[19]。

　ビジネスメール詐欺で不思議なことは，なぜ取引上の支払いのタイミングで，不正なメールが送られてくるのかという点です。昨今クラウド環境上のメールサービスの利用が増えてきていますが，ユーザーアカウント情報が漏洩するとメールのやり取りの内容がクラッカーに把握されてしまいます。このことが原因のひとつとして挙げられます。アカウント情報の不正入手には，キーロガーによる打鍵データの窃取やフィッシングサイトによる入力データの窃取，パスワードリスト攻撃，ソーシャルエンジニアリングなどが考えられます。ただし，この手口を実行するためには，企業の中で金銭取引に関わる担当者が誰かということ，またその担当者への連絡方法も特定しなければなりません。クラッカーは事前に様々な情報を集めて攻撃対象を選定し，組織内の活動を詳細に分析した上で，詐欺の絶好のタイミングを見定めて攻撃を実行していることになります。

　クラッカーは一件のビジネスメール詐欺にしてかなりの時間と手間をかけていることが想像できます。標的型攻撃のように相手を執拗に研究，観察しています。アメリカで多数発生している手口ですが，どこかオレオレ詐欺を思わせる面もあります。サイバー攻撃を仕掛けられていたら，何か気が付く点があると思ってしまいますが，このビジネスメール詐欺のケースではそうでもなさそうです。被害に遭わないためには，私たちは普段から注意深く手口の情報を入手して適切な予防策を講じて，ひょっとしたら情報が盗まれているかもしれないと疑う用心深さや謙虚さが求められます。参考までに，冒頭で紹介した事例では発信元のメールアドレスが一文字違っていたそうです。残念。クラッカーと私たちのせめぎあいは常に新しい状況が生まれているのです。

---

[17] "アドレス1字違い見逃す　日航3.8億円メール詐欺被害" 日経新聞2017年12月22日。

[18] "ビジネスメール詐欺「BEC」に関する事例と注意喚起" IPA https://www.ipa.go.jp/files/000058478.pdf 参照。

[19] Internet Crime Complaint Center (IC3) Business E-mail Compromise: The 3.1 Billion Dollar Scam https://www.ic3.gov/media/2016/160614.aspx 参照。

Chapter 5 情報の集計と分析

　私たちを取り巻く企業や組織では日常的に数値の計算を行い，それらの結果を共有し，その計算結果を分析して次の行動の指針にする，または従来とは異なる知見を獲得する，といった連続的な活動を行っています。生活に密着した様々な情報，通貨はもちろん，時間や数量，場所や日付などのあらゆるデジタルデータはそれらの計算や分析の対象となります。今まで対象となりえなかったいわゆるIoTのデバイスから発信されるデータも分析の対象となり，それらは新たな知見をもたらし，私たちの生活は変化しつつあります。

　収集したデータ群の計算，集計や分析の作業がコンピュータの利用者の経験則や技量に依存して行われることは，利用者にとって負荷が高く，非効率です。コンピュータに導入された表計算ソフトを上手に利用すると，計算処理の精度を上げるだけでなく，四則演算以外の様々な特殊計算や文字列の処理，またはコンピュータに保管された数値や処理の内容を編集，再計算，グラフ化，印刷出力などが可能です。

　コンピュータ処理の内容は複雑，高度化していますが，表計算ソフトはプログラミングなどの知識がない初心者でも日常的な事務計算などについては操作できるよう設計されています。また，習熟度のレベルに合わせて，単純な計算からいろいろな視点からの集計，グラフ化，さらにデータ予想や分析のための高度な機能が提供されています。レベルが上がるに従って，処理内容やデータの意味を自ら解釈し，操作の段取りを考える能力が求められます。本書によって基本的な操作を修得して，段階的に応用技術にも踏み込んでいただくことを期待しております。

Chapter 5 情報の集計と分析

5.1 表計算ソフト入門

本節では，ブックファイルの新規作成・編集，セルとワークシート単位の編集などの基本的操作ができることを目指します。

5.1.1 表計算ソフトの概念と機能

数値の計算や数表のとりまとめは日常的に発生する作業です。表計算ソフトは，正確な計算結果を導き出し，計算結果と一緒に計算式もファイルの内部に保管します。これはデータ参照の形式で計算式を保存して計算式を再利用できることを意味しており，大きな利点となっています。

本書ではMS Excel 2016を前提に表計算ソフトを説明します。Excelの処理対象は，拡張子が.xlsxのブック形式のファイルです。データの入力・編集，表示形式の設定，様々な関数による計算処理，並び替えやフィルターの設定，グラフ化，所定の形式での印刷，データの分析などの機能が提供されています。

5.1.2 Excelの構成要素

Excelの処理対象を起動するとワークシートが開いて画面上部にいくつかの機能が配置されています。ここでは処理の対象や画面構成の基本事項について説明します。

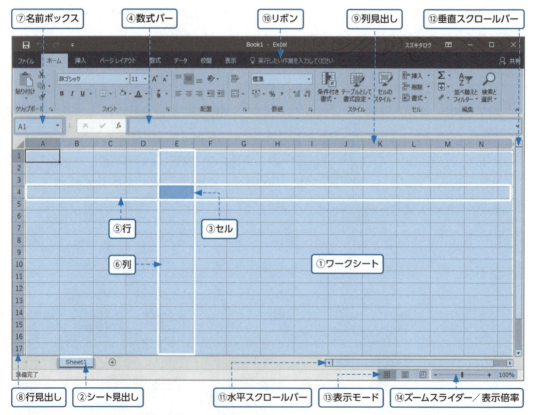

● 図 5-1-1　新規ブックを開いた時点の画面構成

■ブック

　ブックはデータまたは処理の集合体で，ファイルです。通常は関係するデータや処理を1つのブック形式のファイルにまとめておきます。Excelの「保存」操作では，デフォルトはExcelブック形式（拡張子 .xlsx）ですが，他にExcel 97-2003ブック形式（拡張子 .xls）やPDF形式（拡張子 .pdf）などを目的に応じて選択することも可能です。

■ワークシート (図5-1-1 ①)

　Excel起動後に，まず表示されるのは，ワークシートという表形式の画面です。ワークシート上には縦と横の方向にマス目のセルが整列しています。ブックファイルはワークシートの集合体であり，ワークシートは，追加・削除，コピー・移動をしたり，名前を付けたりすることができます。操作対象のワークシートを切り替える場合は[シート見出し]をクリックします（5.1.5節「ワークシートの操作」参照）。1つのブックに最大255のワークシートを含むことができます。

■セル (図5-1-1 ③)

　表計算ソフトは，セルというマス目の単位で指定して数値および文字，式を入力します。セルはマウスのクリックや矢印キー，[Tab] で指定します。選択したセルを[アクティブセル]（図5-1-1 ③）といいます。アクティブセル内のデータは[数式バー]（図5-1-1 ④）にも表示されますが，セルに式が入力されている場合は，セル部分には計算結果，数式バーには計算式が各々表示されます。データの編集は，直接セルまたは数式バーに対しても可能です。

■行・列 (図5-1-1 ⑤⑥)

　ワークシートの縦方向の位置を行，横方向の位置を列といいます。セルは縦方向の[行見出し]（図5-1-1 ⑧）と横方向の[列見出し]（図5-1-1 ⑨）の値によって位置を表しますが，[名前ボックス]（図5-1-1 ⑦)にその位置情報，つまりセル番地が表示されます。初期設定を変更しないと，行は数字で，列はアルファベット[*1]で表示されます。列の表記のアルファベットは，Zまでの26文字を使い切ると，AA，AB，ACのように2文字分のアルファベットを使用して，2文字分のアルファベットを使い切ると，さらに3文字分のアルファベットを使用することができますが，列数の最大値は16,384です。行数は数字の表記ですが，行数の最大値は1,048,576です。行と列の単位で，コピー，移動，挿入，削除が可能です。

■リボン (図5-1-1 ⑩)

　Excel画面上部のメニュー部分はファイル操作，編集，図やグラフの挿入，関数，印刷など，グループごとに分類，階層的に構成されており，これらの機能を選択して操作を実行します。この画面上部にタブやアイコンが表示されている部分を[リボン]といいます。リボン部分のタブの「ファイル」はファイル単位の上書き保存や別名保存，印刷など，「ホーム」はコピーやセルの書式設定などの頻繁に利用する編集，「挿入」は図，グラフ，リンクなどの挿入，というように，様々な機能をグループ化して，たくさんある機能の選択を容易にしています。ただし，コピーや書式設定などのセル単位の処理のような操作は，リボンからの機能選択なしで，対象セルの右クリックや後述のショートカットキーで実行することも可能です。

---

*1　列見出しの表示をアルファベットから数字に変更する場合は，「ファイル」タブ，「オプション」，「数式」，「数式の処理」を順に選択して「R1C1参照形式を使用する (R)」にチェックを付けます。

■ 水平・垂直スクロールバー (図5-1-1 ⑪⑫)

　データ入力されたワークシート領域がウィンドウ・サイズ内にすべて表示できない場合，これらのスクロールバーで表示範囲を移動します。

■ 表示モード (図5-1-1 ⑬)

　画面の[**表示モード**]を切り替えることができます。デフォルトは[**標準**]が設定されていますが，その他に[**ページレイアウト**]，[**改ページプレビュー**]があります。「標準」はセルのデータ編集などの操作で使用します。「ページレイアウト」は印刷出力時のイメージを表示しますが，セル内のデータ以外に後述の「ヘッダー」「フッター」を直接編集することができます。「改ページプレビュー」では，現在設定されている印刷出力の用紙サイズでどの部分に改ページが入ってくるか表示します。

■ ズームスライダー／表示倍率 (図5-1-1 ⑭)

　画面の表示を拡大したり縮小したりする場合，この部分にある縦棒を左右にドラッグ，または左右の「－」「＋」をクリックして表示倍率を変更します。設定した表示倍率は右側に％表示されます。表示倍率の文字列をクリックしても同様の倍率設定が可能です。

5.1.3　ファイルの操作

■ 新規ファイルの作成と保存

　Excelを起動すると新規のワークシートのファイルまたはいくつかのテンプレートの選択画面が表示されます。テンプレートを利用しない場合は，[**空白のブック**]を選択します。テンプレートはデータ編集のためのひな形です。本書は[**空白のブック**]を選択した前提で説明します。

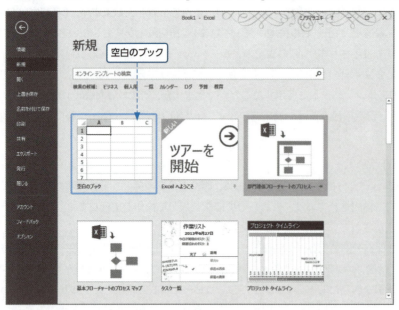

● 図 5-1-2　新規作成から「空白のブック」選択

　新規ファイルを選択してデータを入力・編集した後で，入力データを保存する場合は，リボン上の[**ファイル**]タブから[**名前を付けて保存**]を選択して，ファイル名と保存先のドライブおよびフォルダーを指定して[**OK**]をクリックします。他のファイルと識別が容易にできるようわかりやすいファイル名，フォルダーを指定してください。保存しないでExcelを終了しようとした場合も「保存」，「保存し

ない」,「キャンセル」の選択ウィンドウが表示されます。保存が不要の場合は「保存しない」を選択します。**[名前を付けて保存]**の画面では,ファイル名とフォルダー以外にファイル形式を指定することが可能です。デフォルトは「Excelブック」が選択されています。PDFビューアからの参照,CSV形式で出力後の Excel以外のプログラムからの処理,Web表示の利用などの目的がある場合は,「Excelブック」以外のファイル形式を選択してください。

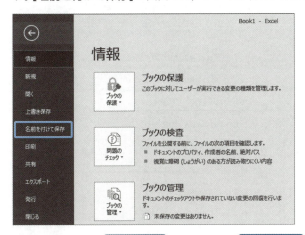

● 図 5-1-4 「保存されたブック形式」ファイルのアイコン

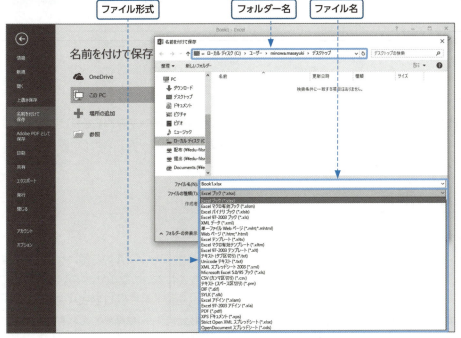

● 図 5-1-3 名前を付けて保存

■ 既存ファイルの編集と保存

　いったん保管された既存のブック形式のファイルは,エクスプローラーからダブルクリックするか,Excel起動後に対象ファイルを選択することにより編集することが可能です。リボン上の**[ファイル]**タブから「開く」を選択すると最近使用したファイルが一覧形式で表示されます。ここに表示されないファイルは,**[参照]**をクリックすればフォルダーとファイル名を指定することができます(図5-1-5参照)。なお,編集中のファイルは**[上書き保存]**をクリックするか,Ctrl+S を押下することによって保存されます。データ編集作業中にPCに障害が発生した場合,自動回復用データ[*2]が保存されていないと編集中のデータは消失することもあるので注意が必要です。

[*2]　MS Office は指定した時間間隔で自動回復用データを保存しており,障害時はこのデータで復旧を試みます。

Chapter 5 情報の集計と分析

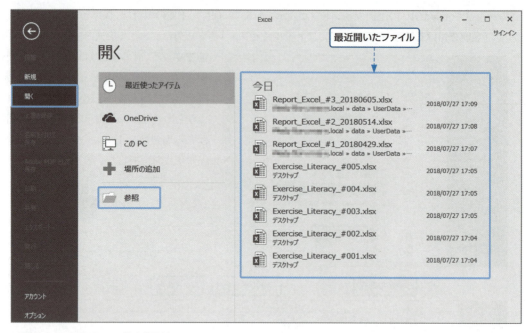

● 図 5-1-5 既存のファイルを「開く」

■ 編集ファイルの別名保存

[名前を付けて保存]の操作によって，編集中の既存ファイルを別のファイル名を付けて保存することが可能です。この操作を実行しても既存ファイルに変更は発生しません。ファイル形式の指定は新規ファイルの作成と同様です。

5.1.4 セルの操作

■ データの入力

ワークシート上の一つのセルをクリックすると編集可能なアクティブセルの状態になります。空白セルにはそのままキー入力が可能です。すでにデータが入力されているセルでキー入力すると既存データは消去されますが，部分的に編集したい場合は，F2 を押下するか，[**数式バー**]の文字列を編集します。セル内の文字列はテキストデータとして部分的にコピー・移動することも可能です。アクティブセルの移動や入力データの取り消しには，次のキーボード操作が便利です。

Home	アクティブセルを含む行の左端にジャンプ
Ctrl + → または ←	アクティブセルを含む行で空白セルの手前の既入力データを含む右側または左側のセルにジャンプ
Ctrl + ↑ または ↓	アクティブセルを含む列で空白セルの手前の既入力データを含む上側または下側のセルにジャンプ
Ctrl + Z	直前の入力データを取り消して入力前の状態に復元
Ctrl + Y	取り消したデータを復元する

● 表 5-1-1　データ入力時のショートカットキー

■ セルの書式設定（表示形式）

　Excelはセルごとに[**表示形式**]を設定することが可能であり，その形式に応じて表示内容が変わります。例として，「数値」であれば桁区切りのカンマを追加した形式，「通貨」であれば通貨記号を数字の手前に挿入した形式，「日付」であれば1900年1月1日を起点とした日付の形式など，設定した[**分類**]に応じて表示が変わります。[**表示形式**]を設定するには，対象のセルを選択してリボン上の[**ホーム**]タブの[**数値**]グループにあるアイコンから直接設定するか，または右下向き矢印のアイコンで示される**ダイアログボックス起動ツール**をクリック，または対象のセルで右クリックして[**セルの書式設定**]を選択してダイアログボックスを表示，ここから[**表示形式**]タブで適切な[**分類**]をクリックします。

　表示形式タブの分類のデフォルトの設定は[**標準**]です。この表示形式は文字，数字の両方に対応します。分類の設定が適切でないと計算処理でエラーが発生することもあるので，セル分類の設定には注意してください。

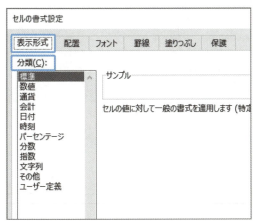

● 図5-1-6　セルの書式設定〜表示形式

■ セルの書式設定（配置）

　セル内のどの部分に入力文字や計算結果を表示するか，[**配置**]で設定することが可能です。[**横位置**]はセルの横方向のどの部分にデータを表示するか指定します。デフォルトの[**標準**]では，文字は左詰め，数字は右詰めとなります。[**縦位置**]はセルの上下方向の指定です。[**横位置**]，[**縦位置**]ともに「中央揃え」とするとセルの中央にデータが配置されます。[**文字の制御**]の[**折り返して全体を表示する**]を有効にするとセルから溢れて表示されていた文字データが右端で折り返し表示される状態になります。[**縮小して全体を表示する**]は文字データのフォントサイズを小さくして，セル内ですべての文字が表示されます。連続したセルを選択した状態で[**セルを結合する**]を設定するとそれらのセルを結合して，元の複数セルをまたいでデータ表示することができます。

● 図5-1-7　セルの書式設定〜配置

■ セルの書式設定（その他）

　セルの書式設定では，セル内の文字や数字の字体，セルの枠，セル範囲の背景について設定が可能です。これらは[**セルの書式設定**]のタブから選択します。

　[**フォント**]のタブからセル内の文字や数字に対しては[**フォント名**]，[**スタイル**]，[**サイズ**]，[**下線**]，[**色**]，[**文字飾り**]が設定できます。同じセル内でも部分的に文字列を選択することによって一部の設定を変更することもできます。設定したフォントの内容は[**プレビュー**]部分で確認できます。同様の設定はリボン上の[**フォント**]グループの個別のアイコンからも可能です。

Chapter 5 情報の集計と分析

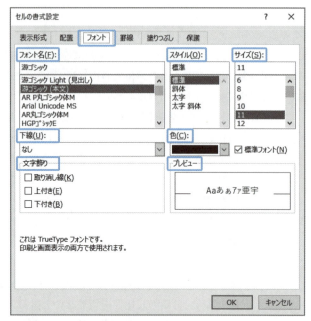

● 図 5-1-8　セルの書式設定〜フォント

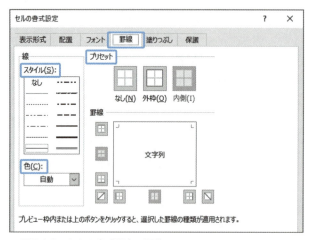

● 図 5-1-9　セルの書式設定〜罫線

　[**罫線**]のタブでは，連続するセル領域に対して，外枠や内枠の囲み線，つまり罫線を設定することが可能です。最初に罫線を引くセル領域を選択，ダイアログボックスを表示，[**罫線**]タブの[**スタイル**]と[**色**]を指定してから，罫線を引く箇所を選択しますが[**プリセット**]から全体の[**外枠**]や[**内枠**]，または全罫線を解除する場合は[**なし**]を指定します。[**プリセット**]下部の[**罫線**]からは縦横斜めの方向で個別に罫線を指定することも可能です。

　[**塗りつぶし**]のタブでは選択したセルの背景色や模様を設定することが可能です。単色で背景色を設定する場合は[**背景色**]の中から一つの色を選択します。表示された色以外の色を設定する場合は[**その他の色**]をクリックすると[**色の設定**]のウィンドウが表示されます。[**標準**]のタブでは用意された色を選択できます。それ以外の色を指定する場合は[**ユーザー設定**]のタブを選択します。色以外に背景の模様を[**パターン**]で設定することができます。[**パターンの色**]で模様の色を，[**パターンの種類**]で模様を設定します。

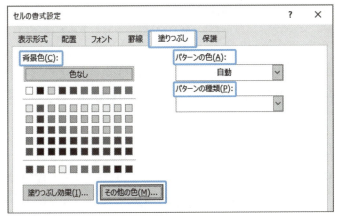

● 図5-1-10　セルの書式設定～塗りつぶし

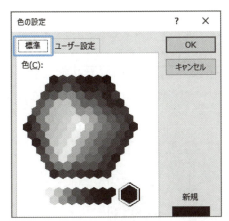
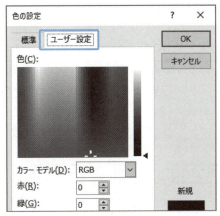

● 図5-1-11　セルの書式設定～塗りつぶし～標準・その他の色

■ セルのコピーと移動

　セルを選択してコピー，移動することが可能です。いずれの操作もいったんクリップボードという一時的な領域に対象データを格納した後，そのデータを指定したセルに貼り付けるものです。

　コピーする場合は，コピーしたい単一のセルまたは連続したセルを選択して，リボン上の[**ホーム**]タブの[**クリップボード**]のグループにある[**コピー**]をクリックまたは Ctrl + C を押下して，データをクリップボードに格納します。

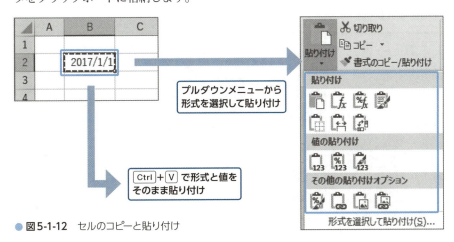

● 図5-1-12　セルのコピーと貼り付け

Chapter 5 情報の集計と分析

クリップボードにデータが格納されたセルは点線が循環する表示となります。その後は，貼り付け先のセルを選択して，[**クリップボード**]のグループにある[**貼り付け**]をクリックまたは[Ctrl]+[V]を押下するとデータが貼り付けられます。コピーの操作は，クリップボードにデータを格納した後，[Esc]を押下またはセルを編集するまで[**貼り付け**]の操作は複数回実行可能です。同様に移動の操作は[**クリップボード**]のグループにある[**切り取り**]をクリックまたは[Ctrl]+[X]を押下，[**貼り付け**]をクリックまたは[Ctrl]+[V]を押下すると指定したデータが貼り付けられます。デフォルトの[**貼り付け**]の操作はセルの高さと幅以外の書式や式，値を貼り付けますが，その他にも指定した形式で貼り付けることが可能です。[**貼り付け**]のプルダウンメニューのアイコンでは，セルの書式の情報も含めて貼り付けするのか，計算式の結果の値を数値として貼り付けるのか，コピー元のセル幅を維持して貼り付けるか，コピー元の値を参照する形式で貼り付けるかなど，詳細を指定した貼り付け操作が可能です。

■ 連続データの入力

データ入力済みのアクティブセルの右下部分は小さな正方形のアイコンで示される**フィルハンドル**が付いていますが，このフィルハンドルをマウスで下方向にドラッグするとデータの内容をExcelが解釈して自動的に連続データが入力されます。同様の操作は，上方向，左方向，右方向にドラッグすることも可能です。これを連続コピーといいます。連続コピーは，他セルを参照する計算式を含むセルに対しても有効です。

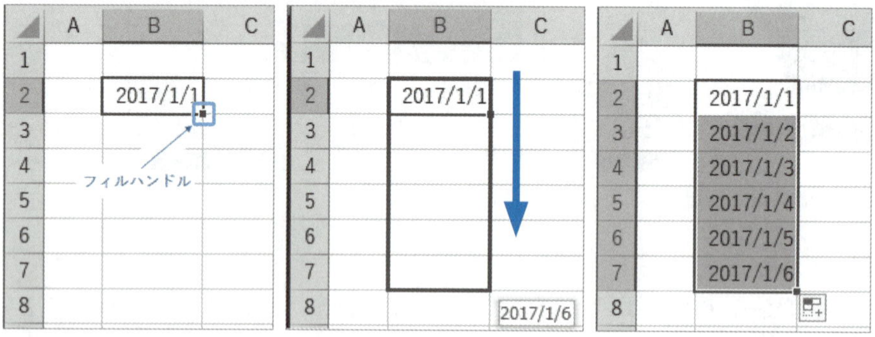

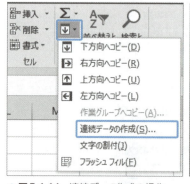

● 図5-1-13　連続コピーの操作

この機能はリボン上の[**ホーム**]タブの[**編集**]グループの[**フィル**]（下向き矢印アイコン）からも実行可能です。詳細な設定を行う場合は[**連続データの作成**]をクリックしてコピーの[**範囲**]，セルの[**種類**]，データの[**増加単位**]を指定します。

● 図5-1-14　連続データ作成の操作

■ 行・列の追加・削除

挿入したい行または列の行見出し，列見出し部分をクリック，さらにリボン上の[ホーム]タブの[セル]グループの[挿入]のプルダウンメニューから[シートの行を挿入]，[シートの列を挿入]をクリックします。挿入したい行または列の行見出し，列見出し部分を右クリック，[挿入]を選択しても同様の操作が可能です。

 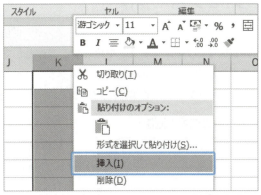

● 図5-1-15　列の挿入の操作

■ 行・列のコピー・移動

● 図5-1-16　列の移動の操作

コピーしたい行または列の行見出し，列見出し部分をクリック，次にリボン上の[ホーム]タブの[クリップボード]から[コピー]をクリック，さらに貼り付け先の行または列の行見出し，列見出し部分をクリックして，上書きしてよい場合は[ホーム]タブの[クリップボード]から[貼り付け]をクリックします。貼り付け先のデータを残してその行・列の後にコピー元のデータを追加する場合は，貼り付け先の行または列の見出し部分をクリックして[コピーしたセルの挿入]をクリックします。移動も同様の操作ですが，移動元の行または列の見出し部分をクリックして[切り取り]をクリック，移動先の見出しで[切り取ったセルの挿入]をクリックします。

■ 行の高さと列の幅の調整

● 図5-1-17　行の高さの調整の操作

　　行見出しの境界にマウスを置いてクリックすると，行の高さと上下を向いた矢印が表示されます。ここで行の高さの単位はポイントで，1/72インチ，約0.3528mmを意味しています。括弧内の数値のピクセルは画素数，コンピュータで表示可能な最小単位です。この矢印が表示された状態でマウスを上下にドラッグして行の高さを調節します。同様の操作はリボン上の[ホーム]タブ，[セル]のプルダウンメニューから[行の高さ]をクリックして数値を入力することでも可能です。このプルダウンメニューで表示される[行の高さの自動調節]は文字数やサイズを勘案して，そのセル内の全文字が表示され

るように行の高さを自動調整します。列の場合も同様にマウスのドラッグやプルダウンメニューから操作可能ですが，表示される数値の単位は標準フォント[*3]の文字数です。Excelのデフォルトのセル幅は8.38となっていますが，これは標準フォントの8.38文字分の幅が提供されていることを意味しています。

5.1.5 ワークシートの操作

ワークシートはセルの集合体であり，ワークシート単位の操作によって作業効率や作業精度を上げることが可能です。ワークシートを単位とする操作としては，ワークシートの削除・追加，シート見出しおよびタブ色の設定，表示・編集するアクティブセルを含むワークシートへの移動，ワークシートのコピー，ワークシートの並べ替え，複数のワークシートを選択しての印刷などがあります。

■ワークシートの追加と削除

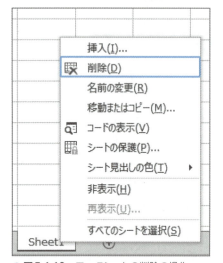

●図5-1-18　ワークシートの削除の操作

新規のブックファイルを開くとウィンドウ下部のタブ上に「Sheet1」のシート見出しで1枚のワークシートが含まれています。さらにワークシートを追加する場合は，「Sheet1」の右の「+」アイコンをクリックすると「Sheet2」の名前でワークシートが追加されます。以降，追加ワークシートの名前は「Sheet3」「Sheet4」・・・・と数字部分が増えていきます。また，シート見出しをクリックするとそのワークシートに移動します。

ワークシートを削除する場合は，削除したいワークシートを選択して，タブ部分を右クリック，[削除]を選択します。セルにデータが含まれる場合は，「このシートは完全に削除されます。続けますか？」の確認メッセージが表示されます。削除する場合は[削除]をクリックします。

■シート見出しの文字列および色の変更

ワークシートのデフォルトの名前を変更する場合は，命名したいワークシートの[シート見出し]を右クリックして，[名前の変更]をクリックします。タブのシート見出し部分が編集可能な状態になるので，ここでシート見出しの文字列を入力します。他のワークシートまたはブックからそのワークシートのセルの値を参照して計算や関数の処理を行っている場合（5.1.6節「計算式の入力」参照）は，シート見出しの変更により参照不可状態になるため注意が必要です。

ワークシートのタブの部分の色を変更する場合は，変更したいワークシートの[シート見出し]を右クリック，[シート見出しの色]をクリックします。右側にプルダウンメニュー形式で[テーマの色]，[標準の色]，[色なし]，[その他の色]の選択肢が表示されるので，変更する色を選択します。[その他の色]の設定操作はセルの書式設定の[塗りつぶし]と同じです。

■表示・編集対象のワークシートへの移動

一つのブック・ファイル内のワークシートが増えてくると，すべてのシート見出しが表示されないため，編集対象のワークシートの表示に手間取ることがあります。ワークシートタブの左側にある「◀」

[*3] 標準フォントのサイズは「ファイル」タブ，「オプション」，「基本設定」，「フォントサイズ」で指定できます。

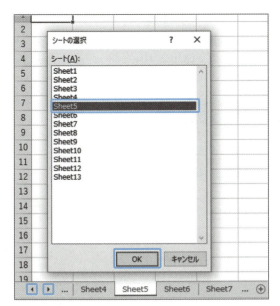

または「▶」のアイコンを Ctrl とともに左クリックすると，最初のワークシートまたは最後のワークシートが選択可能なシート見出しの表示状態になります。もしくは「◀」または「▶」のアイコンを右クリックすると [**シートの選択**] のウィンドウが表示され，ここで編集対象のワークシートを直接選択することが可能です。

● 図 5-1-19　編集対象のワークシートへの移動の操作

■ ワークシートの移動とコピー

　ワークシートの単位で同一のブックファイルや別のブックファイルにコピーを作成することが可能です。この操作により，手間を掛けて編集したワークシートのデータやセル幅と高さを保持した状態でそれらの編集結果を別のワークシートとして編集することができます。コピー対象のワークシートを選択して，ワークシートタブ部分を右クリック，[**シートの移動またはコピー**]をクリックします。[**シートの移動またはコピー**]のウィンドウが表示されるので，[**移動先ブック名**]と[**挿入先**]のワークシートの位置を選択します。ただし，[**移動先ブック名**]は編集中のブックファイルすべてがプルダウンメニューで表示されます。コピーの場合は[**コピーを作成する**]の☑および[**OK**]をクリックします。☑をクリックしない場合は，指定した場所へのワークシートの移動となります。コピー先または移動先のブックファイルに同名のワークシートが存在する場合は，コピーまたは移動元のシート見出しが自動的に変更されます。

● 図 5-1-20　ワークシートへの移動またはコピーの操作

■ ワークシートの表示範囲の設定

　大量のデータを含むワークシートでは，特定箇所の表示に画面スクロールが必要になります。

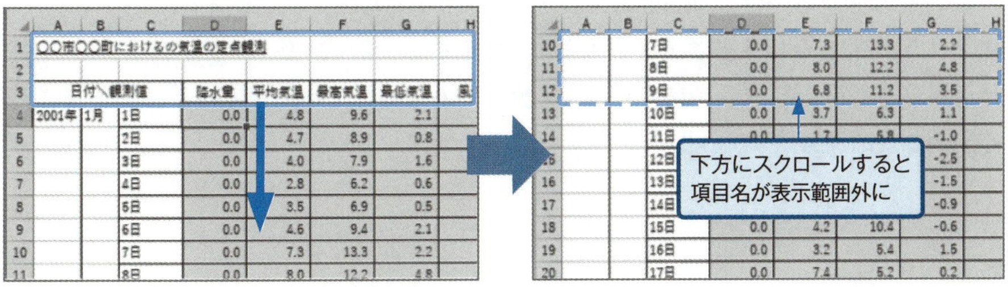

● 図 5-1-21　データ見出し部分のスクロールの例

ワークシートに表データを記述する際，横軸と縦軸のデータ項目の見出しをワークシートの上位の行と左側の列に記載することがよくあります。ただし，行と列が増えると画面が下方向や右側にスクロールした際に項目見出し部分が表示されないためわかりにくい状態になります。このような場合を想定してExcelは表示固定領域を設定することが可能です。

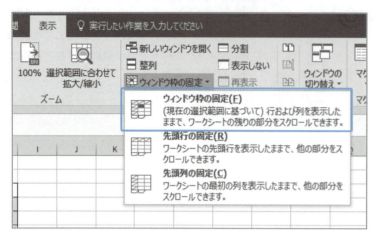

● 図5-1-22　ウィンドウ枠の固定の操作

　スクロールの範囲外にしたい境界のセルを選択します。リボン上の[**表示**]タブの[**ウィンドウ枠の固定**]のプルダウンメニューから[**ウィンドウ枠の固定**]をクリックします。この設定によって，下方にスクロールしても，範囲外のセルはスクロールしないで項目の見出しの表示を維持します。[**ウィンドウ枠の固定**]の固定を解除する場合は，同じプルダウンメニューから[**ウィンドウ枠固定の解除**]をクリックします。

5.1.6　計算式の入力

　Excelは入力した数値や文字などのデータを使って様々な処理を行うことができます。演算記号を使った計算，関数による処理，データ抽出や並べ替え，グラフ作成などの機能が使いやすい形で提供されています。

　セルの編集で，半角文字の「=」を先頭に入力，さらにその後にExcelが提供する演算子や関数による計算式を入力すると，計算結果を表示することが可能です。計算式には，セル番地の指定によって間接的に値を入力する形式または数値や文字列を直接入力する形式をとります。セルの参照は同一のワークシートであれば，セル番地のみを，別のワークシートであればシート見出し名の後に「!」を付けてセル番地を，別のブックであればブックファイル名を「[ ]（角括弧）」で挟んでシート見出しの後に「!」を付けてセル番地を指定します。同一フォルダー内の「Book01.xlsx」のワークシート「Sheet01」のセル範囲「B10:D20」を参照する場合は [Book01.xlsx]Sheet01!B10:D20 とします。

　Excelでは様々な演算子を利用することができます。演算子は，算術演算子や文字列結合演算子のように単独で利用可能なものもありますが，後述の関数と組み合わせて利用することが可能です。演算子の機能と使用例は次の通りです。

演算子	機能	使用例	使用例の計算結果または説明
算術演算子			
＋（正符号）	加算	A1＋1	セルA1に1を加算した値
－（負符号）	減算	B3－1	セルB3から1を減算した値
＊（アスタリスク）	乗算	A2＊C2	セルA2にC2を乗算した値
／（スラッシュ）	除算	20/5	20を5で除算した値 4
％（パーセント）	パーセント	20％	百分率の20を数値化した値 0.2
^（キャレット）	べき算	2^2	2の2乗の値 4
比較演算子			
＝（等号）	左辺と右辺が等しい	A1＝1	セルA1の値は1であるか判定
＞（より大記号）	左辺が右辺よりも大きい	A1＞0	セルA1の値は0より大きいか判定
＜（より小記号）	左辺が右辺よりも小さい	A1＜2	セルA1の値は2より小さいか判定
＞＝ （より大か等しい記号）	左辺が右辺以上である	A1≧0	セルA1の値は0以上であるか判定
＜＝ （より小か等しい記号）	左辺が右辺以下である	A1≦2	セルA1の値は2以下であるか判定
＜＞（不等号）	左辺と右辺が等しくない	A1＜＞B1	セルA1とB1が異なるか判定
文字列連結演算子			
＆（アンパサンド）	2つの文字列の結合	A1＆"です"	A1のセル値の後に「です」が連結
参照演算子			
：（コロン）	セルの連続領域の指定	B2:F5	B列からF列，2行から5行の範囲のセル
，（カンマ）	セルの複数領域の指定	B2,F5	B2とF5のセル
（スペース）	セル領域の重複部分	B2:E2 C1:C4	B2:E2 C1:C4の範囲が重複するC2の値
文字列			
"" （ダブルクォーテーション）	文字列として処理	"OK"	計算式内で文字列「OK」を処理可能とする

● **表5-1-2** Excelが提供する演算子

演算処理は，セル内の記述の左側から処理されますが，参照演算子，負の数値の判定，パーセント，べき算，乗算または除算，加算または減算，文字列の結合または連結，比較の処理がこの順序で優先します。処理の順序を制御する場合は，「（）（丸括弧）」を使います。下記はその例です。

＝A1＋A2/2　………　セルA1の値にA2の値を2で割った値を加算する

＝(A1＋A2)/2　……　セルA1の値とA2の値を足した値を2で割る

5.1.7 関数の利用

Excelは利用者の要求に応じた様々な処理の内容を実現するために多彩な関数が使いやすい形で提供されています。リボン上の**[数式]**タブには，財務，論理，文字列操作，日付/時刻，検索/行列，数学/三角，さらにその他の関数からプルダウンメニューを見ると，統計，エンジニアリング，キューブ，情報，互換性，Webといった関数のカテゴリを確認できます。本書では，利用頻度が高く，業務効果が見込まれるいくつかの関数を紹介します。

Chapter 5　情報の集計と分析

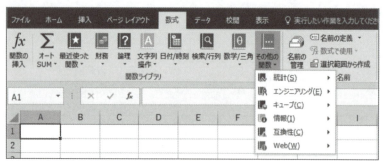

● 図5-1-23　Excelの「数式」タブで表示される関数のカテゴリ

　関数を利用する場合は，「=」の後に関数を入力，さらにその関数に処理対象となる値を指定する必要があります。ここで処理対処となる値を[**引数**]，結果を[**戻り値**]といいます。引数には，数字，文字列，計算式，他セルの参照値，処理の条件や他の関数の計算結果を指定することが可能です。関数によって引数の条件は異なり，戻り値のデータ形式も数値や文字列，日付，時間など，様々です。また，複数の関数を前述の演算子と合わせて使用することも可能です。

> = [関数名]([引数1], [引数2], [引数3])

● 図5-1-24　関数の形式の例

　関数の入力にはいくつかの操作方法があります。

(ア)数式タブで[**関数の挿入**]をクリックして関数を選択してガイドに従い入力
(イ)数式タブで[**オートSUM**]のプルダウンメニューから処理を選択
(ウ)数式タブで各カテゴリから関数を選択してガイドに従い入力
(エ)「=」に続けて関数と引数を直接キー入力

　上記の操作方法は関数の理解度によって，使い分けることをお勧めします。どのような関数を利用してよいかわからない場合でも(ウ)の関数のカテゴリから選択することも可能です。一方，すでに習熟している関数であれば，(エ)が効率的です。

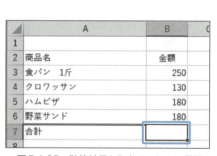

● 図5-1-25　計算結果を入力するセルの選択

● 図5-1-26　関数の挿入

ここでは例として（ア）の操作によって，特定の範囲のセルの値を合計する関数を入力します。最初に計算結果を入力するセルをアクティブにします。ここで[**数式**]タブ，[**関数の挿入**]をクリックすると[**関数の挿入**]のウィンドウが表示されます。合計値を出力するので，[**関数の検索**]の入力域に「合計」を入力して[**検索**]ボタンをクリックします。[**関数名**]の欄に合計に関連する関数が表示されます。各関数を選択すると，[**関数名**]の関数一覧の下部に，各関数の説明が表示されます。ここでは関数「SUM」を選択します。「SUM」の説明文は「セル範囲に含まれる数値をすべて合計します。」となっています。「SUM」関数を使って処理を実行するためには，合計の対象となる数値またはセルの指定が必要です。[**関数の挿入**]ウィンドウで関数を決めたら，[**OK**]をクリックします。[**関数の引数**]のウィンドウが表示されます。Excelはこの時点で合計範囲の設定の候補とその範囲での合計値を表示します。すでに表示されている合計範囲を入力する場合は[OK]を，修正する場合は[**数値1**]または[**数値2**]の範囲や値を変更してから[**OK**]をクリックします。[**数値1**]と[**数値2**]に値が入力されると「数値3」のように入力域が順次追加されます。

ここで関数を入力したセルには計算結果が表示されています（図5-1-28）。再度クリックしてアクティブセルにすると，[**数式バー**]に計算式が表示されます。また，F2 を押下すると，アクティブセルに同様の数式が表示されます。入力した数式を編集する場合は，この状態で編集します。「SUM」関数は合計の対象となる数値を次のような数式として記述します。

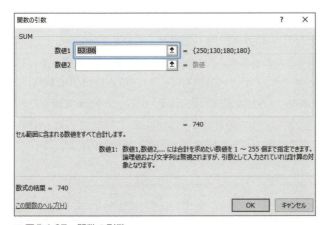

● 図5-1-27　関数の引数

=SUM(B3:B6)

SUM関数は数値を含むセル番地の範囲や単一または複数のセル番地を指定しますが，関数によっては文字列などを含む複数種類のデータ，複数の範囲，条件式などを指定します。

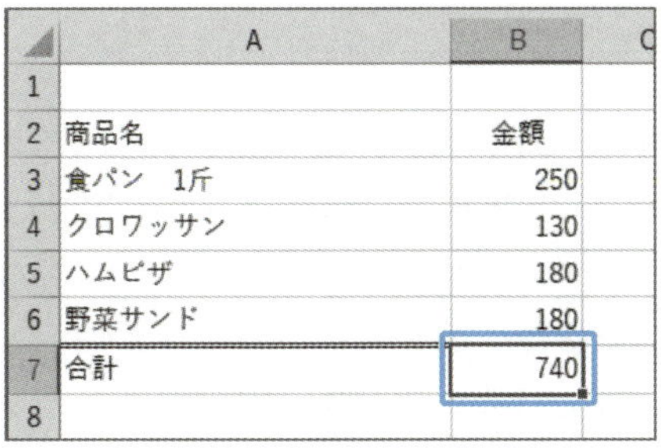

● 図5-1-28　関数の計算結果の表示 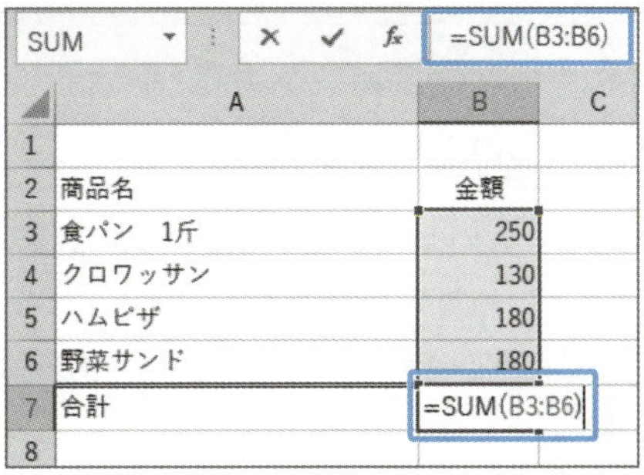　　　　● 図5-1-29　入力した計算式，関数の確認

■ オートSUM

[**数式**]タブの中にある[**オートSUM**]を利用すると簡易な操作で関数を入力することが可能です。計算式を入力するセルを選択して，[**オートSUM**]のプルダウンメニューを表示して，処理の内容を選択します。[**合計**]，[**平均**]，[**数値の個数**]，[**最大値**]，[**最小値**]，[**その他の関数**]が用意されていますが，

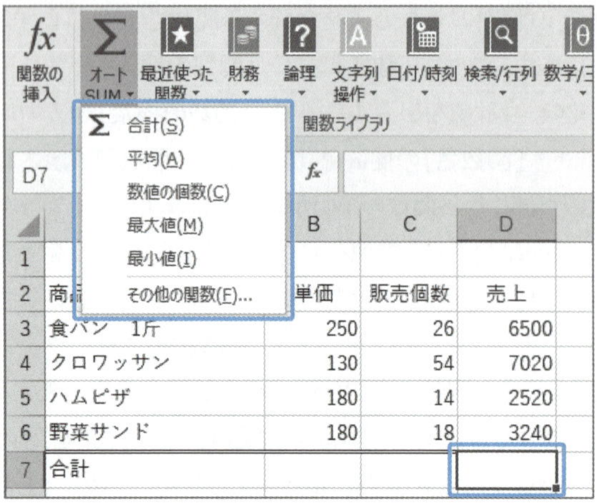

Chapter 5　情報の集計と分析

[その他の関数]は[関数の入力]の操作と同様です。処理内容を選択すると，Excelが自動的に候補となる範囲を設定します。候補となる範囲がそのままでよい場合は Enter を，調整が必要な場合は式を編集します。

● 図5-1-30　オートSUMを使った操作

■ セルの参照の方法

　セルの連続コピーの操作は，数式を含むセルにも有効で便利ですが，他のセルを参照して計算処理を行っている場合，予想外の結果となることがあります。下図の例では，「単価」と「販売個数」を積算した「売上」のセルを下方向に連続コピーすると，D4セルには「=B4*C4」，D5とD6セルも同様に行番号だけが調整され，予想した結果になります。一方，各商品の「売上」を「売上」の合計値で除算した「売上比率」E3セルの計算は「=D3/D7」であり，このセルの計算を下方向に連続コピーすると「#DIV/0!」が表示され，入力式の内容はE4セルで「=D4/D8」，E5とE6セルも同様に分母の値がD9，D10でD8セル以降の空白セルを指しています。

● 図5-1-31　連続コピーが成功するケースと失敗するケース

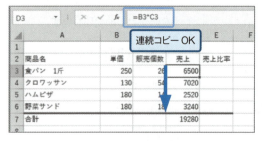

　Excelが他のセルを参照する際に「=(セル番地)」とした場合，参照元セルからの相対的な位置を内部的に保管しています。このセル番地の指定の方法を**相対参照**といいます。また，連続コピーを実行するとコピー先のセルでは相対的な位置関係は維持されるため後者の例のように期待した結果とならないことがあります。この問題を解決するためには**絶対参照**の方法を使ってセル番地を指定します。セル番地は列数と行数で表現されますが，固定したい列数または行数の前に「$」を付けることによって，列数，行数，または列と行の両方を固定することができます。このセル番地の指定方法を**絶対参照**といいます。セル番地を指定する際に F4 を押下すると，列数，行数，列と行の両方，相対参照の順で「$」を追加することができます。

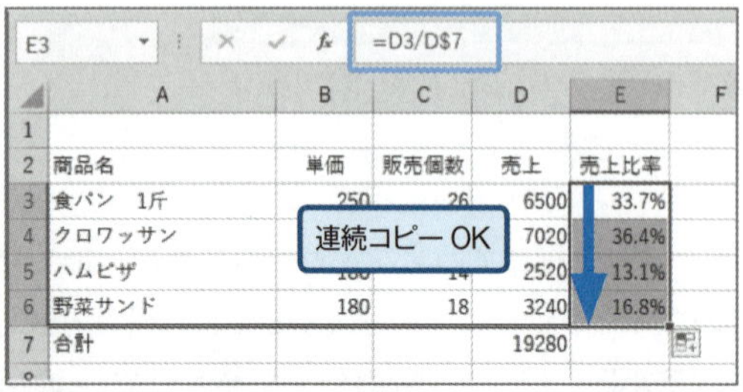

● 図5-1-32　絶対参照の利用例

前述の例では売上合計金額を示すD7セルを固定すれば問題は解決します。実際にE3セルの値を「=D3/D$7」として連続コピーを実行すると，E4セルには「=D4/D$7」となりエラーを回避することが可能です。

5.1.8 関数の事例

この節では引数の渡し方などの特徴を考慮して，いくつかの関数を取り上げます。

■AVERAGE関数/MEDIAN関数

AVERAGE関数は指定した範囲の平均値を，MEDIAN関数は中央値を返します。データ全体を考察する場合，必ずしも平均値が最適な判断材料となるわけではありません。突出した値が存在すると，平均値に大きな影響を与えている可能性もあります。右図の例では，この様な事態を考慮して，セルE4では，セルB3とB9の間の値の中央値を算出しています。

```
=AVERAGE(B3:B9)
=MEDIAN(B3:B9)
```

	A	B	C	D	E
1	30歳代の月額の小遣い				
2					
3	Aさん	¥30,000		平均値	¥30,000
4	Bさん	¥25,000		中央値	¥20,000
5	Cさん	¥100,000			
6	Dさん	¥12,000			
7	Eさん	¥20,000			
8	Fさん	¥18,000			
9	Gさん	¥5,000			

● 図5-1-33　MEDIAN関数の利用例

■IF関数

数値や文字列に対して真偽を判定できる条件，および真と偽の各々の場合に対して戻り値を設定すると判定結果に応じた戻り値を返します。下図の例では得点が60点以上で「合格」，60点未満で「不合格」の戻り値を返します。

IF関数のように処理の中に条件判定を含む関数には，検索条件を満たす値を合計するSUMIF，検索条件を満たすセルの個数を返すCOUNTIFなどがあります。

```
=IF(B4>=60,"合格" ,"不合格" )
```

	A	B
1	合否判定	
2		
3	得点	判定
4	75	合格
5		

● 図5-1-34　IF関数の利用例

■VLOOKUP関数

指定した範囲を検索して，検索結果を含む行の指定したセルの値を返します。ただし，検索範囲の最も左側の列が検索対象となります。右図の例では，「献立内容」の文字列をキーワードとしてE4:E10の範囲を検索して範囲の2番目の列の値を返し，その値から献立内容ごとのカロリー値を計算するものです。

	A	B	C	D	E	F
1	一食当りカロリー摂取量					
2						
3	献立内容	摂取量 (g)	カロリー (kcal)		食品名	100g当りのカロリー (kcal/100g)
4	ご飯	200	340		ご飯	170
5	サラダ	80	120		サラダ	150
6	焼き魚	150	300		焼き魚	200
7	ひじき	20	44		ひじき	220
8	味噌汁	200	160		ちくわ	120
9	合計カロリー		964		味噌汁	80
10					カレーライス	380

● 図5-1-35　VLOOKUP関数の利用例

```
=VLOOKUP(A4,E$4:E$10,2,FALSE)*B4/100
```

同様の処理は下方のセルにも連続コピーすることに配慮して，検索範囲の行番号の指定には，絶対参照を使っています。

Chapter 5 情報の集計と分析

■複数の関数を利用したケース①（FIND関数とLEFT関数）

Excelの関数は関数の戻り値を引数とすることも可能です。下図のようにこの関係を多層的に構成することもありますが，これを関数のネストといいます。

= [関数1]([関数2]([関数3]([関数4](関数4の引数))))

FIND関数は，指定した文字列中の何番目に検索文字が含まれるかを戻り値として返します。LEFT関数は，指定した文字列および文字数分だけ抽出して戻り値として返します。下記の例では，漢字氏名のデータで姓と名の間に1文字分の全角文字の空白がある場合，空白の手前までの文字列を姓の文字列として返す処理を実行します。

```
=LEFT(A4,FIND("  ",A4)-1)
```

FIND関数で空白 "　" がセルA4の何番目の文字になっているか計算して，LEFT関数によって空白1字分を引いた文字数分だけ左側から抽出しています。

	A	B	C
1	個人名簿		
2			
3	個人名	姓	名
4	山本　太郎	山本	太郎

● 図5-1-36　FIND関数とLEFT関数の併用の例

■複数の関数を利用したケース②（DATEDIF関数とIF関数）

DATEDIF関数は2つの日付の経過日数を計算して指定した年月日のいずれかの単位で表示します。IF関数は前述の通り，設定条件の判定結果に基づいて戻り値を返します。左記の例では，C4セルに格納されている調査日の値「2016/03/01」と建築完工日の値「1980/02/10」の差分を年数 "Y" で計算，結果が 30年以上であれば「○」を，未満であれば「×」を返します。

	A	B	C
1	社屋耐震検査の要否		
2			
3		調査日	2016/03/01
4	建物	建設完工日	要耐震検査
5	本社	1980/02/10	○
6	大阪支社	1985/10/03	○
7	箱根保養所	1986/04/01	×
8	研修センター	1987/04/01	×

● 図5-1-37　DATEDIF関数とIF関数の併用の例

```
=IF(DATEDIF(B5,C$3,"Y")>=30," ○"," ×")
```

この式は連続コピーを使用するため，セルC3の行番号は絶対参照としています。引数 "Y" の記述を "M" または "D" に変更すると月数または日数を算出します。

5.2 表計算ソフト応用

ここまではデータの入力と計算処理について解説してきました。Excel は入力したデータの並び替え・条件抽出，グラフ化，分析なども可能です。本節ではより実用的なExcelの操作方法について解説します。

124

5.2.1 データの並べ替えとフィルター

Excelは，表形式のデータを特定の列の大きい順(**降順**)または小さい順(**昇順**)に行単位で並び替えたり，指定した条件を満たす行を抽出して表示する機能をもっています。

この並べ替えと抽出にはいくつかの操作方法が提供されています。

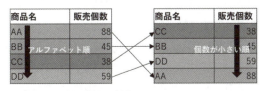
● 図5-2-1　並べ替えの操作

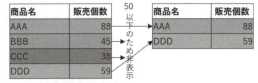
● 図5-2-2　条件抽出の操作

■ [データ]タブの[並べ替えとフィルター]グループの[並べ替え]による並べ替え操作

列ごとにデータ見出しが割り付けられている前提で，並べ替えの範囲を指定，どの列を優先的に評価して並べ替えるのか，並べ替えのルールを指定します。下記の例では，商品名順に並んでいますが，これを「売上高」が大きい行から小さい行に並べ替えています。

● 図5-2-3　「データ」タブの「並べ替え」操作

Chapter 5 情報の集計と分析

並べ替え対象となる範囲をデータ見出しとなる最初の行も含めて範囲指定します。リボン上の[**データ**]タブの[**並べ替えとフィルター**]のグループから[**並べ替え**]アイコンをクリックします。[**並べ替え**]ウィンドウが表示されたら，[**先頭行をデータ見出しとして使用する**]にチェックが付いていることを確認して，[**優先されるキー**]に「売上高」，[**並べ替えのキー**]に「値」，[**順序**]に「大きい順」を指定して，[**OK**]をクリックします。行ごとの列の関係は維持して，「売上高」が大きい順に行は並べ替えられます。

■[**ホーム**]タブの[**テーブルとして書式設定**]処理後の並べ替え操作

[**並べ替え**]による操作以外にリボン上の[**ホーム**]タブの[**テーブルとして書式設定**]処理後の並べ替えでも同様の処理を実行することができます。範囲を選択する操作は同じですが，その後に[**ホーム**]タブの[**テーブルとして書式設定**]をクリックします。テーブル書式のパターンが表示されるので，いずれかを選択します。変換範囲の確認のウィンドウが表示されるので[**OK**]をクリックします。

この操作によって指定した範囲がテーブル書式に変換されます。データ項目が記載された各セルの右には「▼」を含む四角いアイコンの**フィルターボタン**が表示されます（図5-2-5参照）。ここで，売上高の見出しセルにあるフィルターボタンをクリックすると，プルダウンウィンドウが表示されます。このウィンドウの「**降順**」をクリックすると「売上高」の値が大きい行から小さい行に並べ替え処理が実行されます。

いったんテーブル変換された範囲の行データは，この各データ項目のフィルターボタンの設定によって何回でも並べ方を変更することができます。

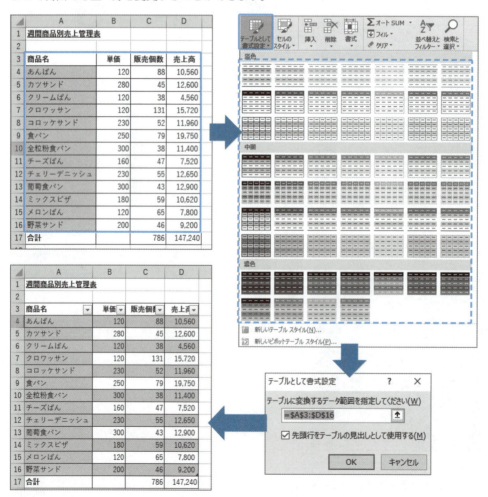

● 図5-2-4 「テーブルとして書式設定」によるテーブル変換の操作

5.2 表計算ソフト応用

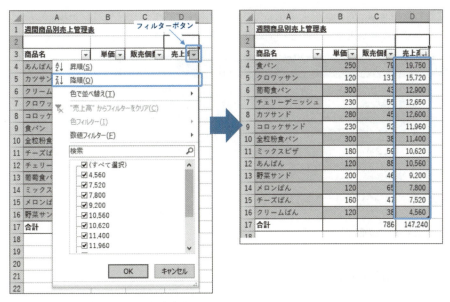

● 図5-2-5　テーブル変換後の並べ替え操作

■ [ホーム]タブの[テーブルとして書式設定]処理後のフィルター操作

前述のテーブル変換後には，データ抽出の操作も可能です。データ抽出操作は抽出条件を設定することが前提です。データ見出し右側のフィルターボタンをクリックすると，その列のデータ値や[**数値フィルター**]または[**テキストフィルター**]，[**検索**]入力域が表示されます。

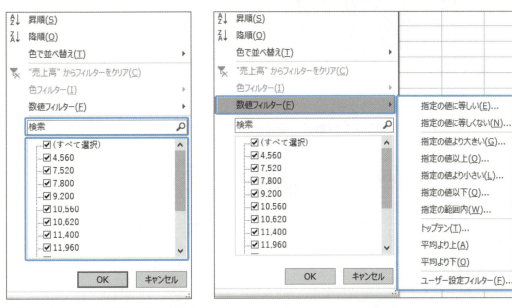

● 図5-2-6　テーブル変換後のデータ抽出操作

その列のデータ一覧のチェックボックスをクリックすると，その値を含む行のみが表示されます。数値フィルターまたはテキストフィルターでは該当するパターンを選択して，条件値を設定すると条件に合致した行のみが表示されます。[**検索**]入力域に検索キーワードを入力すると，その列にキーワードを含む行のみが表示されます。

Chapter 5 情報の集計と分析

テーブル変換した範囲は，対象範囲を選択してリボン上の[**デザイン**]タブの[**ツール**]グループの[**範囲に変換**]をクリックするとテーブル変換前の状態に復元されます。

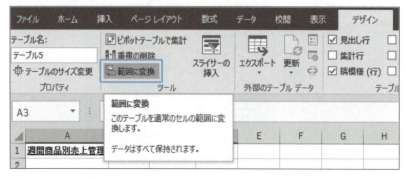

● 図5-2-7　テーブル変換した範囲の復元

5.2.2 グラフの作成・編集

Excelは入力したデータを利用して指定した形式のグラフを作成することができます。

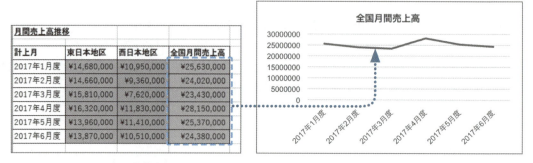

● 図5-2-8　Excelのグラフ作成機能

Excelによって生成されるグラフは次のような構成要素で成り立っています。これらをグラフ要素といいます。[**プロットエリア**]，[**横軸**]，[**縦軸**]以外のグラフ要素は省略することも可能です。

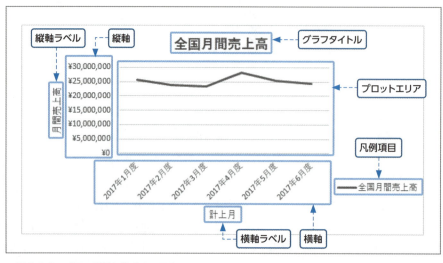

● 図5-2-9　グラフ領域を構成する要素

[プロットエリア]に表示されるグラフは利用者が指定したグラフの形状になります。[**グラフタイトル**]，[**横軸ラベル**]，[**縦軸ラベル**]，[**凡例項目**]の文字列は直接編集可能です。[**横軸**]と[**縦軸**]の表示はデータ項目を選定してオプションを設定します。これらのグラフ要素はいったんグラフを作成してから，修正することも可能です。これらのすべてのグラフ要素を含める範囲を**グラフ領域**といいます。

グラフ作成は次のステップで実行します。

① グラフ化対象となるデータおよび数式の入力
② グラフ化範囲の選択とグラフの作成
③ グラフ領域の個別設定

■ データ範囲の選択とグラフの作成

最初の①のデータおよび数式の入力は前節までの説明の通りです。次の②では，まずグラフ化する範囲を選択します。選択の範囲にデータ項目のセルを含むことにより自動的にグラフの軸ラベルや凡例に項目名が使用されます。範囲選択後にグラフの種類を選択します。リボン上の[**挿入**]タブの[**グラフ**]グループで[**おすすめグラフ**]を選択するとExcelが推奨するグラフの出力がウィンドウに表示されるので，そこからグラフを選択することもできます。ここでは[**2-D折れ線**]の[**折れ線**]を選択しています。1列分のデータを選択しているため，折れ線グラフは1本生成されています。

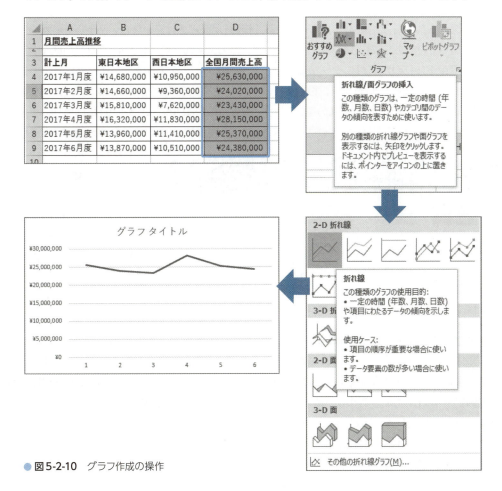

● 図5-2-10　グラフ作成の操作

Chapter 5　情報の集計と分析

■ グラフ領域の個別設定

　ここでは，作成したグラフの追加設定として，[**グラフタイトル**]の入力，[**横軸**]の数字の計上月への修正，[**横軸ラベル**]と[**縦軸ラベル**]の追加，[**凡例項目**]の移動の操作を説明します。これらの設定はグラフをよりわかりやすくします。

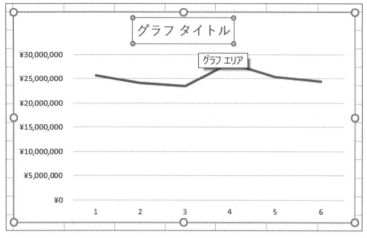

● 図5-2-11　グラフタイトルの入力

グラフエリア上部に設定された[**グラフタイトル**]の文字列をクリックします。デフォルトで入力されている「グラフタイトル」の文字列を消去して，適切な文字列を入力します。ここでは「月間売上高推移」とします。この文字列の位置は[**グラフタイトル**]のドラッグアンドドロップによって変更することができます。

　[**横軸**]に記載された1，2，3，4，5，6の数字は，[**横軸**]が設定されていないデフォルトの状態であることを意味しています。この横軸の値をセルA4からA9の文字列に変更します。グラフ領域をクリックするとリボン上に[**デザイン**]のタブが追加で表示されます。グラフ領域をクリックしないと追加の[**デザイン**]タブは表示されない点に注意してください。さらに[**データ**]グループ内の[**データの選択**]をクリックします。[**データソースの選択**]のウィンドウの[**横(項目)軸ラベル**]には横軸に表示されている1から6までの数字が設定されています。ここで[**編集**]をクリックします。[**軸ラベル**]ウィ

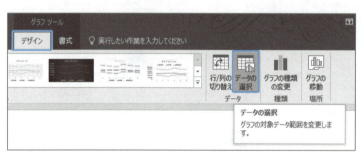

● 図5-2-12　「デザイン」タブから「データの選択」

ンドウが表示されるので，[**軸ラベルの範囲**]の入力域をクリックした後で，横軸の値となるセルの範囲を選択します。選択したら[**OK**]をクリックします（図5-2-13参照）。横軸の表示が数字から年月の文字列に変わりました。

　この状態では[**横軸ラベル**]と[**縦軸ラベル**]が付いていないので，これらを追加します。グラフエリアを選択すると右上に「＋」アイコンが表示されるので，これをクリックします（図5-2-14参照）。[**グラフ要素**]のウィンドウが開くので，[**軸ラベル**]のチェックボックスをオンにします。[**横軸ラベル**]と[**縦軸ラベル**]が追加されます。軸ラベルが追加されたら[**グラフタイトル**]と同様の操作で，[**横軸ラベル**]と[**縦軸ラベル**]の各々の入力域に文字列を入力します。いったん作成したグラフに対して，グラフ要素を追加する場合は，軸ラベルと同様の操作で可能です。

　ここまでの操作ではひとつのグラフ領域にひとつのデータ項目をグラフ化する例を説明してきましたが，複数のデータ項目をまとめてグラフ化することもできます。前の例では数値データを含むセル

のみを選択してグラフを作成しましたが，データ項目名のセルも含めてグラフ化の範囲に指定すると，データ項目とグラフの関係を示す**[凡例]**も表示されます（図 5-2-15参照）。複数データのグラフが混在する際には便利な機能です。

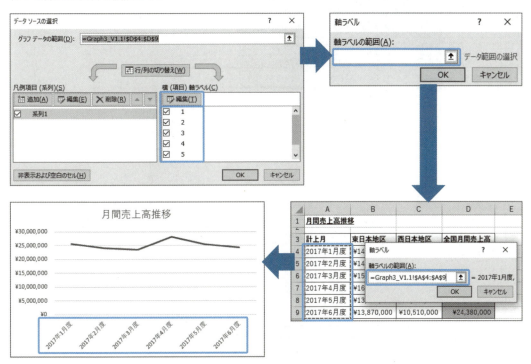

● 図 5-2-13　横軸の設定

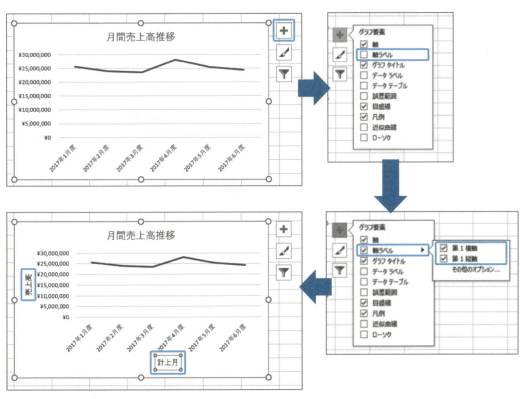

● 図 5-2-14　軸ラベルの設定

Chapter 5 情報の集計と分析

月間売上高推移			
計上月	東日本地区	西日本地区	全国月間売上高
2017年1月度	¥14,680,000	¥10,950,000	¥25,630,000
2017年2月度	¥14,660,000	¥9,360,000	¥24,020,000
2017年3月度	¥15,810,000	¥7,620,000	¥23,430,000
2017年4月度	¥16,320,000	¥11,830,000	¥28,150,000
2017年5月度	¥13,960,000	¥11,410,000	¥25,370,000
2017年6月度	¥13,870,000	¥10,510,000	¥24,380,000

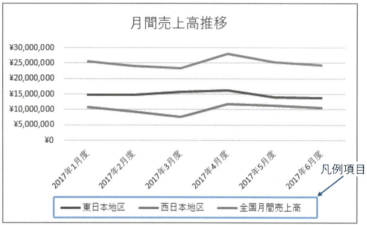

● 図5-2-15　データ項目も含めてグラフ化の対象として凡例を表示した例

■ 同一グラフに複数種類のデータを含む操作

　分析業務では複数のデータをまとめて扱うこともありますが，これらを同一のグラフ上で視覚的に表現することにより，その相関関係が見やすくなります。次の例では「全国月間売上高」「全国販売台数」「新規リース台数」のデータを一種類の縦軸で表現した例です。売上高に比べて台数の桁が著しく少ないため非常に見づらい状態になっています。このような場合は，縦軸を2種類に分けます。プロットエリアのグラフをクリックして，次に[デザイン]タブ，[グラフ種類の変更]をクリックします。[グラフ種類の変更]ウィンドウが表示されたら，異なる軸に設定したいデータ項目の[第2軸]をクリックします。ここでは台数の項目を[第2軸]に設定しています。さらに見やすくするためにこれらのデータ項目の[グラフの種類]を[折れ線]から[集合縦棒]に変更します。これらの設定操作によって，同一のプロットエリアで複数のデータ項目を整然と考察することができます。

5.2 表計算ソフト応用

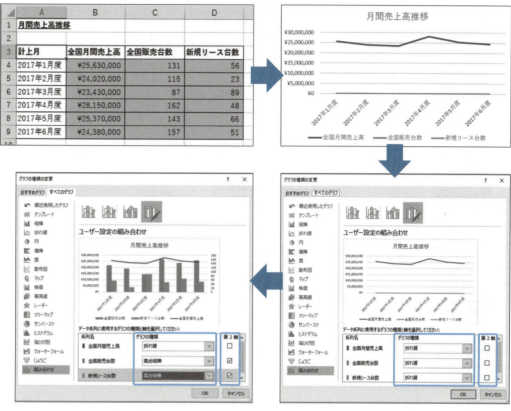

● 図 5-2-16　一部のデータ項目のグラフ種類を変更した操作の例

5.2.3 データの印刷

Excelで作成した表やグラフは接続されたプリンターまたは指定した形式のファイルに出力することが可能です。印刷操作では次の項目を指定します。

- 印刷出力先
- 印刷範囲
- その他（印刷部数，印刷方向，余白，拡大縮小）

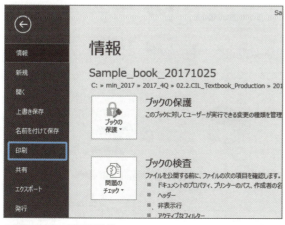

● 図 5-2-17　印刷の選択

リボン上の[**ファイル**]タブをクリックしてウィンドウ左側の[**印刷**]をクリックするか Ctrl + P で[**印刷**]画面が表示されます。この画面の右側には印刷出力時のプレビュー，左側には印刷操作の指定項目があります。プレビュー画面では，指定した条件でどのように出力されるか，イメージを確認することが可能です。

133

Chapter 5 情報の集計と分析

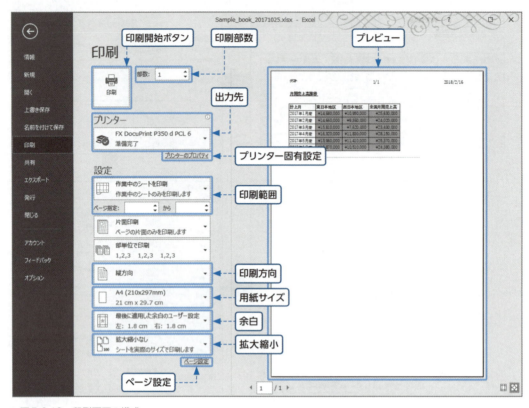

● 図5-2-18　印刷画面の構成

■出力先の指定

　[**印刷**]画面の[**プリンター**]文字列の下にはデフォルトのプリンターが表示されています。デフォルト以外のプリンターを選択する場合は，この文字列をクリックしてプルダウンから選択します。プリンターが出力不可の状態の場合は「オフライン」の文字列が表示されます。プリンター選択後に[**プリンターのプロパティ**]をクリックすると選択したプリンターごとの設定項目が表示されます。Excel側の設定項目と重複するものもありますが，これらは基本的に同期されます。プリンター選択のプ

 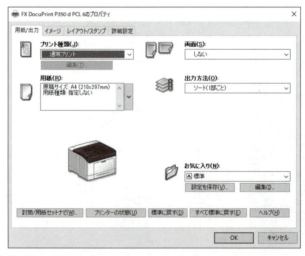

● 図5-2-19　出力先の指定とプリンターのプロパティの例

134

ルダウンでは物理的なプリンター以外にPDF形式またはXPS形式[*4]のファイルに出力するために「Microsoft Print to PDF」および「Microsoft XPS Document Writer」も選択可能です。これらを選択する場合は，出力先のフォルダーとファイル名を指定する必要があります。

■印刷範囲の指定

　[印刷]画面の[設定]の文字列の下には出力対象が表示されています。ここでは[**作業中のシートを印刷**]，[**ブック全体を印刷**]，[**選択した部分を印刷**]を選ぶことができます。[**作業中のシートを印刷**]では開いているワークシート，[**ブック全体を印刷**]では開いているブックファイルに含まれるすべてのワークシート，[**選択した部分を印刷**]ではアクティブセルとした範囲のみがそれぞれ出力対象となります。[**ページ指定**]では印刷開始ページと終了ページによって印刷範囲を指定することが可能です。

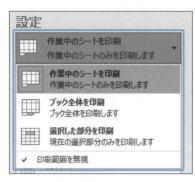

●図 5-2-20　印刷範囲とページの指定

■その他の指定

　[部数]では印刷出力の枚数を指定します。複数枚のページにわたる印刷出力を行う場合，部単位で仕分けるならば[**部単位で印刷**]，ページごとに仕分けるならば[**ページ単位で印刷**]を指定します。

　[印刷方向]では印刷出力が縦向きか横向きかを選択します。

　[用紙サイズ]では出力のサイズを指定します。選択可能な用紙サイズはプリンターの機能仕様に依存します。

　[余白]は印刷出力の余白部分の大きさを指定するものです。

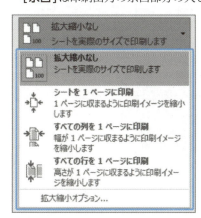

　[拡大縮小]は出力指定したデータ範囲を用紙のサイズに収まるように調整したり，データを印刷用に拡大したりするための設定です。指定した出力範囲を1ページに収めるならば[**シートを1ページに印刷**]，複数ページになるけれども横方向の列を1ページに収めるならば[**すべての列を1ページに印刷**]，同様に縦方向の行を1ページに収めるならば[**すべての行を1ページに印刷**]を指定します。

　[拡大縮小]の下にある[**ページ設定**]の文字列をクリックすると[**ページ**][**余白**][**ヘッダー／フッター**][**シート**]のタブを含む[**ページ設定**]のウィンドウが表示されます。

●図 5-2-21　拡大縮小の選択

[*4] XPS形式：　Microsoft社が提供するXML Paper Specification (XPS) は，文書の書式を維持して保管することが可能な電子ファイルの形式です。

Chapter 5 情報の集計と分析

[ページ設定]ウィンドウの[ページ]タブと[余白]タブでは前述と同等の設定が可能です。[ヘッダー/フッター]のタブをクリックすると，印刷出力の全ページに含まれるヘッダーとフッターの文字列を設定できます（図5-2-22）。ヘッダー領域には設定されているヘッダーの内容が表示されます。[ヘッダー]の文字列の下のヘッダー選択プルダウンをクリックするとあらかじめ準備されたヘッダーのパターンが表示されます。適当なプルダウンの選択肢がない場合は，[ヘッダーの編集]ボタンをクリックして[ヘッダー]ウィンドウから個別にヘッダー内容を編集します。ヘッダー入力域は「左側」「中央部」「右側」に分かれており，表示箇所ごとにヘッダー内容を編集します。文字を入力するとそのままヘッダーに追加されますが，文字のサイズやフォント，字体，色などのプロパティを設定したい場合は，対象の文字列を選択して下図[ヘッダー]ウィンドウの①[文字書式]アイコンをクリックします。ページ番号，全体のページ数を追加したい場合は，②[ページ番号の挿入]アイコン，③[ページ数の挿入]アイコンをクリックします。同様に印刷時の日付は④[日付の挿入]，同様に時刻は⑤[時刻の挿入]，ファイル名とパス名は⑥[ファイル　パスの挿入]，ファイル名のみは⑦[ファイル名]，シート見出しは⑧[シート名の挿入]をクリックします。なお，**ヘッダー**だけでなく**フッター**にも同等の設定ができるので，全体的なバランスを考慮してください。

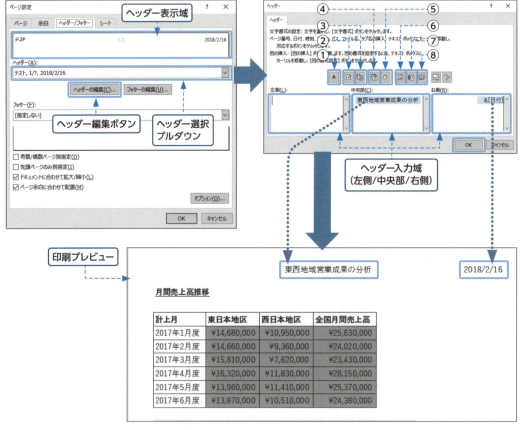

● 図 5-2-22　ヘッダーの設定項目と印刷プレビュー

5.2.4 データの分析

ここでは，分析業務に利用できるExcelのいくつかの機能について事例を使って解説します。実際の分析業務は，Excelの操作を理解しているだけでなく，どのような状況で何を分析結果として導き出すべきか，そのために必要なデータとして何を準備すればよいか，分析にはExcelのどの機能を利用すれば効果的かなどのいくつかの判断や知識が求められます。本節を通して，具体的なExcelの適用事例を見てみましょう。

■ピボットテーブル機能を使ったデータ項目の相関分析

ピボットとは旋回軸，中心点という意味をもつ単語ですが，Excelには[ピボットテーブル]の名前が付けられた機能があります。この機能によって分析の対象となる元の表データから様々な切り口でデータを集計することができます。下図の表は，「西日本地域売上管理表」の表題が付いていますが，左から「日付」「商品名」「売上」「地域」「支社」「販売担当者コード」の順でデータが並んでいます。ピボットテーブルはこの形式のデータがあれば，日付ごとの売上金額，日付ごとの売上件数，商品別の売上金額，商品別の売上件数，地域別の売上金額，地域別の売上件数，支社別の売上金額，支社別の売上件数などを簡単な操作で計算することができます。

西日本地域売上管理表

日付	商品名	売上	地域	支社	販売担当者コード
2017/1/23	精密万能工作機	¥1,500,000	関西	大阪	S020364300
2017/1/24	形削り盤	¥2,000,000	関西	京都	S020563600
2017/1/24	ボール盤	¥200,000	関西	神戸	S020562300
2017/1/25	卓上旋盤	¥800,000	九州	熊本	S020215800
2017/1/25	形削り盤	¥2,000,000	中国	広島	S020315300
2017/1/25	精密万能工作機	¥1,500,000	九州	熊本	S020813600
2017/1/26	ボール盤	¥200,000	中国	岡山	S020368900
2017/1/27	卓上旋盤	¥800,000	四国	松山	S020630600
2017/1/27	精密万能工作機	¥1,500,000	関西	大阪	S020562300
2017/1/27	ボール盤	¥200,000	中国	広島	S020368900
2017/1/27	形削り盤	¥2,000,000	中国	山口	S020312100
2017/1/30	ボール盤	¥200,000	関西	神戸	S020365400
2017/1/30	卓上旋盤	¥800,000	九州	福岡	S020246000
2017/1/30	形削り盤	¥2,000,000	中国	山口	S020993000
2017/1/31	ボール盤	¥200,000	四国	松山	S020630600

● **図5-2-23** ピボット・テーブルの処理対象となる表

この分析業務を行うためにはベースとなるピボットテーブルを生成する必要があります。

分析の対象となるデータ範囲を選択して，リボン上の[挿入]タブの[ピボットテーブル]をクリックして[ピボットテーブルの作成]のウィンドウを表示，適切な項目を設定します。ここでデータ項目名となるセルがあればそれらも含んでください。この順で操作を実行すると，画面の[テーブルまたは範囲を選択]にはあらかじめ選択した範囲が表示されます。ピボットテーブルを配置する場所は，[新規のワークシート]がデフォルトで選択されていますが，[既存のワークシート]を選択する場合は，既存のワークシートをクリックして，さらにピボットテーブルを挿入する場所のセルをクリックします。設定を確認したら[OK]をクリックします。

Chapter 5 情報の集計と分析

● 図 5-2-24 ピボットテーブルの作成ウィンドウ

　下図では新規作成ワークシート上にピボットテーブルを作成しています。例として，日付毎の売上金額の合計を算出するために，[ピボットテーブルのフィールド]の[フィールドセクション]で「日付」と「売上」のデータ項目にチェックボックスをクリックます。ピボットテーブル表示領域でExcelの処理によって，「日付」のデータ項目が最初の列に，「売上金額」のデータ項目が2列目に表示されます。2列目は「売上金額」が「合計/売上金額」に変換されて「日付」ごとの合計金額が算出されています。ここで[領域セクション]で，[行]に「日付」が，[Σ値]に「合計/金額」が自動的に表示されている点に注意してください。領域セクションには「フィルター」「列」「行」「Σ値」があり，データ項目の移動が可能です。[ピボットテーブルのフィールド]の表示が消えた場合はピボットテーブル表示領域をクリックすれば再表示されます。

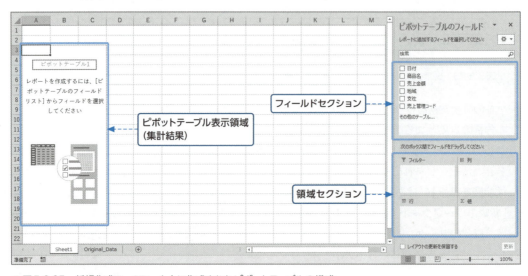

● 図 5-2-25　新規作成ワークシート上に作成されたピボットテーブルの構成

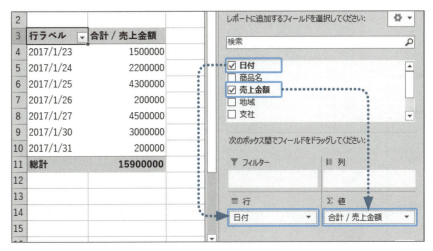

● 図5-2-26　「日付」別の売上金額の集計結果の画面

　次にいったん「日付」と「売上金額」のチェックボックスを外して、「地域」ごとの「売上金額」のデータを算出します。「地域」と「売上金額」のデータ項目をクリックします。この操作によって、地域ごとの売上合計金額が2列目に表示されます。データの表示形式選択で[Σ値]に「合計/売上金額」の表示は変わらず、[行]に「地域」が確認できます。

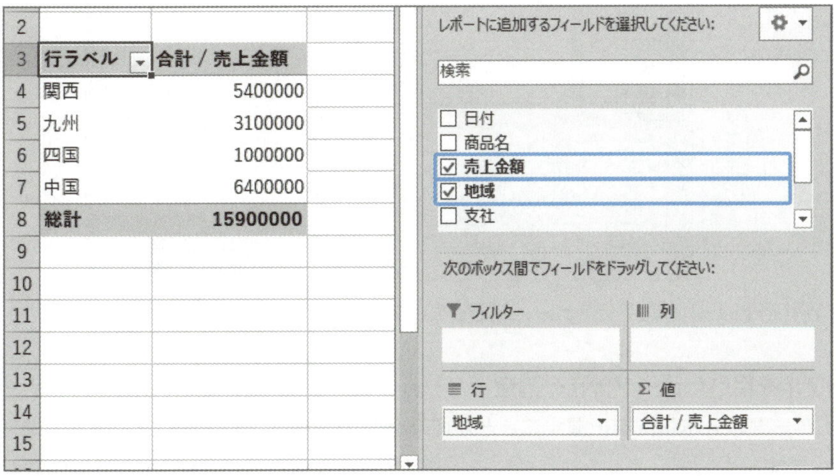

● 図5-2-27　「地域」別の売上金額の集計結果の画面

　次に「支社」ごとに何件の取引が発生したか、算出します。データ項目の「売上管理コード」は同じ支社で同じ商品を販売した場合も異なる文字列が割り当てられるので、「売上管理コード」の件数が取引件数になります。「支社」と「売上管理コード」のデータ項目のチェックボックスをクリックします。ピボットテーブルには支社名が最初の列に表示されますが、「支社」の下に「売上管理コード」が表示された状態です。領域セクションの[行]にこの2つのデータ項目が含まれています。ここで、領域セクションの[行]に表示されている「売上管理コード」の文字を[Σ値]にドラッグアンドドロップします。[Σ値]の表示は「個数/売上管理コード」になって、ピボットテーブル上も同じデータ項目の列ができていることが確認できます。このようにExcelの自動処理だけでなく、領域セクションで最適なデータ項目を配置することでピボットテーブルの処理内容を変更することが可能です。

Chapter 5 情報の集計と分析

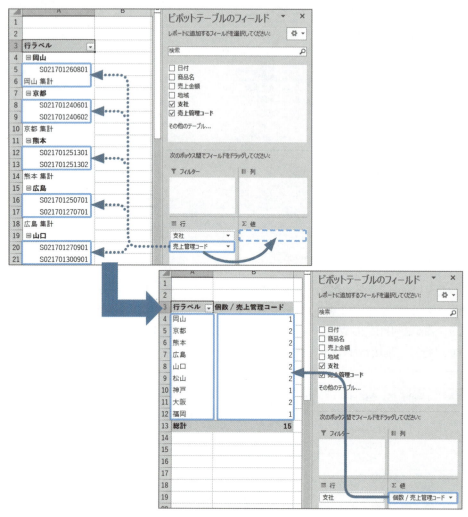

● 図 5-2-28　データ項目「日付」と「地域」のデフォルトと調整後のピボットテーブルの表示

■ ピボットテーブルを用いたデータ分布の調査

　分析業務では，データの分布状況を把握することが度々必要になります。Excelはデータ分布状況を数値化するための機能をもっています。同等の結果を導くためにいくつかの操作方法がありますが，ここではピボットテーブルを活用した方法を紹介します。

　ピボットテーブルは相関関係を分析する目的以外に，数値の分布状況を把握するためにも利用できます。前項と同じ「西日本地域売上管理表」を用いて，売上金額がどのように分布しているのか，調べてみましょう。

　ピボットテーブルを生成する操作は前項と同様です。ここでは，ピボットテーブルの[**グループ化**]の機能を活用します。グループ化は分析対象の数値型のデータを特定の範囲の文字列に置き換えます。例えば，範囲が 0 から 500,000 の刻みで「0-499,999」「500,000-999,999」「1,000,000-1,499,999」…とした場合，数値データが 200,000 は範囲「0-499,999」の文字列に置き換えられることになります。さらに前項と同様に「売上管理コード」は「西日本地域売上管理表」の各行で他の行と同じものは存在しないので，この範囲に含まれる「売上管理コード」の個数が求めるデータの個数になります。操作の手順は次の通りです。

① 「西日本地域売上管理表」のデータ範囲を選択してピボットテーブルを生成する。
② フィールドセクションで「売上金額」と「売上管理コード」を選択する。
③ 領域セクションの「Σ値」に「売上金額」があるので「行」に移動する。
④ ピボットテーブル上の「売上金額」を右クリックして[**グループ化**]をクリックする。
⑤ [**グループ化**]ウィンドウで「先頭の値」「末尾の値」「単位」を設定して[**OK**]をクリックする。
⑥ 領域セクションの「行」にある「売上管理コード」を「Σ値」に移動する。

　上記の操作の③⑥の移動はデータ項目の文字列部分をドラッグアンドドロップするものです。ここでは⑤の設定について「先頭の値」を「0」、「末尾の値」を「2000000」、「単位」を「500000」としています(図5-2-29参照)。⑥の操作によって、各範囲に含まれる「売上管理コード」の個数をピボットテーブルに表示します。

　結果は下図の通りです。「売上金額」の各範囲に含まれるデータ数が「売上管理コード」の個数として示されています。この例では1000000-1499999の範囲に含まれるデータは存在しないため、この範囲の行は存在しません。

● 図5-2-29　[グループ化]の決定

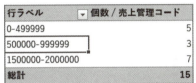
● 図5-2-30　ピボットテーブルによる分布調査の結果

■外部データの取り込み

　Excelはブックファイルに利用者が直接入力する以外に、外部のファイルを取り込んで編集することが可能です。ここでは項目間がカンマで区切られたテキストデータである**CSV形式**のファイルを例に挙げて説明します。

　CSV形式のファイルは、企業が大量データを扱うデータベース管理ソフトや身近なところでは年賀状の宛名印刷ソフトなどが外部のプログラムとデータをやり取りするために利用されます。いったんこの形式で出力したファイルは、Excelに取り込んで編集・加工することが可能になります。ただし、データ処理プログラムの仕様によりCSV形式ファイルの出力の機能がない場合もあるので注意が必要です。

　CSV形式ファイルの構成は、1行に1件のデータを含み、その中には一定の順番でデータ項目

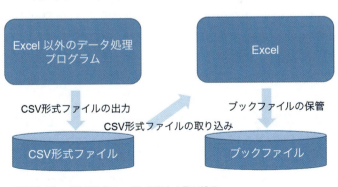
● 図5-2-31　CSV形式ファイルの出力と取り込み

```
売上管理元データ.CSV - メモ帳
ファイル(F) 編集(E) 書式(O) 表示(V) ヘルプ(H)
日付,商品名,売上金額,地域,支社,売上管理コード
2017/1/23,精密万能工作機,1500000,関西,大阪,S021701230201
2017/1/24,形削り盤,2000000,関西,京都,S021701240601
2017/1/24,ボール盤,200000,関西,京都,S021701240602
2017/1/25,卓上旋盤,800000,九州,熊本,S021701251301
2017/1/25,精密万能工作機,1500000,九州,熊本,S021701251302
2017/1/25,形削り盤,2000000,中国,広島,S021701250701
2017/1/26,ボール盤,200000,中国,岡山,S021701260801
2017/1/27,卓上旋盤,800000,四国,松山,S021701271001
2017/1/27,精密万能工作機,1500000,関西,大阪,S021701270201
2017/1/27,ボール盤,200000,中国,広島,S021701270701
2017/1/27,形削り盤,2000000,中国,山口,S021701270901
2017/1/30,ボール盤,200000,関西,神戸,S021701300501
2017/1/30,卓上旋盤,800000,九州,福岡,S021701301101
2017/1/30,形削り盤,2000000,中国,山口,S021701300901
2017/1/31,ボール盤,200000,四国,松山,S021701311001
```

● 図5-2-32 CSV形式ファイルをメモ帳で開いた画面

	A	B	C	D	E	F	G
1	日付	商品名	売上金額	地域	支社	売上管理コード	
2	#######	精密万能工	1500000	関西	大阪	S021701230201	
3	#######	形削り盤	2000000	関西	京都	S021701240601	
4	#######	ボール盤	200000	関西	京都	S021701240602	
5	#######	卓上旋盤	800000	九州	熊本	S021701251301	
6	#######	精密万能工	1500000	九州	熊本	S021701251302	
7	#######	形削り盤	2000000	中国	広島	S021701250701	
8	#######	ボール盤	200000	中国	岡山	S021701260801	
9	#######	卓上旋盤	800000	四国	松山	S021701271001	
10	#######	精密万能工	1500000	関西	大阪	S021701270201	
11	#######	ボール盤	200000	中国	広島	S021701270701	
12	#######	形削り盤	2000000	中国	山口	S021701270901	
13	#######	ボール盤	200000	関西	神戸	S021701300501	
14	#######	卓上旋盤	800000	九州	福岡	S021701301101	
15	#######	形削り盤	2000000	中国	山口	S021701300901	
16	#######	ボール盤	200000	四国	松山	S021701311001	

● 図5-2-33 CSV形式ファイルをExcelで開いた画面

が並んでいます。データ項目間は **「,」(カンマ)** で区切られ，データの行末は改行です。先頭行にはデータ項目の名前が含まれることもあります。ファイルの拡張子は「.csv」です。CSV形式ファイルはWindows 10のデフォルト設定ではExcelに関連付けられているため，Excelのアイコンが割り当てられています。このアイコンをダブルクリックすることによってExcelが起動して内部のデータが編集可能な状態になります。編集結果はブック形式を選択して保管すれば，セルの書式やグラフ，計算式の情報などを保存することもできます。

CSV形式のファイルをExcel起動時に読み込む方式とは別に，CSVファイル以外の形式も含めてExcel起動後にExcelのブックファイルに読み込むことも可能です。

リボン上の **[データ]**，**[外部データの取り込み]** 内の **[テキストファイル]** をクリックします。ここで **[テキストファイルのインポート]** のウィンドウが表示されるので，取り込み元のファイルを選択して **[インポート]** ボタンをクリックします。**[テキストファイルウィザード - 1/3]** ウィンドウが表示される*5ので，CSV形式ファイルやデータ項目間の区切り文字が一定である場合は **[カンマやタブなどの区切り文字によってフィールドごとに区切られたデータ]** を，行内のデータ項目が一定の位置で始まる場合は **[スペースによって右または左に揃えられた固定長フィールドのデータ]** を選択，取り込み対象のファイルの何行目から取り込むかを **[取り込み開始行]** に入力，**[先頭行をデータ見出しとして使用する]** の項目を選択します。取り込み元のファイルのコードページ*6と文字コードがデフォルトの「932:日本語シフトJIS」以外の場合はこの項目も指定します。項目選択後に **[次へ]** をクリックします。

「カンマやタブなどの…」を選択した前提で，**[テキストファイルウィザード - 2/3]** が表示されたら，**[区切り文字]** を選択します。**[データのプレビュー]** に縦線が適切に表示されたことを確認して **[次へ]** をクリックします。

[テキストファイルウィザード - 3/3] が表示されたら，**[列のデータ形式]** で列ごとに **[G/標準]** **[文字列]** **[日付]** **[削除する]** を選択します。**[削除する]** を選択すると，その列のデータのみ取り込み対象

＊5 Office のバージョンが異なる場合は，対象のファイルを開く際に強制的に Excel を選択すると同様の画面が表示されます。

＊6 ベンダーが特定の文字の集合に対して割り当てた番号。932 はシフト JIS の文字コードによる日本語文字集合を表します。

から除外されます。[データのプレビュー]の内容を確認して[完了]をクリックします。

[データの取り込み]のウィンドウが表示されたら[既存のワークシート]か[新規ワークシート]か選択して，既存のワークシートの場合はセル番地を指定します。指定が完了したら[OK]をクリックします。外部データの取り込み操作は，様々な形式のデータを活用したい場合に効果的な操作です。

実際の調査データはCSV形式やその他の区切り文字を使ったテキストファイルであることが多く，そのままの形式ではExcelの機能を活用することはできません。このような場合は，外部ファイルの取り込み機能を活用すると，入力の手間を削減，調査範囲を広げることができます。日本政府はデータカタログサイト「data.go.jp」を公開しており，様々な省庁からの統計データが提供されています。これらの中にもCSV形式のファイルは多く含まれています。

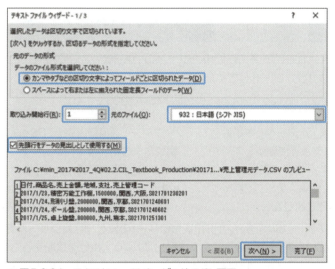

● 図5-2-34　テキストファイルウィザード(1/3) 画面

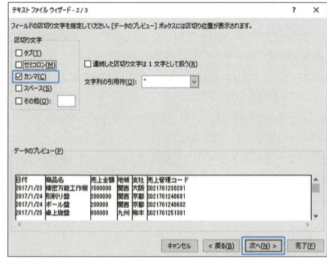

● 図5-2-35　テキストファイルウィザード(2/3) 画面

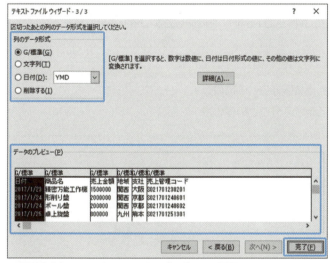

● 図5-2-36　テキストファイルウィザード(3/3) 画面

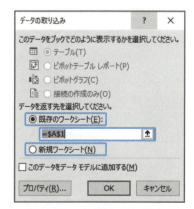

● 図5-2-37　データ取り込み画面

Chapter 5 情報の集計と分析

演習問題

　本演習問題では教材として提供されている演習問題用のファイル「第5章_演習問題用ファイル」を使用します。次のサイトからダウンロードしてください。

https://www.kyoritsu-pub.co.jp/bookdetail/9784320124455

1. ワークシート「模擬店売上台帳_元データ」を編集して，ワークシート「模擬店売上台帳_編集ステップ_完成版」の内容になるように編集してください。編集作業の条件はワークシート「模擬店売上台帳_編集ステップ1」「模擬店売上台帳_編集ステップ2」「模擬店売上台帳_編集ステップ3」に解説があります。編集ステップのワークシートはイメージデータであるためセル内のデータを参照することはできません。

2. ワークシート「食事の管理」上の表「食事の記録」の列「摂取カロリー」の値を，表「カロリー一覧」の値を参照して入力してください。表「食事の記録」の「食品」列は必ず1食分を摂取するものとします。表「食事の記録」が完成したら表「日付別摂取カロリー」の列「合計摂取カロリー」の値を算出してください。「合計摂取カロリー」列の値は日付ごとの全摂取カロリーを合計した値です。ただし，次の条件に留意してください。

   ① 列「摂取カロリー」の値の入力はVLOOKUP関数を使用します。VLOOKUP関数内の引数は連続コピーが可能となるように絶対参照を使ってください。

   ② 列「合計摂取カロリー」の値の算出にはSUMIF関数を使用します。SUMIF関数内の引数は連続コピーが可能となるように絶対参照を使ってください。

3. ワークシート「サイバー犯罪件数」のデータを利用して「グラフのサンプル」と同等のグラフを作成してください。ただし，次の条件に留意してください。

   ① データ項目「不正アクセス等、コンピュータ・ウイルスに関する相談」は折れ線グラフ，「検挙件数（コンピュータ・電磁的記録対象犯罪）」と「検挙件数（不正アクセス禁止法）」は第2軸として集合縦棒グラフ

   ② グラフのタイトルを記述

   ③ 第1縦軸と第2縦軸のラベルを追加

   なお，ワークシート「グラフのサンプル」は完成形のイメージですが，イメージデータであるため設定を参照することはできません。

4. ワークシート「世界各国の人口と面積（2015年）」を編集して次の値を集計してください。

   ① 地理区分ごとの面積

   ② 地理区分ごとの人口

   ③ 面積が20位以内に含まれる地域区分ごとの国の数

   ④ 人口が20位以内に含まれる地域区分ごとの国の数

Chapter 6 情報の編集と文書化

前章までに，入手したデータを集計・分析し，グラフとして可視化することをMS Excel 2016の各種機能の確認を通じて学修してきました。この章では，MS Word 2016（以下，Word）を利用して様々な情報を編集し文書化する学修過程で，文字書式や段落書式，そして文書がもつべき体裁を整える，ワードプロセッサの機能について確認します。ワードプロセッサは，コンピュータを利用するに際して，ブラウザや電子メールソフトとともに，最も身近でかつ最も頻繁に利用するソフトウェアではないでしょうか。ワードプロセッサとしてのWordは，情報としてテキストを扱う限りにおいて必須のソフトウェアというだけでなく，資料として図や写真，そして表やグラフなどをレイアウトして文書として仕上げるための様々な機能が盛り込まれています。レポートや論文作成に必要な文献や図版などの参考資料の系統的な取り扱いに優れ，著作権への配慮も万全です。

この章では，上記基本的なWordの機能とともに，Wordが直感的に使えるがために意外に知られていない機能の紹介も含め文書作成・編集について学修します。

Chapter 6 情報の編集と文書化

6.1 ワードプロセッサ入門

コンピュータの出力装置としてCRT[*1]ディスプレイが利用され始めた当初は，グラフィクス表示機能をもたないモノクロのキャラクタ・ディスプレイが主流で，テキストエディタ (text editor) と呼ばれる文字情報（テキスト）の編集機能に特化したソフトウェアが主にプログラミング用途に利用されていました。その後，米国ゼロックス社のパロアルト研究所で実験的に製作されたAltoシステムでは，世界初のGUI (Graphical User Interface) が採用されました。このAltoシステムに影響を受けて作られたApple社のMacintoshではOSがGUIを備えていただけでなく，画面表示と印刷も含めWYSIWYG[*2]が採用されていたこともあり，DTP (Desktop Publishing) の機運の高まりとともに，様々な画像の取り扱いを含め，文字装飾や高度なレイアウト機能を備えたワードプロセッサ (Word processor) ソフトウェア（以下，ワープロソフト）がパソコンの世界に急速に普及することになりました。

ワープロソフトは，文字書式や段落書式を適用してテキストを編集するだけでなく，図や写真そしてグラフをレイアウトして文書として仕上げるうえで，今やなくてはならないソフトウェアです。この章ではMicrosoft社のWord 2016の基本機能の確認から始め，ワープロソフトによる情報の編集と文書作成について具体的な事例をもとに学修します。

6.1.1 ワープロソフトの概念と機能

ワードプロセッサとしてのWordでは，単に論文や報告書・企画書などの文書を作成できるだけでなく年賀状やポスター，原稿用紙など様々なフォーマットで，テキスト以外に図や写真，そして一覧表やグラフなどのオブジェクトを挿入して綺麗にレイアウトして保存し，印刷することができます。

■Wordでできること

ここではまずWordでできることを簡単にまとめてみます。

1.テキストの編集

入力したテキストに文字書式や段落書式を適用して装飾した文書を作成できます。

2.オブジェクトの操作

図形，画像，ビデオ，数式，表，そしてグラフなどのオブジェクトを自由に配置し，編集することができます。また図解化に便利なSmartArtが利用できます。

3.様々なフォーマットに対応

標準のWord文書（拡張子 .docx）以外に，PDF形式（拡張子 .pdf），Webページ（拡張子 .htm），またOpenDocumentテキスト（拡張子 .odt）など多くのファイルフォーマットに対応しています。

4.様々なレイアウトに対応

A4やB5といった様々な用紙設定に対応しているだけでなく，原稿用紙のマス目書式を設定したり，段組み機能で新聞や雑誌のようなコラム書式を利用したりすることができます。

5.テンプレートの利用

レターヘッド，FAX送付状，挨拶状，年賀状，カレンダー，ポスターなど，豊富なテンプレートが利用

[*1] Cathode Ray Tube，いわゆるブラウン管のこと。
[*2] "What You See Is What You Get" のアクロニムとして「ウィズィウィグ」と読み，主にディスプレイに表示されたままの印刷結果を得られることやその技術を指す。

146

でき，また自分で独自のテンプレートを保存して再利用することもできます。

6. 協調作業

OneDriveなどのオンラインストレージの機能を利用して，他のユーザーと文書ファイルを共有して，共同で編集作業を進めることができます。

7. 多様な印刷機能

事前に印刷プレビューで印刷したときのイメージを確認してから印刷することができます。またアドレス一覧のユーザー宛の文書やラベルを大量に印刷する差し込み印刷にも対応しています。

■Wordの基本画面

Wordを起動して白紙の新規Word文書を開いた基本画面は以下のように表示されます。

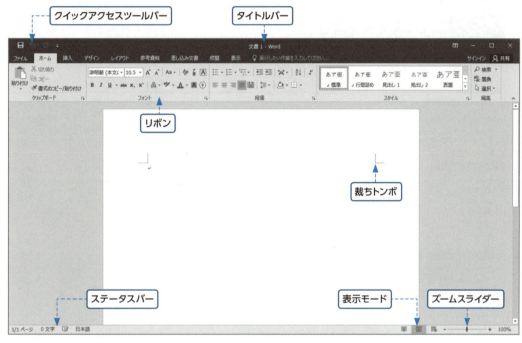

● 図6-1-1　白紙のWord文書

　リボンにある個々のタブやコマンド，そして編集画面を除けば，基本画面の構成は第5章のExcelと同じなので，5.1節を参照してください。以下の節では，Wordに固有の機能と操作を中心に確認します。

6.1.2　文書ファイルの操作(データの取り込みと保存)

■Word文書の新規作成と保存

　Wordを起動すると，最初に白紙のWord文書の新規作成を含む文書ファイルの選択画面が開きます。
　ここで[**白紙の文書**]を選択すれば，図6-1-1にある白紙のWord文書が開きます。また「オンラインテンプレートの検索」にキーワードを入力して，MS社が提供するOffice Onlineのテンプレートを利用することもできます。Word文書を開いている状態で Ctrl + N を押下しても新規Word文書を作成できます。

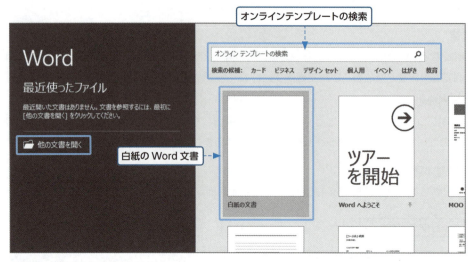

● 図6-1-2　Word文書の新規作成

● 図6-1-3　保存ダイアログ

　新規のWord文書にテキストその他の入力・編集後にファイルを保存するには，リボンの[**ファイル**]タブから[**上書き保存**]（[Ctrl]＋[S]）を選択するか，[**名前を付けて保存**]（[F12]）を選択します。保存ダイアログが表示されますので，保存する場所を指定して，[**ファイル名**]の入力と[**ファイルの種類**]を選択したうえで[**保存(S)**]ボタンをクリックします。

　PDF形式やWebページ形式など，Word文書以外の形式で保存する場合には，図6-1-3にあるように，保存ダイアログで適切な[**ファイルの種類**]を選択してください。

■ 既存Word文書の編集と保存

　Word文書の新規作成の際に，[**他の文書を開く**]（図6-1-2）を選択すれば，Wordその他で作成した既存のファイルを指定して開くこともできます。またすでにWord文書を開いている状態で別の

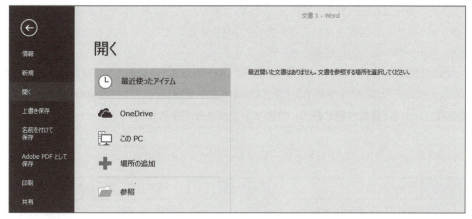

● 図6-1-4　Word文書を開く

● 図6-1-5　Word文書ファイル

Word文書を開いて編集するには，[**ファイル**]タブから[**開く**]（Ctrl + O）で既存のWord文書を選択するか，既存のWord文書ファイルをダブルクリックします。

　既存のファイルは，編集中，あるいは編集後に[**ファイル**]タブから[**上書き保存**]（Ctrl + S）をクリックすれば，保存できます。

■**編集済みファイルの別名保存**

　既存Word文書ファイルを開いて，[**ファイル**]タブから[**名前を付けて保存**]（F12）を選択すると，既存のWord文書に別名を付けてコピーを保存することができます。この場合，ファイル名は異なりますが，文書の内容は同じものとなります。一方，開いた既存Word文書を編集後に[**名前を付けて保存**]（F12）を選択した場合は，既存のWord文書の内容は変更せずに，編集後のWord文書の内容を保存することになります。したがってこの場合，既存のWord文書と別名を付けて保存したWord文書の内容は異なります。

6.1.3　Wordの基本操作

　Word文書の編集画面での基本操作について確認します。

■**テキストの基本操作**

　Wordでは，テキストを入力する位置に点滅するカーソルが表示されて入力待ちの状態であることがわかりますが，上下左右の矢印キーやマウスを使って，テキストの任意の位置にカーソルを移動して入力操作を行うことができます。

● 図6-1-6　テキスト入力とカーソル

Chapter 6 情報の編集と文書化

テキスト入力のカーソルは，基本的に空白ページの文頭か，入力済みテキストの任意の位置に移動できますが，ページの空白部分をマウスでダブルクリックすることで，テキストの入力されていない任意の位置にもカーソルを表示させることもできます。

なお，文書の余白と本文のテキストの境界線を示す「**裁ちトンボ**」は印刷されません。裁ちトンボを非表示したい場合は，リボンの[**ファイル**]タブから[**オプション**]を選択して[**Wordオプション**]画面の[**詳細設定**]にある[**構成内容を表示**]で[**裁ちトンボを表示する**]の ☑ をクリックして外してください。

カーソルの移動については，以下のキーボードショートカットも利用できます。

Home	行頭へ移動	Ctrl + ↓	1つ後の段落先頭へ移動
Ctrl + Home	文頭（文書の先頭）へ移動	Page Up	1画面上に移動
End	行末へ移動	Ctrl + Page Up	1画面上の先頭に移動
Ctrl + End	文末（文書の最後）へ移動	Page Down	1画面下に移動
Ctrl + ↑	1つ前の段落先頭へ移動	Ctrl + Page Down	1画面下の先頭に移動

● 表6-1-1　カーソルの移動ショートカット

これ以外にも，Ctrl + G （あるいは F5 ）で[**検索と置換**]ダイアログの[**ジャンプ**]ダイアログを表示して，ページやセクション，そして行番号などを指定して移動することもできます。

● 図6-1-7　テキストの検索

入力したテキストは，選択して切り取りあるいはコピーして，移動したり貼り付けたりすることができます。

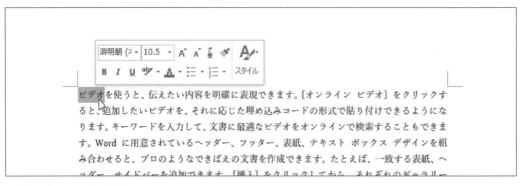

● 図6-1-8　テキストの選択

テキストの選択に関しては，基本的には Ctrl + A で**全範囲を選択**，また対象の文字列をマウスでドラッグ(あるいは Shift + →)することで**任意に範囲選択**することができますが，以下のマウス・キーボード操作も利用できます。

ダブルクリック	単語(文節)の選択
Ctrl +クリック	文章の選択
3回クリック	段落の選択
Ctrl +ダブルクリック	複数箇所の単語(文節)の選択

● 表6-1-2　テキストの選択

なお，Ctrl キーを押下しながら文字列をマウスでドラッグして，下記の図のように，任意の複数箇所を同時に選択することもできます。

● 図6-1-9　テキストの複数箇所選択

Ctrl + F で**ナビゲーションウィンドウ**を表示して任意の文字列を検索したり，Ctrl + H で**[検索と置換]**ダイアログを表示して，検索した文字列を別の文字列に置換したりすることもできます。

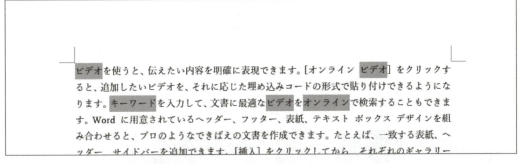

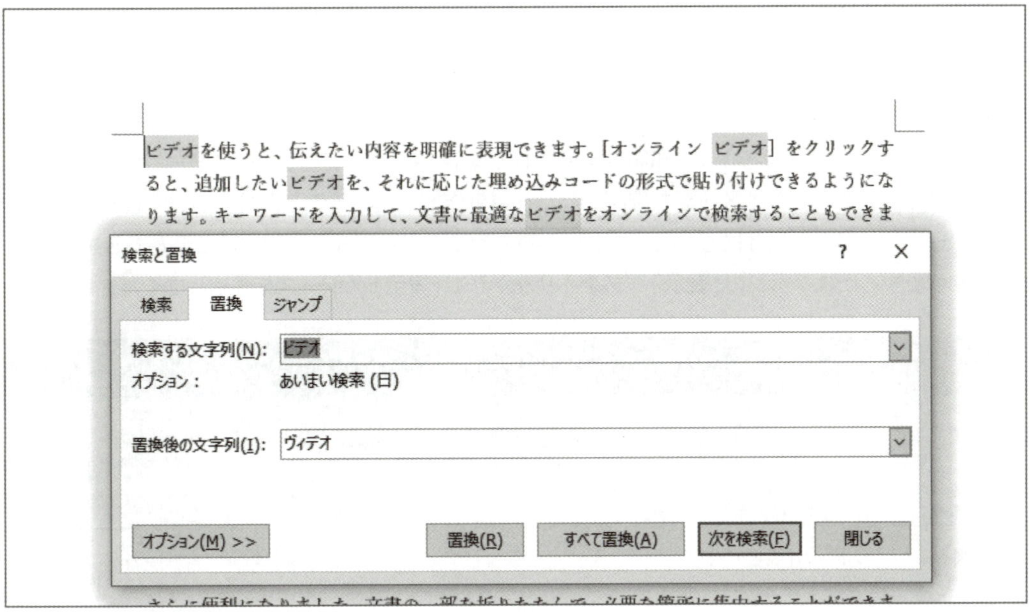

● 図6-1-10　テキストの置換

選択した文字列は，切り取って別の箇所に移動あるいはコピーして貼り付けることができます。文字列の移動は，いわゆるカットアンドペースト，コピーはコピーアンドペーストのことです。

カットアンドペースト：Ctrl + X → Ctrl + V
コピーアンドペースト：Ctrl + C → Ctrl + V

移動とコピーについては，マウスを使って選択した文字列をドラッグすることで移動することができますし，また Ctrl キーを押下しながらドラッグすることでコピーすることもできます。

なお，テキストに対する基本操作だけでなく，Wordでの各種操作については，ファイルを閉じる前であれば，いつでも取り消すことができます。逆に取り消した操作をもう一度やり直したり，同じ操作を繰り返し行ったりすることもできます。

元に戻す：Ctrl + Z
繰り返し：Ctrl + Y

この操作の取り消しと繰り返し（やり直し）については，タイトルバー左の**クイックアクセスツールバー**から行うこともできます。（元に戻してから，もう一度やり直す場合と，直前の動作を繰り返す場合とでは，表示されるアイコンが異なります。）

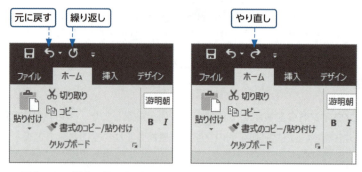

● 図6-1-11　操作の繰り返し（クイックアクセスツールバー）

■ **表示形式の変更**

Wordは，起動直後は標準で，**印刷レイアウト**で表示され，ディスプレイに紙が置かれている感覚で実際に印刷したときのイメージを確認しながら編集作業を進めることができるようになっています。この印刷レイアウト以外にも，内容ごとに作業しやすく表示形式を変更することができます。表示形式を変更するにはリボンの**[表示]**タブをクリックして**[表示]**グループを確認してください。

● 図6-1-12　リボンの[表示]タブ

表示形式にはそれぞれ以下のようなモードと特徴があります。

閲覧モード	文書の閲覧に適したモード
印刷レイアウト	文書を印刷したときの見た目の確認に適したモード
Webレイアウト	Webページの閲覧に適したモード
アウトライン	文書をアウトライン形式（箇条書き）で表示
下書き	文章のみが表示されるモード

● 表6-1-3　表示モード一覧

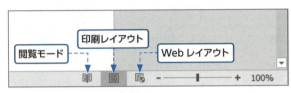

● 図6-1-13　表示モードの選択

上記のモードのうち，閲覧モード・印刷レイアウト・Webレイアウトについては，ステータスバーの右にあるアイコンで変更することができるようになっています。

なお，アウトラインモードについては，文書を箇条書きで章・節・項・目といったレベルを付けて階層化することで全体の構造（アウトライン）をわかりやすく組み立てることができる機能となっていて，考えをまとめるのに適したモードといえます。そのため，**アイデアプロセッサー**とも呼ばれます。

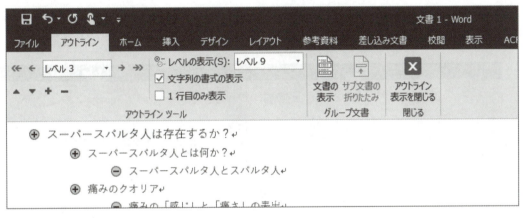

● 図6-1-14　アウトライン

表示形式をアウトラインモードに変更すると，新たに[**アウトライン**]タブが表示され，入力したテキストの前後関係やレベルを視覚的に確認しながら編集できるようになります。

このアウトラインモードで作成した文書は，次の章で学修するプレゼンテーションソフトのMS PowerPoint 2016の標準のテキスト書式が箇条書きとなっているために，各項目のレベルをそのままの形で直接取り込むことができます。Wordで発表全体の骨子をアウトライン機能でまとめ，それをPowerPointに取り込んでスライドに仕上げるといった使い分けができます。第7章で改めて確認します。

■ ウィンドウ操作

複数ページにまたがってテキストを編集する際には画面分割の機能が便利です。リボンの[**表示**]タブにある[**ウィンドウ**]グループで[**分割**]を選択（図6-1-12あるいは Ctrl + Alt + S ）すると，次頁の図のように，編集画面を上下に分割する**分割バー**が表示され，分割されたそれぞれのウィンドウ枠に，同じWord文書の別々のページを表示しながら編集することができます。（分割後，[**分割**]ボタンは[**分割の解除**]ボタンに表示が変わります。）

Chapter 6　情報の編集と文書化

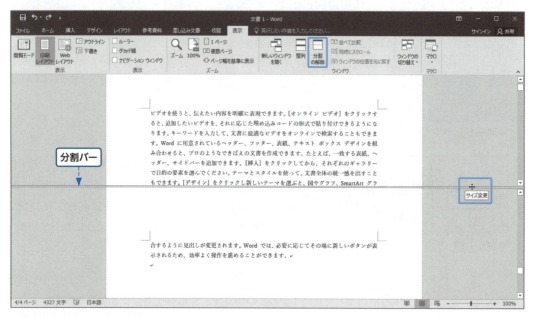

● 図6-1-15　ウィンドウの分割

　分割バーは，マウスでドラッグすれば，任意の位置に調整することができます。元の1画面のウィンドウ枠に戻すには，[**分割の解除**]ボタンをクリックするか，分割バーをダブルクリックします。

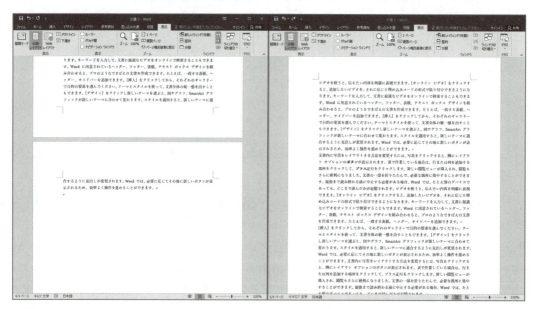

● 図6-1-16　ウィンドウの整列

　また複数のWord文書を同時に開いて比較検討する場合には，**ウィンドウの整列**の機能が便利です。ウィンドウの分割と同様，[**ウィンドウ**]グループの[**整列**]ボタンをクリックすると，ディスプレイ画面上下に複数のWord文書が整列します。さらに[**並べて比較**]をクリックすると，図6-1-16のように，今度はディスプレイ画面左右に整列して見比べることができます。[**同時にスクロール**]をクリックして有効にしておけば，どちらか一方のWord文書のページをスクロールして表示位置を変えると，そ

れに連動してもう一方のWord文書のページもスクロールします。作業が終わったら，[**ウィンドウの位置を元に戻す**]で，元のウィンドウ表示に戻しましょう。

6.1.4 文字書式・段落書式・レイアウト設定

　入力したテキストに対しては，様々な書式設定ができるようになっています。文字単位あるいは段落単位での書式設定については，リボンの[**ホーム**]タブにある[**フォント**]グループ，あるいは[**段落**]グループで設定します。またページ全体についての書式設定については，リボンの[**レイアウト**]タブにある[**ページ設定**]グループで設定します。

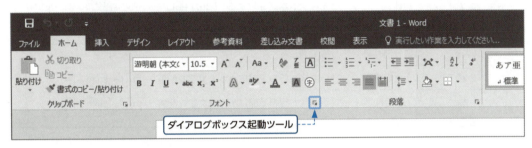

● 図6-1-17　文字書式・段落書式

■ 文字書式の設定

　[**フォント**]グループでは，文字の字形（以下，フォント）やフォントサイズ，太字や下線などのスタイル，そしてルビや囲み線の設定など，よく利用される機能がアイコンとして登録されています。詳細な設定内容については，[**ダイアログボックス起動ツール**]をクリック（あるいは Ctrl + D ）して，[**フォント**]ダイアログを表示してください。

　[**フォント**]ダイアログでは，日本語と英数字それぞれのフォントの種類やスタイル，そしてフォントサイズの設定と，フォントの色を設定したり，スタイルで下線を指定した際は，下線の種類を設定したり，強調のための傍点の設定ができます。また上付き文字・下付き文字や取り消し線表示の設定などの文字飾りについて設定することができます。

　[**フォント**]ダイアログでは，「プレビュー」で設定内容の確認をすることができます。

　文字書式のコマンドで設定できる主な項目については，下記の一覧で確認してください。

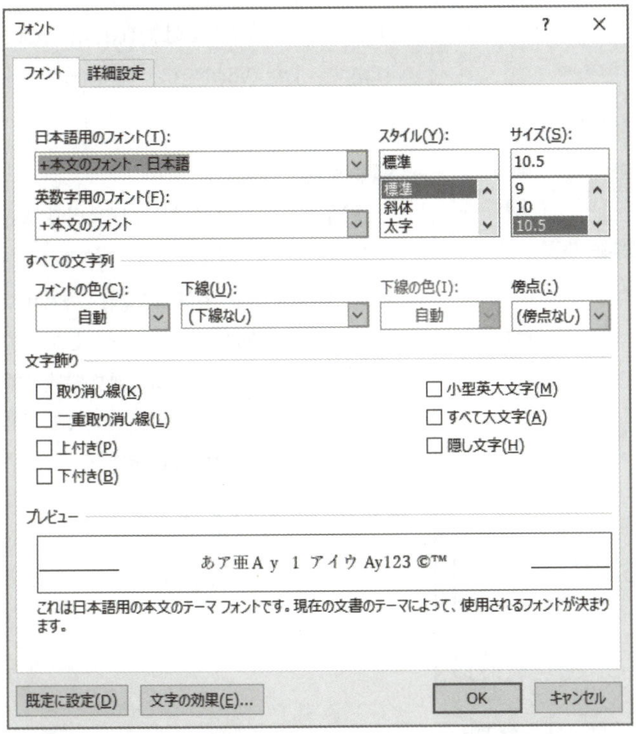

● 図6-1-18　[フォント]ダイアログ

アイコン	名称	機能
MS 明朝	フォント	フォントの種類を選択 [Ctrl]+[Shift]+[F]
10.5	フォントサイズ	フォントの大きさの選択 [Ctrl]+[Shift]+[P]
A	フォントの色	フォントの色を選択
aby	蛍光ペン	テキストに明るい色を塗って目立たせる
A	文字の網かけ	テキストの背景に網掛けを設定
B	太字	テキストを太く表示する [Ctrl]+[B]
I	斜体	テキストを斜体にする [Ctrl]+[I]
U	下線	テキストに下線を引く [Ctrl]+[U]
abc	取り消し線	取り消し線を引く
x²	上付き文字	テキスト行の上部に小さな文字を配置 [Ctrl]+[Shift]+[+]
x₂	下付き文字	テキスト行の下部に小さな文字を配置 [Ctrl]+[Shift]+[=]
ルビ	ルビ	テキストに読み仮名を振る
A	囲み線	文字や文を線で囲む
字	囲い文字	文字を円や四角で囲んで強調

● 表6-1-4　文字書式

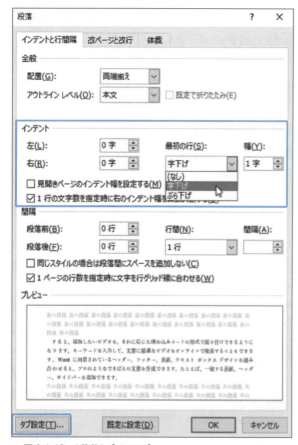

● 図6-1-19　[段落]ダイアログ

なお，フォントサイズについては，**ポイント (pt) 単位**となっており，72分の1インチを1ポイントと換算するため，メートル法では，1ポイントは約0.3528 mmとなります。またWordでは，標準的なフォントサイズは10.5ポイントとなっています。

■ 段落書式の設定

[段落] グループでは，左揃えや中央揃えなどの文字の配置とインデントなどの段落書式の設定と，箇条書きや段落番号について，よく使う機能がアイコンとして登録されています。段落書式の詳細な設定内容については，「ダイアログボックス起動ツール」をクリックして，[段落]ダイアログを表示してください。

[**段落**]ダイアログでは,「全般」に左揃えや中央揃えなどの配置メニューが表示され,「インデント」には段落の左右のインデントの設定に加え,左側のインデント設定時の字下げ・ぶら下げについて設定することができます。

インデントは,段落全体の書き出しの位置を指定した文字数や長さで**字下げ**する機能です。段落を字下げすることで特定の段落内容を他と区別して強調することができます。また通常の日本語の文章のように,段落の最初の行頭だけ1文字分字下げする際には,「最初の行(S)」で[**字下げ**]を選択して「幅(Y)」を[**1字**]に設定します。逆に段落の2行目以降の行を指定した文字数あるいは長さだけ字下げする場合は,[**ぶら下げ**]を選択して幅を指定します。

段落書式のコマンドで設定できる主な項目については,次の一覧で確認してください。

アイコン	名称	機能
≡	左揃え	テキストを左に揃える [Ctrl]+[L]
≡	中央揃え	テキストを中央に揃える [Ctrl]+[E]
≡	右揃え	テキストを右に揃える [Ctrl]+[R]
≡	両端揃え	[Ctrl]+[J]
≡	均等割り付け	[Ctrl]+[Shift]+[J]
→≡	インデントを増やす	段落と余白の間隔を増やす
←≡	インデントを減らす	段落と余白の間隔を減らす
≔	箇条書き	箇条書きの段落の作成
≔	段落番号	番号付きの段落の作成

● 表6-1-5 段落書式

■ ミニツールバー

文字書式や段落書式などの一部のコマンドについては,操作対象とするテキストを選択する際に,フローティングパレット形式で,ミニツールバーとして表示されます。

● 図6-1-20 ミニツールバー

ミニツールバーには,よく使う機能がコンパクトにまとめられていてテキストの直ぐ近くに表示されるので,わざわざリボンでコマンドを選択しなくて済むので便利である一方,選択操作のたびにポップアップして表示されるので,誤操作の元にもなります。

ミニツールバーを非表示にするには,[**ファイル**]タブの[**オプション**]で「Wordのオプション」ウィンドウを表示し,[**基本設定**]の「選択時にミニツールバーを表示する」の ☑ を外してください。

■ タブとリーダー

インデントは段落全体の指定位置への整列機能ですが,タブ機能を使えば,テキストを行の途中の任意の位置で整列させる設定ができます。タブ機能を設定するには,[**段落**]ダイアログ左下の[**タブ設定(T)**]ボタンをクリックして,[**タブとリーダー**]ダイアログを表示してタブ位置を設定します。

まず,事前にタブを設定したい行にカーソルを表示しておいて,タブで整列させる配置の種類を選択して「タブ位置(T)」で位置を入力し,[**設定(S)**]ボタンをクリックして適用します。次にテキストの

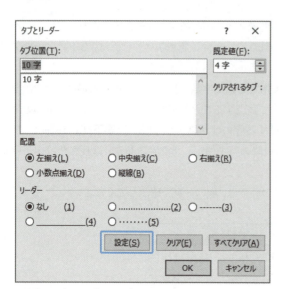

整列させたい文字の前に Tab キーを入力すると，設定したタブ位置に指定した文字列が整列します。

● 図6-1-21　タブとリーダー

なお，[**表示**]タブで**ルーラー**の表示を有効にしている場合は，タブの配置の種類やタブ位置の設定もルーラー上で指定することができます。

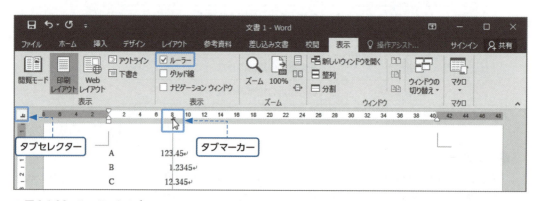

● 図6-1-22　ルーラーとタブ

タブの種類はルーラー左端の**タブセレクター**をクリックして選択します。タブセレクターをクリックするたびにタブの種類が切り替わります。タブを選択したら，ルーラー上でマウスをクリックすると，ルーラーに**タブマーカー**が挿入され，Tab が入力された文字列が，選択した配置方法で，ルーラーで指定した位置に整列します。その際,位置決めをわかりやすくするための補助線が表示されます。(図は，整数部と小数部で桁数の異なる数字を「小数点揃え」タブによって小数点位置で整列させています。)

タブの種類には，以下のものがあります。

アイコン	名　　称	機　　能
｣	左揃えタブ	テキストをタブ位置の右側に揃える
⊥	中央揃えタブ	テキストをタブ位置の中央に揃える
⌐	右揃えタブ	テキストをタブ位置の左側に揃える
⊥	小数点揃えタブ	小数点を含む数値をタブ位置に小数点を揃える

	縦棒タブ	テキストに縦の罫線を入力する
	1行目のインデント	段落の1行目のテキストにインデントを設定する
	ぶら下げインデント	段落の2行目のテキストにインデントを設定する

● 表6-1-6　タブ

　ルーラーに表示される目盛りは，標準で文字数表記となるので，一見すると位置合わせがやりやすいのですが，ルーラーで設定したタブを[**タブとリーダー**]ダイアログで確認すると，タブ位置が小数点を含む数値に設定されていて，想定した整数値の文字位置になっていないことがあります。[**タブとリーダー**]ダイアログで調整することもできますが，ルーラー上でも Alt を押下しながらタブマーカーをドラッグして微調整することができます。

● 図6-1-23　ルーラーでのタブ設定

　タブは，[**タブとリーダー**]ダイアログで，タブのリストから選択して[**クリア(E)**]で削除，あるいは[**すべてクリア(A)**]ですべて一括して削除することもできます。またルーラー上のタブマーカーをルーラーから外の領域にドラッグすることで削除することもできます。

　タブには，テキストの整列だけでなく，タブを設定したテキストの文字と文字の間にリーダー線を引くことで，視覚的なリンクを意識させる機能があります。特にタブが設定された文字と文字の間が広く空いている場合，リーダー線が引かれていることで格段に読みやすくなります。リーダーは，目次や索引などでよく利用されます。

　リーダーを設定するには，[**タブとリーダー**]ダイアログで，タブ一覧からリーダー線を引くタブを指定して，「リーダー」でリーダーの種類を選択して[**設定(S)**]ボタンをクリックして適用します。

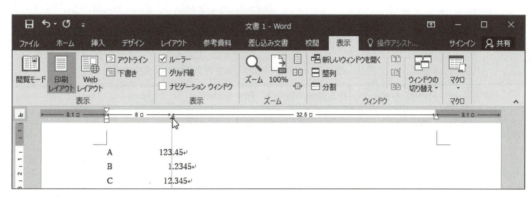

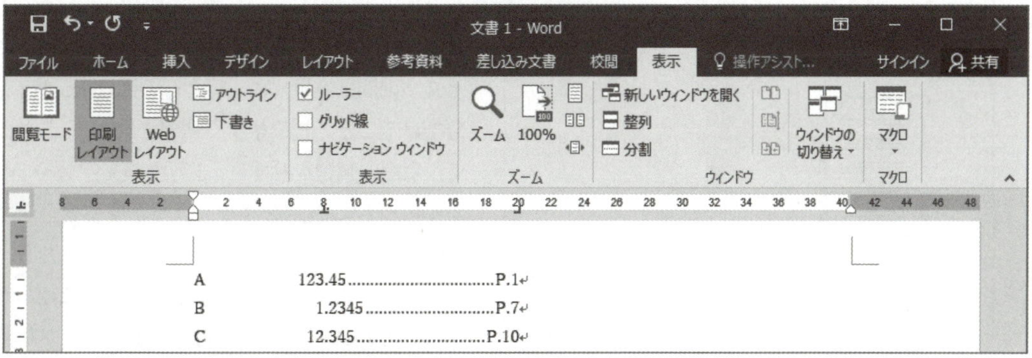

● 図6-1-24　右揃えタブにリーダーを設定

Chapter 6 情報の編集と文書化

■ レイアウト設定

印刷用紙の選択や余白の設定など，ページ全体に関する各種設定については，[**レイアウト**]タブの[**ページ設定**]グループで行います。

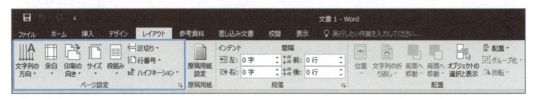

● 図6-1-25　ページ設定

ページ設定のコマンドで設定できる主な項目については，下記の一覧で確認してください。

アイコン	名　称	機　能
	文字列の方向	縦書き・横書きの文字列の方向を設定
	余白	裁ちトンボで区切られた本文入力領域外の余白の設定
	印刷の向き	印刷用紙の縦向き・横向きの設定
	用紙サイズ	A4・B5といった用紙サイズの設定
	段組み	新聞や雑誌などにみられるコラム形式の表示形式の設定

● 表6-1-7　ページ設定

詳細な設定内容については，「ダイアログボックス起動ツール」をクリックして，[**ページ設定**]ダイアログを表示してください。

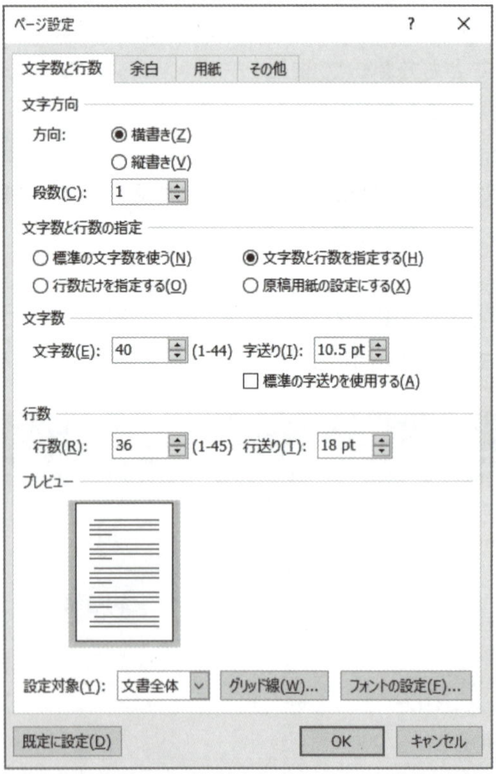

[**ページ設定**]ダイアログでは，[**文字数と行数**]，[**余白**]，[**用紙**]，そして[**その他**]の4つのタブに設定項目が分類されています。

[**文字数と行数**]タブでは，縦書き・横書きの文字の方向の設定と，ページ内の文字数と行数の設定ができます。既述したように，Wordの標準フォントサイズは10.5ポイントです。左図は，A4サイズの用紙に印刷した際に読みやすい文字数と行数として，10.5ポイントのフォントで1行40字，36行と標準設定されています。その際，「字送り(I)：10.5 pt」，「行送り(I)：18 pt」の設定により，文字と文字の間は空けずに，行と行の間は7.5ポイント分空けることで読みやすく調整されます。したがって，余白の調整をせずに，1行中の文字数や1ページ中の行数の設定を変更しようとすると，テキストの画面表示のバランスが崩れてしまったり，指定した通りの文字数や行数で表示されなかったりすることがあるので気を付けましょう。また英単語は単語単位で1字と認識されますし，フォントの

● 図6-1-26　文字数と行数の設定

種類（特にプロポーショナルフォント）によっても文字数の認識は変わってきますので，注意が必要です。

● 図6-1-27　余白の設定

[余白] タブでは，裁ちトンボで囲まれた本文入力領域の外側を取り巻く余白部分の設定ができます。余白は，上下左右それぞれ設定できるだけでなく，複数ページの文書の場合，印刷後に冊子体に綴じることを想定した**とじしろ**の設定もできるようになっています。また複数ページ印刷に関しては，1ページずつ印刷して見開き形式でとじしろ部分で綴じるだけでなく，1枚の用紙に2ページ分印刷して山折りあるいは谷折りして冊子体に綴じることもできるように，用紙の縦向き・横向きの**印刷の向き**の設定と**複数ページの印刷設定**とを連動して設定できるようになっています。

[用紙] タブでは，A4やB5といった標準的な印刷用紙のサイズをリストから選択することができるだけでなく，ハガキや封筒といった特殊な大きさの用紙や，任意の大きさの用紙を指定して印刷することもできるようになっています。

もちろん，特殊なサイズの用紙を指定して印刷する場合は，プリンター自体が対応していることが前提となります。

ページ設定に関連して，**[レイアウト]** タブには「**原稿用紙設定**」コマンドが用意されています。マス目や罫線の色，用紙の向きなど，原稿用紙設定ダイアログで設定することができます。

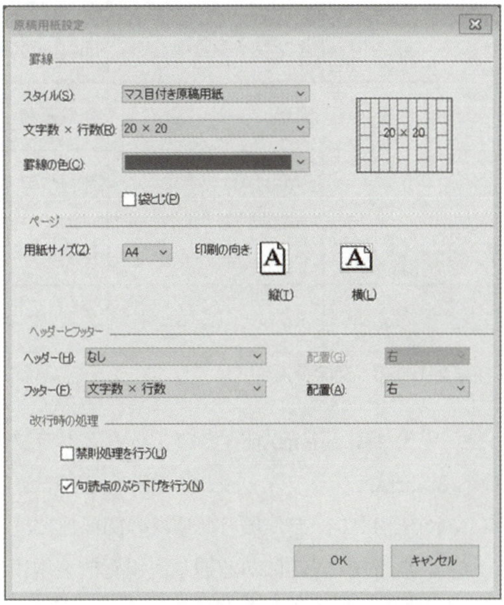

● 図6-1-28　用紙設定

● 図6-1-29　原稿用紙設定

Chapter 6 情報の編集と文書化

6.1.5 様々なオブジェクトの挿入

ここまで，Wordでテキストを編集するのに必要な様々な設定について確認してきましたが，Wordでは図や写真，動画や音声，そして表やグラフなど，テキスト以外にも様々なオブジェクトを自由に配置し，編集することができます。Wordでテキスト以外の様々なオブジェクトを扱う場合，基本的に[**挿入**]タブを開いて設定します。

● 図6-1-30　挿入タブ

■図の挿入

[**図**]グループには，丸，四角，矢印といった基本図形以外にも，手持ちの写真や図を読み込んだり，オンラインで検索したり，また図解化の機能であるSmartArtグラフィックや，Excelに匹敵するグラフ作成機能も利用できます。また特定のウィンドウや任意の領域を画像としてキャプチャするスクリーンショットの機能も便利です。

図のコマンドで設定できる項目については，下記の一覧で確認してください。

アイコン	名　称	機　能
画像	画像	保存済みの図や写真などを読み込みます
オンライン画像	オンライン画像	Bingイメージ検索を利用してWebを検索します
図形	図形	丸や三角，四角，そして矢印などの基本図形を挿入します
SmartArt	SmartArt	情報やアイデアを視覚的に表現して図解化します
グラフ	グラフ	数値やデータを視覚化して表現します
スクリーンショット	スクリーンショット	デスクトップに開いているウィンドウのスクリーンショット

● 表6-1-8　図の挿入

以下，特にSmartArtグラフィックとグラフの機能について確認します。

SmartArtグラフィックは，Office 2007から採用された機能で，項目を列挙するだけではわかりにくい内容について，項目と項目の関係性に注目してテキストの属性を保ったまま視覚的に表現する機能です。図6-1-31にある通り，視覚的表現には7種類あり，情報やアイデアを印象的なイメージに図解化することができます。

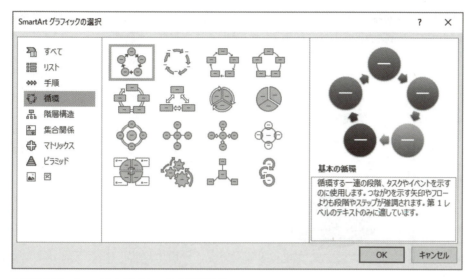

● 図6-1-31　SmartArtグラフィックの選択画面

　SmartArtグラフィックを挿入すると，リボンに新たに[SmartArtツール]として[デザイン]タブと[書式]タブが表示されます。[デザイン]タブではSmartArtグラフィックの色やスタイルの設定，また[書式]タブでは文字書式や配置，そして拡大縮小などの調整ができます。

　なお，SmartArtグラフィックの項目数は増減が可能なので，内容に合致したイメージをまず選択したうえで，「テキストウィンドウ」で項目の追加や削除，また項目にレベルを付けてサブ項目に位置付けることもできます。SmartArtグラフィックの活用法については，第7章で詳しく解説します。

　次にグラフについてですが，Wordでグラフを扱うには，第5章で学修した表計算ソフトであるExcelで事前にグラフを作成してWordに挿入する方法と，Wordのグラフ作成機能を使ってグラフを挿入する方法があります。複雑な内容のグラフの場合は，Excelで作成したうえでWordに追加した方が効率的かもしれませんが，Wordのグラフ作成機能でも十分満足のいくグラフを作成することができます。

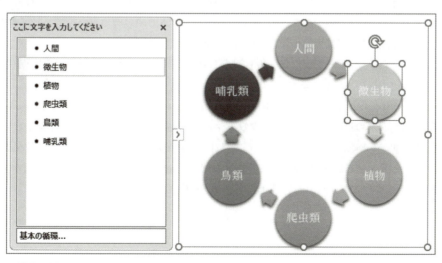

● 図6-1-32　SmartArtテキスト入力

Chapter 6 情報の編集と文書化

[**グラフ**]をクリックすると,[**グラフの挿入**]ダイアログが表示されるので,グラフの種類を選択すると,サンプルデータが入力されたワークシートとともにグラフが表示されます。

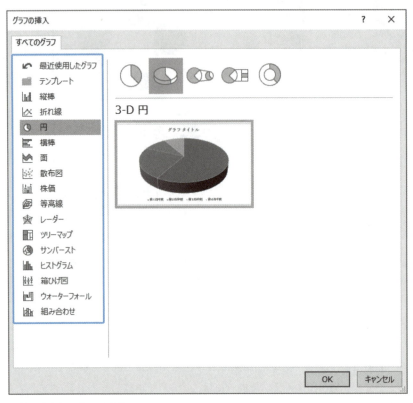

●図6-1-33　グラフの挿入

　選択できるグラフの種類は,棒グラフ,折れ線グラフ,円グラフなど,基本的にExcelで取り扱えるグラフを,いずれも3D形式のものも含め選択できます。

　グラフを挿入すると新たに[**グラフツール**]として[**デザイン**]タブと[**書式**]タブが表示されますので,[**デザイン**]タブではグラフの色やスタイル,そしてグラフタイトルや凡例項目の設定など,[**書式**]タブでは文字書式や配置,そして拡大縮小など各種書式設定の調整ができます。

　またいったん選択したグラフも[**グラフツール**]の[**デザイン**]タブで[**グラフの種類の変更**]から別の種類のグラフに変更することができます。

　グラフ化するデータについては,グラフを挿入した際に表示されるワークシート(表示されていない場合は,[**デザイン**]タブの[**データの編集**]をクリック)に入力済みのサンプルデータを編集して変更することができます。その際入力するデータとして具体的な数値だけでなく,計算式や関数を扱うこともできます。また[**Excelでデータを編集**]を選択すれば,Excelを起動して編集することもできるので,Wordで文書を編集しながら,Excelと連携してグラフを作成することができます。

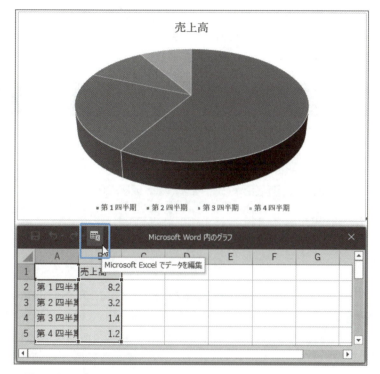

● 図6-1-34　グラフの挿入

Excelでのグラフ作成に関する各種操作の詳細については、第5章を参照してください。

■表の挿入

[挿入]タブの[表]では、Word文書内に、任意の列・行で表を挿入することができます。[表]の▼をクリックして[表の挿入]ダイアログを表示して、グリッドを選択することでカーソル位置に必要な列・行を指定して簡単に表を挿入できます。

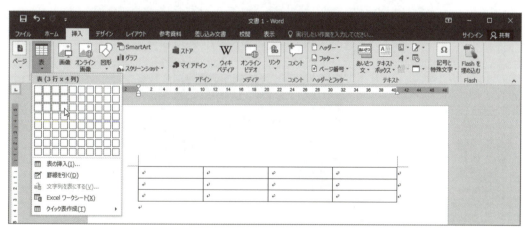

● 図6-1-35　表の挿入

[表の挿入]ダイアログにある[表の挿入]で列数と行数を指定して表を作成したり、[罫線を引く]で任意の位置に任意の列・行の表を挿入したりすることもできます。また[Excelワークシート]を選択すると、Excelのワークシートとして表の編集（セル指定での計算や関数の適用も）が可能になります。

Chapter 6 情報の編集と文書化

[**挿入**]タブで表を挿入すると，リボンに新たに[**表ツール**]として[**デザイン**]タブと[**レイアウト**]タブが表示されます。[**デザイン**]タブでは，表の罫線の種類や太さ，そして色の設定と，表のスタイルをメニューから選択することができます。

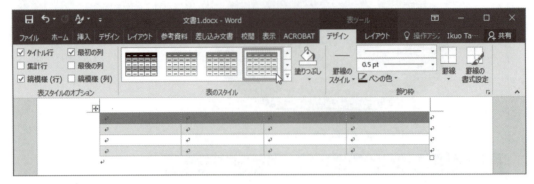

● 図6-1-36　表へのデザイン適用

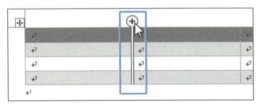

● 図6-1-37　コントロールの挿入

また[**レイアウト**]タブでは，行や列の追加や削除，セルの結合や分割，そしてセルの大きさの調整やセルに入力したテキストの配置などの設定ができます。なお，行や列の挿入については，表の上で行あるいは列の区切り位置をマウスでポイントすると[**コントロールの挿入**]が表示されるので，クリックして挿入することもできます。

● 図6-1-38　文字列を表に変換

なお，[**表の挿入**]ダイアログにあるように，Tabや"，"（カンマ）などで区切られた文字列を表に変換する機能も利用できます。文字列を表に変換するには，[**表**]の▼をクリックして[**表の挿入**]ダイアログを表示して，[**文字列を表に変換**]をクリックして選択します。

166

列数の指定や区切り文字の選択の画面が表示されるので，確認のうえ，[OK]ボタンをクリックすると，表の各セルに，個々の文字列が入力された状態で，表が挿入されます。

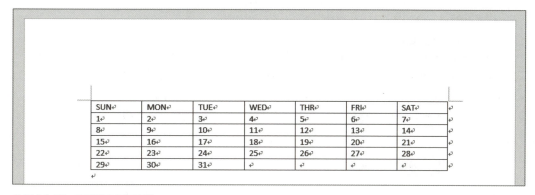

● 図6-1-39　文字列を表に変換

■ ヘッダー・フッターとページ番号

　文書には，タイトルや章見出し，あるいは日付など複数ページに共通した項目を余白部分に記載することがありますが，上下の余白のうち，上の余白のことをヘッダー，下の余白をフッターと呼びます。またページ番号のように，連続した数値を自動的に割り当てる機能もあります。

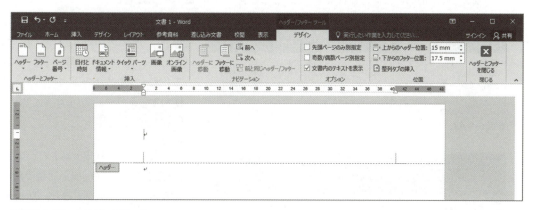

● 図6-1-40　ヘッダーとフッター

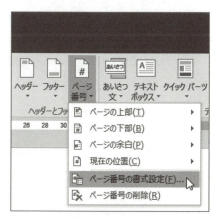

● 図6-1-41　ページ番号

　ヘッダー・フッターあるいはページ番号は，[**挿入**]タブの[**ヘッダーとフッター**]グループから選択するか，ページの余白部分をマウスでダブルクリックして[**ヘッダー / フッターツール**]を起動して追加や削除をすることもできます。設定が終わったら[**ヘッダーとフッターを閉じる**]ボタンをクリックして適用します。

　ページ番号の場合は，リボンの[**挿入**]タブにある[**ページ番号**]の▼をクリックして表示されるメニューから，ページ番号の設置位置を選択します。また，[**ページ番号の書式設定**]を選択すると，[**ページ番号の書式**]ダイアログが開き，ページ番号の番号書式（アラビア数字だけでなく，

167

Chapter 6 情報の編集と文書化

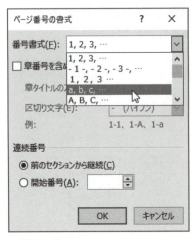

ローマ数字，漢数字やアルファベットなど）や開始番号（何番からページ番号を付番するのか）などの設定ができるようになっています。

● 図6-1-42

■改ページの挿入とセクション区切りの挿入

書籍や論文・レポートといったひとまとまりの著作物を「部」（あるいは巻，号）と位置付けると，文書は文章の構造に伴って，以下「章」→「節」→「項」→「目」→「段落」といった単位に分けることができます。このうち，「節」あるいは少なくとも「章」ごとにページを改めて新しいページから書き始めるということは一般的によく行われます。その際に便利なのが，**改ページ**機能です。

● 図6-1-43 ページ区切り

改ページは，ページを区切りたい位置でクリックしてカーソルを表示して，リボンの[**挿入**]タブにある[**ページ**]グループの[**ページ区切り**]をクリックします（あるいは Ctrl + Enter ）。

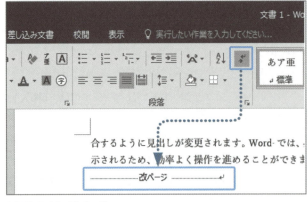

またリボンの[**ホーム**]タブにある[**段落**]グループの[**編集記号の表示/非表示**]をクリックすると，改ページが設定された場所には，左図のように「改ページ」と表示されます。

改ページは，リボンの[**レイアウト**]タブにある[**ページ設定**]グループの[**区切り**]メニューからも設定できます。

● 図6-1-44 改ページ

改ページは，ページの区切り位置を設定するだけですが，上記[**レイアウト**]タブにある[**ページ設定**]グループの[**区切り**]メニューで**セクション区切り**を設定すると，ページ内に複数のセクションを設定することができるだけでなく，ページのまとまりごとにセクションが設定されていれば，1つの文書の中でセクションごとにヘッダー・フッター，そしてページ番号を設定したり，縦書き・横書き，

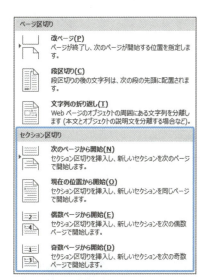

● 図6-1-45　セクション区切り

そして用紙設定もセクションごとに変更したりすることができるようになります。

　セクションとして改ページを設定した場合，[**ヘッダー / フッターツール**]を起動して，ヘッダーを表示させると，ヘッダー表示に**セクション番号**が表示されるようになります。また編集記号の表示が有効になっていると，セクションを挿入した部分に「セクション区切り」と表示されます。

● 図6-1-46　セクション区切り

　セクション区切りを設定しても，[**ヘッダー / フッターツール**]の[**ナビゲーション**]グループにある[**前と同じヘッダー / フッター**]が有効になっていると，ヘッダーの区切り線に[**前と同じ**]と表示され，次のセクションのヘッダー内容も前のセクションのヘッダーと同じになります。

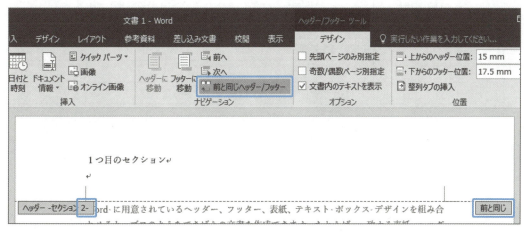

● 図6-1-47　1つ目のセクション

［前と同じヘッダー / フッター］をクリックして設定を無効にすることで，セクションごとに別のヘッダー・フッター，あるいはページ番号を設定することができるようになります。

● 図6-1-48　2つ目のセクション

演習問題

　Wordの基本操作としてこれまで確認してきた各種機能を，サンプルテキストを使って確認しましょう。

1. chromeなどWebブラウザを起動し，Googleにて

　　世界人権宣言（和訳）

　を検索して全文をWordにコピーし，以下の項目に注意して，指定された各種書式を設定してみましょう。

2. 書式設定

ページレイアウト	
用紙設定	A4サイズ
余白	上：35 mm, 下：30 mm, 左右：30 mm
文字書式・段落書式	
タイトル	フォント：MSゴシック, フォントサイズ：16ポイント, 太字, 中央揃え
前文	フォント：MS明朝, フォントサイズ：10.5ポイント, 段落字下げ1字
章および条見出し	フォント：MSゴシック, フォントサイズ：14ポイント, 太字, 左揃え
条文	フォント：MS明朝, フォントサイズ10.5ポイント, 左揃え
項番	段落番号を設定
ヘッダー	各自の名前と所属
ページ番号	フッター位置に中央揃えで設定

6.2 ワードプロセッサ応用

　前節までは，Wordの基本機能のうち，主にテキストに対する文字書式や段落書式，また文書全体についてのページ設定について確認してきました。また，図やグラフなどのテキスト以外のオブジェクトの取り扱いについて，その機能と設定方法を確認してきました。以上の基礎を踏まえて，Wordを利用した応用的な文書作成について学修します。

6.2.1 テンプレートの活用

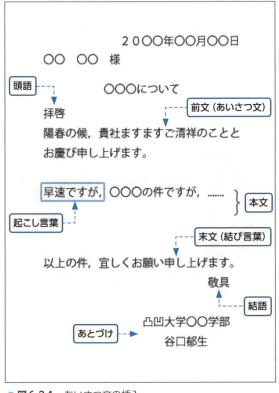

● 図6-2-1　あいさつ文の挿入

　Wordでは，あいさつ文などの定型的なテキストや文，また文書のレイアウトを含めた定型書式・様式がひな型として用意されています。目上の人や改まった相手に文章を書く際など，慣れていないと書き出しの言葉や結びの言葉などが思い浮かばず苦労します。そのような場合は，これらひな型を利用して，簡単に文章や文書を作成することができます。

　通常，手紙やビジネス文書などにおいては，「日付」や「宛先」，「件名」に引き続き，「頭語」，「前文」，「本文」，「末文」，「結語」，そして「あとづけ（署名など）」のように，文書の基本的，形式的な枠組みがおおよそ決まっている場合があります。このうち，頭語と結語は対になっていて一般的な頭語として「拝啓，啓上，拝呈」などに対して「敬具，敬白，拝具」などの結語で受けたり，略式の頭語であれば「前略，冠省」などに対して「草々，不一」などの結語で受けたりします。この間に挟まれた前文と末文に当たる部分の候補となる文言をWordが状況に応じて提示してくれます。

■あいさつ文の挿入

　あいさつ文の機能には，「**あいさつ文**」，「**起こし言葉**」そして「**結び言葉**」が用意されています。いずれもリボンの[**挿入**]タブの[**テキスト**]グループにある[**あいさつ文**]の▼をクリックして表示されるメニューから選択します。

● 図6-2-2　あいさつ文の挿入

　[**あいさつ文**]メニューから[**あいさつ文の挿入**]をクリックして選択すると，[**あいさつ文**]ダイアログが表示され，「前文」に利用することができる文例を月単位で選択して「安否のあいさつ」と「感謝のあいさつ」候補の中から選ぶことができます。デフォルトでシステム日付が読み取られて当月の候補が表示されます

171

Chapter 6　情報の編集と文書化

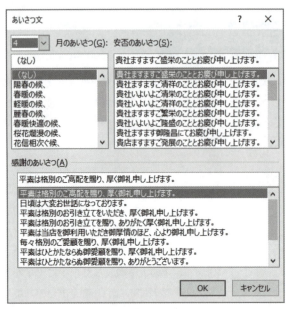

● 図6-2-3　あいさつ文の挿入

が，任意の月を選択して候補の文例を表示することができます。

次に[**あいさつ文**]メニューから[**起こし言葉**]をクリックして選択すると，[**起こし言葉**]ダイアログが表示されます。この「起こし言葉」は，前文でのあいさつと本文とをつなぐ橋渡しをする言葉のことです。この起こし言葉と対になってはいませんが，本文の終了に引き続いて，結び言葉を挿入して文章を閉じることになります。結び言葉については，起こし言葉と同様に[**あいさつ文**]メニューから[**結び言葉**]をクリックして選択して表示します。

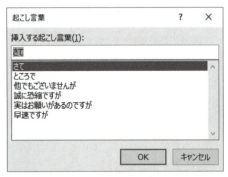

● 図6-2-4　起こし言葉　　　　● 図6-2-5　結び言葉

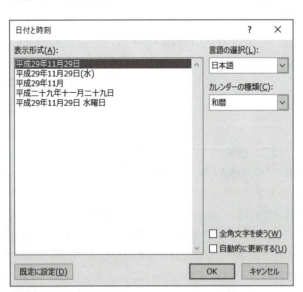

● 図6-2-6　日付と時刻

なお，あいさつ文自体とは直接関係しませんが，文書に記載する日付については，リボンの[**挿入**]タブの[**テキスト**]グループにある[**日付と時刻**]を利用すると作業当日の日付を自動的に設定できるので便利です。

172

6.2 ワードプロセッサ応用

■**オンラインテンプレートの活用**

あいさつ文は，あくまでも文章の中のパーツとしての定型的な言い回しの言葉をメニュー一覧の中から選択する機能ですが，文書の内容の種類に応じて文書全体の枠組み自体を定型的なパターンの中から選択する仕組みとしてWordでは文書テンプレートが用意されています。

Wordで利用できるテンプレートとしては，マイクロソフト社で用意されているオンラインテンプレートと，個人で作成されたテンプレートがあります。オンラインテンプレートについては，新規の文書ファイルを作成する際に，検索して利用することができます。

実際にオンラインテンプレートを利用するには，[**ファイル**]タブをクリックして[**新規**]画面を開きます。白紙の文書以外に，よく使われるお薦めのテンプレートが並んでいるので，クリックして選択して利用することができます。このお薦めのテンプレートを含む他の多くのテンプレートは，テーマ別にカテゴリから選ぶか，[**オンラインテンプレートの検索**]ボックスでキーワードを指定して検索することもできます。

● **図6-2-7** オンラインテンプレートの検索

[**オンラインテンプレートの検索**]ボックスで，「イベント」と入力して検索した結果が下記の図です。

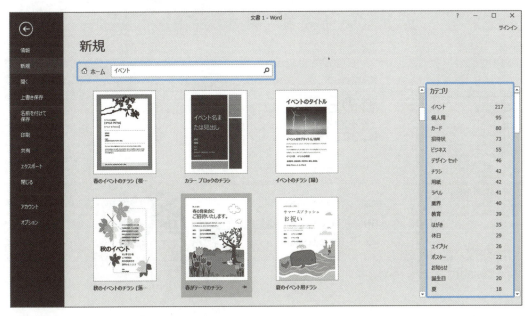

● **図6-2-8** オンラインテンプレート

検索結果のテンプレートがプレビュー画像で確認できるとともに，右側にカテゴリ一覧が表示され，検索したキーワードによるテンプレートを種類別に件数も表示してくれます。カテゴリ一覧の各項目をクリックすると，指定したカテゴリでさらに候補が絞り込まれます。

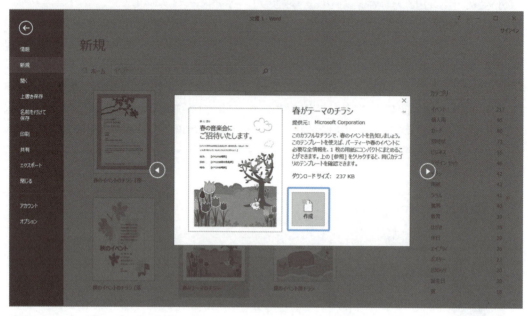

●図6-2-9　テンプレートのプレビュー

　気に入ったテンプレートが見つかれば，プレビュー画像をクリックしましょう。詳細な内容を確認したうえで，[作成]ボタンをクリックすれば，テンプレートをベースにした新規文書ファイルが開きます。

●図6-2-10　テンプレートの適用

あとは，文書のテキストや図などのオブジェクトを，自分の状況に合わせた内容に従って変更・修正して活用することができます。

■**文書ファイルのテンプレート化**

文書のテンプレートファイルは，内容が定型的な作業で，日常的によく行うものであれば，自分のオリジナルのカスタムテンプレートとして保存して使い回すことができます。カスタムテンプレートファイルとして保存する場合は，ファイルを保存する際に，保存ダイアログの[**ファイルの種類**]で[**Wordテンプレート(*.dotx)**]を選択して保存してください。

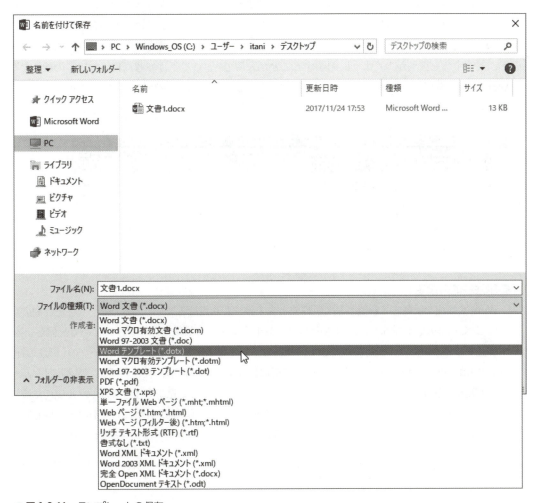

●図6-2-11　テンプレートの保存

●図6-2-12　テンプレートファイル

カスタムテンプレートファイルは，ファイルのアイコンも標準のWordのアイコンからテンプレート用のアイコンに変わり，基本的に[**ドキュメント**]フォルダーの[**Officeのカスタムテンプレート**]フォルダーに保存されます。次回以降，この保存したカスタムテンプレートを利用するには，[**Officeのカスタムテンプレート**]フォルダーでテンプレートファイルをダブルクリックして開くこともできますし，Wordの新規文書ファイルの作成画面で，[**オンラインテンプレートの検索**]ボッ

クスの下に並んでいるカテゴリの**[個人用]**をクリックすると，保存済みのカスタムテンプレートファイルを選択することができます。

6.2.2 参考資料の設定

　文書を作成する際，他の著作物からヒントを得てそれを自分のオリジナルの文章に取り入れたり，自分のアイデアの参考にしたり，あるいは直接他の著作物の一部をそのまま引用したりすることがあります。これらいずれの場合にも，自分のオリジナルコンテンツでないもの（＝他人の著作物）については，その旨を明記して，明確に区別する必要があります。他人の著作物を自分のオリジナルコンテンツであるかのように記述すると，それは著作権法違反となるおそれがあるだけでなく，そもそも剽窃行為 (Plagiarism) だとみなされる可能性もあります。他人の著作物については，出典を明確にし，文章中でも区別がつくように記述することが大切です。ここでは参考資料についての機能としてWordの脚注機能と図表番号挿入の機能について確認します。参考資料についての設定は，リボンにある**[参考資料]**タブを開きます。

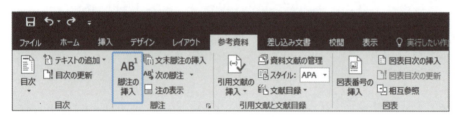

●図6-2-13　脚注の挿入

■ 脚注機能の設定

　Wordでは注を記載する機能として，脚注と文末脚注が利用できます。通常，脚注は注記対象の項目と同じページの最後に配置し，文末脚注は文章やセクションの最後のページにまとめて配置します。

　脚注を設定するには，脚注を挿入したい所にカーソルを表示して，**[脚注]**グループの**[脚注の挿入]**（あるいは Alt + Ctrl + F ）をクリックして選択します。文末脚注の場合は，同じく**[脚注]**グループの**[文末脚注の挿入]**（あるいは Alt + Ctrl + D ）をクリックして選択します。カーソル箇所に脚注番号が挿入されると同時に，ページ下のフッター領域の上に短い罫線が引かれて，その下に同じ脚注番号が表示され欄外に脚注内容を入力できるようになります。

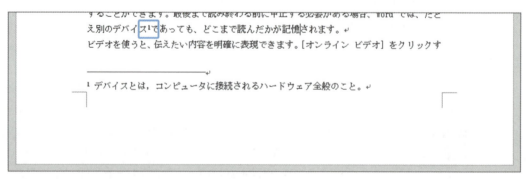

●図6-2-14　脚注番号

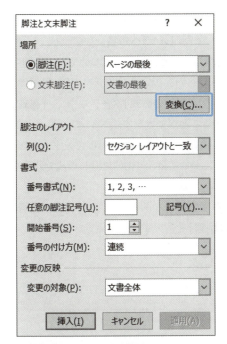

● 図 6-2-15　脚注と文末脚注

さらに脚注を追加すれば，脚注番号も自動的に最初の番号からの連番で追加されて行きます。この脚注番号については，[**ダイアログボックス起動ツール**]をクリックして[**脚注と文末脚注**]ダイアログで，番号の書式や開始番号などの詳細な設定を行うことができます。また脚注を文末脚注に変換したり，文末脚注を脚注に変換したりする[**変換**]ボタンがあります。

なお，脚注を間違った位置に挿入した場合は，文中の脚注番号をドラッグして位置を変更することができます。複数の脚注を設定している際に，脚注番号を前後に順番を変えると，自動的に連番も前後逆に振り直されます。

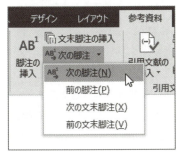

● 図 6-2-16　次の脚注

文中の脚注番号をマウスでポイントすると，脚注内容がポップアップして表示されます。また脚注を挿入した位置がわからなくなってしまった場合は，欄外の脚注番号をダブルクリックすると，文中の脚注位置にカーソルが移動します。あるいはリボンの[**参考資料**]タブの[**脚注**]グループにある[**次の脚注**]をクリックして脚注の挿入位置を検索することもできます。

脚注を削除するには，文中の脚注番号を選択して削除します。この際，欄外の脚注番号と脚注内容も同時に削除されます。脚注が1つしかない場合，脚注の区切り線自体も削除されます。

■ 図表番号の挿入

文中に挿入したテキスト以外の図やグラフなどの様々なオブジェクトについて図表番号を設定することができます。図表番号は，リボンの[**参考資料**]タブの[**図表**]グループにある[**図表番号の挿入**]をクリックして表示される[**図表番号**]ダイアログで設定します。[**図表番号**]ダイアログでは，[**ラベル**]リストから図，数式，表といった図表番号を設定するオブジェクトの種類に近いものを選択します。ラベルを選択したら[**OK**]ボタンをクリックして図表番号を適用します。

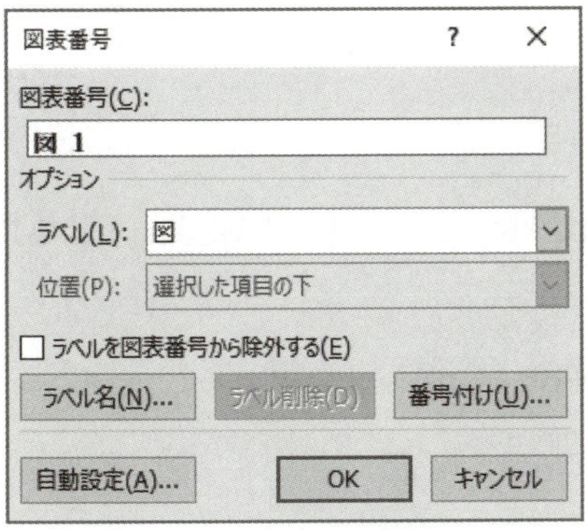

● 図 6-2-17　図表番号

Chapter 6 情報の編集と文書化

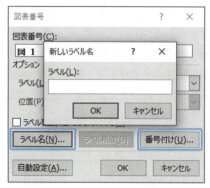

●図6-2-18 ラベル名

必要なラベルが[**ラベル**]リストにない場合は，[**ラベル名**]をクリックして[**新しいラベル名**]ダイアログで，新規ラベルを設定します。また図表番号についても，標準のアラビア数字以外のものを設定する場合は，[**番号付け**]をクリックして，[**図表番号の書式**]ダイアログで，[**書式**]リストから選択することができます。

図表番号は，最初にラベルと番号付けを設定すれば，2つ目以降の図表については，自動的に同じ書式で連番を作成してくれます。

設定してある図表番号を削除するには，[**図表番号**]ダイアログから[**削除**]を選択すれば削除できます。

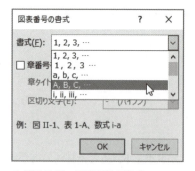

●図6-2-19 図表番号の書式

6.2.3 協調作業と校閲機能

通常，Wordでの文書ファイルの編集作業は1人で行うものですが，他のユーザーと文書ファイルを共有してリアルタイム共同編集，いわゆるコラボレーションが可能です。そのような協調作業において便利なのが，いつ，誰が，どのような操作を行ったのかを記録する校閲機能です。Wordでは校閲機能としてコメント機能や変更履歴を記録する機能が利用できます。

■**クラウドを利用した協調作業**

Wordでは，OneDriveなどのクラウドストレージを利用して文書ファイルを共有して協調作業をすることができます。このリアルタイム共同編集の機能を利用するためには，以下の3つの要件が挙げられます。

1. Office 365サブスクリプションを所有している
2. 最新バージョンのOfficeがインストールされている
3. ファイルが「Word文書」(.docx) 形式で保存されている

上記要件を満たしていれば，次の3つのステップで他のユーザーと文書ファイルを共有して協調作業をすることができます。

ステップ①：文書ファイルをOneDrive (あるいはSharePoint Online) に保存する。
ステップ②：他のユーザーを共同編集に招待する通知を送信する。
ステップ③：Wordで共同編集する。

上記ステップ①で文書ファイルを保存するには，エクスプローラーで[OneDrive]を選択するか，■メニューで[OneDrive]を選択して，OneDriveフォルダーを開き，ファイルを保存します。

次にステップ②として，OneDriveフォルダーに保存した文書ファイルを開いて，タイトルバーの右端にある[共有]ボタンをクリックして，共同編集に招待する他のユーザーの電子メールアドレスをアドレス帳から選択するか，直接入力して，招待状を送信します。

ステップ③として，文書ファイルの共同編集ための招待状を受け取ったユーザーは，電子メールの文中に「共有して編集してください」と記載された下にOneDriveアイコンとともに表示される[View in OneDrive]ボタンをクリックして，OneDriveにサインインしてから，文書ファイルを開いて編集することができます。

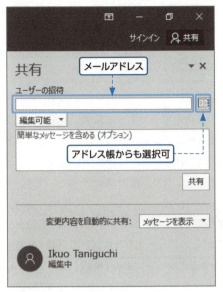
● 図6-2-20　共有設定

● 図6-2-21　共有ファイル

■ コメント機能と変更履歴

クラウドストレージを含め，複数のユーザーで文書ファイルを共有して協調して編集する場合，注意事項や特記事項を**コメント**として，文書のコンテンツに対して付箋紙のように追加することができます。

コメントを追加するには，テキストの場合，文字列や文章を選択してマウスで右クリックすると表示されるメニューで[**新しいコメント**]を選択するか，リボンの[**校閲**]タブの[**コメント**]グループにある[**新しいコメント**]をクリックして追加します。

● 図6-2-22　新しいコメント

吹き出しの形でコメント入力欄がユーザー名とともにポップアップして表示されますので，必要事項を記入します。入力後のコメントは，右側の余白位置に，吹き出しの形のアイコンとして表示されるようになりますが，そのコメントアイコンをクリックしたり，[**コメント**]グループにある[**コメントの表示**]をクリックして選択したりすると，コメント内容がポップアップして表示されます。

● 図6-2-23　コメント表示

　コメントは，上記で紹介した協調作業を行う際に効果的に利用できます。文書ファイルを他にユーザーと共有していて，コメントを追加すると，他のユーザーがコメントを表示した際に，そのコメントに対する[**返信**]を送ることができます。またコメントが付されている問題が解決した場合は，コメントを表示して[**解決**]をクリックすると，コメントが灰色表示となり，他のユーザーにもコメントが完了したことがわかります。

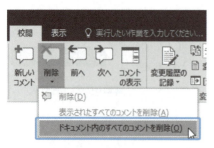

　コメントを削除するには，コメントをマウスで右クリックして表示されるメニューで[**コメントの削除**]を選択するか，[**コメント**]グループにある[**削除**]をクリックします。複数のコメントを一括で削除するには，[**コメント**]グループにある[**削除**]の▼をクリックして，表示されるメニューから[**ドキュメント内のすべてのコメントを削除**]をクリックして選択します。

● 図6-2-24　コメントの削除

　コメント機能と協調して，作業内容の進捗や推移を作業内容ごとに保存するための機能が**変更履歴**です。変更履歴を記録するには，リボンの[**校閲**]タブの[**変更履歴**]グループにある[**変更履歴の記録**]をクリックします。変更履歴が記録されている間は，[**変更履歴の記録**]が灰色に変わり，文中の変更箇所は，文書の左側の余白に**赤い縦棒**で変更箇所が表示されます。この変更箇所の表示形式については，[**変更内容の表示**]ボックスで[**シンプルな変更履歴/コメント**]が選択されている場合で，[**すべての変更履歴/コメント**]を選択すると，文中の実際の変更箇所が赤く表示されます。

　[**変更履歴の記録**]をもう一度クリックすれば，変更履歴の記録は停止されますが，記録された変更履歴そのものは，その後削除するまで履歴一覧に残ったままとなります。

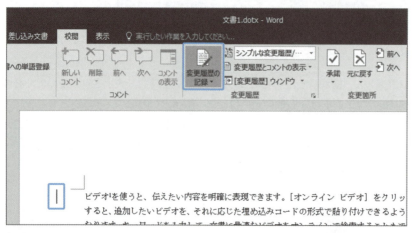

● 図6-2-25　変更履歴の記録

変更履歴を削除するには，変更を「**承諾**」するか「**元に戻す**」か，どちらかを選択します。[**変更箇所**]グループにある[**承諾**]あるいは[**元に戻す**]ボタンをクリックしてメニューの中から，承諾あるいは元に戻す段階を選択できます。複数のユーザーで協調作業をしている場合，コメント機能と変更履歴の記録機能とを利用して，相手のユーザーの作業内容を承認・取り消したり，逆に自分が行った作業内容を相手のユーザーが承認・取り消したり，相互にレビューすることが可能になります。

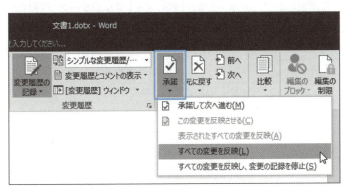

● 図6-2-26　変更履歴の承諾

6.2.4 印刷操作

e-文書法の施行によって，電磁的記録によるデータファイルも公的な文書としての効力をもつに至り，またタブレット端末やスマートフォンの普及に伴って文書だけでなく書籍や雑誌も電子書籍という形態で徐々に社会に浸透し始めていますが，その一方で文書を紙に印刷することもまだまだ日常的に行われています。

文書を印刷するには，リボンの[**ファイル**]タブの[**印刷**]をクリックして，印刷設定と印刷プレビュー画面を表示します。

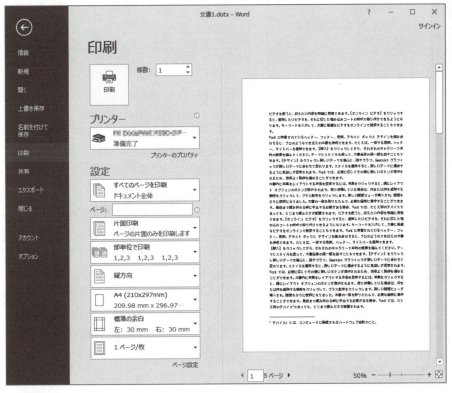

● 図6-2-27　印刷設定と印刷プレビュー

Chapter 6 情報の編集と文書化

　印刷設定では，プリンターの選択，印刷部数の設定，そして印刷対象の指定に加え，ページ設定も変更できます。

　プリンター設定では，リストから選択したプリンターに固有の機能を[**プリンターのプロパティ**]ダイアログを表示して設定することができます。

　印刷設定では，印刷対象の設定ができます。通常は「ドキュメント全体」を対象として「すべてのページを印刷」が選択されていますが，▼をクリックしてメニューから印刷対象を指定して印刷することができます。

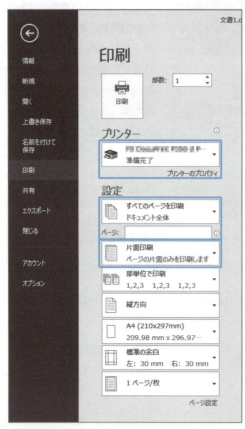
● 図6-2-28　印刷設定

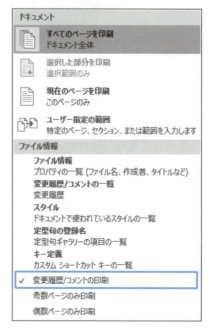
● 図6-2-29　コメントの印刷

　印刷対象として[**ページ：**]にページ番号を指定して印刷することや現在編集しているページのみを印刷することもできます。また変更履歴を記録している場合や，コメントを付けている場合は，[**変更履歴/コメントの印刷**]に ✔ が付いて有効になっていると，文書の本文だけでなく変更履歴箇所の表記やコメントの記述内容についても印刷することができます。

　またプリンターの機能に依存しますが，印刷用紙の片面に印刷するのか，両面印刷するのかの選択もできます。両面印刷を選択する場合，印刷用紙の長辺を綴じた形式で印刷するか，短辺を綴じた形式で印刷するのかを選択します。

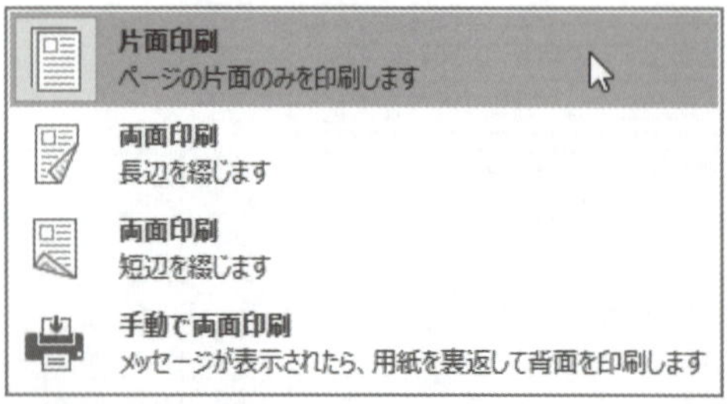

　なお，印刷する際には，各種設定項目を確認するだけでなく，印刷プレビュー画面で，実際に印刷した際のイメージも必ず確認しましょう。

　印刷プレビュー画面では，画面下に表示するページを選択する矢印とズームスライダーが表示されます。

● 図6-2-30　片面/両面印刷の設定

182

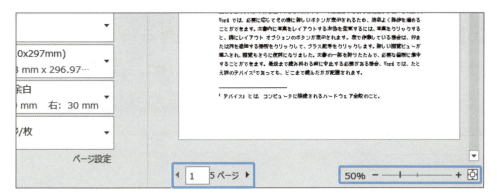

● 図6-2-31　ページ選択とズームスライダー

　各ページのプレビューを切り替えるには，◀と▶をクリックします。またプレビュー画面のテキストの表示が小さくて見づらい場合は，ズームスライダーで大きさを調節します。

演習問題

　第5章の演習問題で作成した図表を利用して，集計・分析した結果をまとめ，新規Word文書を作成し，両面印刷しましょう。

　なお，文書作成に際しては，必ず以下の項目に留意して作成してください。

- 自分の考えを補強あるいは比較対照するための外部資料（テキストや図表あるいはグラフなど）を参考あるいは直接引用すること。
- 参考・引用したテキストや図表については，Wordの「脚注」機能使って参考・引用元を明記すること。
- 文章の内容のまとまりごとに「章・節」などの短い見出し項目を付け，ブロック化して全体の論理的構造をわかりやすく表示すること。
- 下記の書式設定を適用すること。

ページレイアウト	
用紙設定	A4サイズ
余白	上：35 mm，下：30 mm，左右：30 mm
文字書式・段落書式	
タイトル	フォント：MSゴシック，フォントサイズ：16ポイント，太字，中央揃え
氏名・学籍番号	フォント：MS明朝，フォントサイズ：10.5ポイント，右揃え
章・節見出し	フォント：MSゴシック，フォントサイズ：14ポイント，太字，左揃え
本文	フォント：MS明朝，フォントサイズ10.5ポイント，左揃え，段落字下げ1字
ヘッダー	各自の名前と所属
ページ番号	フッター位置に中央揃えで設定

Chapter 6 情報の編集と文書化

Column　Excel も計算間違いをする?!

　表計算ソフトのExcelは，計算が苦手な人，あるいは「関数」「数学」といった言葉を聞くのも嫌という人にこそ使ってほしい非常に便利なソフトウェアです。

　ところが，その計算が得意なはずのExcelが，単純な算数の問題で計算間違いをすると聞いたら驚きませんか？ 例えば，次の計算はどうでしょう。

```
1.2 - 1.1 = ?
```

　さすがにこれは私でもExcelで計算させずに暗算で0.1だとわかります。でもせっかくExcelで論理関数のIF関数を学修したので，この計算結果についてExcel自身に判定してもらいましょう。

C1		fx	=IF(A1-B1=0.1,"OK","NG")		
	A	B	C	D	E	F
1	1.2	1.1	NG			
2						

　あれ？「NG」と判定されてしまいました！ なぜでしょう？ 改めて小数の計算だけをExcelで実行してみましょう。

D1		fx	=A1-B1	
	A	B	C	D	E
1	1.2	1.1	NG	0.1	
2					

　結果は「0.1」で確かに合っていますね。それなのになぜ「NG」と判定されてしまったのでしょうか。これには少しカラクリがあります。上の計算結果のセルの表示設定で，小数点以下の「桁数」を増やしてみてください。

D1		fx	=A1-B1	
	A	B	C	D	
1	1.2	1.1	NG	0.0999999999999999	
2					

　どうですか，小数点以下16桁目で四捨五入されて連続繰上げで「0.1」に「見えていた」ことがわかりましたね？ 実はExcelに限りませんが，コンピュータが内部で行っている2進数の浮動小数点計算[*1]では特定の数で循環小数が原理的に発生します。この循環小数を「丸め」処理をして10進数表記しているのですが，Excelの場合は，小数点以下16桁で丸め処理をして15桁目までは正確に見せ掛けていたというわけです。（したがって整数値ではこの誤差は発生しません。）

　小数点以下10桁以上の精度が必要な計算は日常的にはほとんどないので，通常は問題ありませんが，どのような条件でこのような誤差が発生するのか，マイクロソフトのサポートページ[*2]などで確認してみましょう。

[*1] 浮動小数点計算については，多くのコンピュータが標準規格としているIEEE754を確認してください。
[*2] https://support.microsoft.com/ja-jp/help/78113/floating-point-arithmetic-may-give-inaccurate-results-in-excel

184

Chapter 7 情報の提示と発信

　複数の聞き手に対して，話し手が主体となって，積極的・説得的に情報を伝達する手段がプレゼンテーションです。前章までに，入手した様々なデータを情報として集計・分析し，グラフ化した結果を，自らの考え方でまとめて文書として印刷して提出するという一連の流れを，各種ソフトウェアの操作法とともに確認してきました。集計データやグラフを作成し，文書ファイルとしてまとめ，あるいはプリンターによる印刷など，スタティック（static：固定的・静止的）な資料として配布・提出するだけではなく，それをいかに重要で魅力のあるものであるのかを聞き手に積極的に働きかけ，納得してもらうのか，社会でコミュニケーション能力が要求される現代において，ダイナミック（dynamic：動的・効果的）に働きかける資料作りが必要です。この章では，コミュニケーション手段のひとつであるプレゼンテーションにおける効果的な資料作成について学修します。

Chapter 7 情報の提示と発信

7.1 プレゼンテーション入門

　プレゼンテーションとは，複数の聞き手を相手とするコミュニケーション手段の1つで，話し手が主体となりつつも，情報を一方的に伝達するのではなく，聞き手の理解と納得を以て，さらに次の一歩を踏み出すための背中を押す機会を生み出す積極的で説得的な行為です。これまでも，様々な形式でプレゼンテーションは行われてきました。黒板やホワイトボードにその場で直接記述したり，資料を印刷して配布したり，またカメラで撮ったフィルムをスライド映写機でスクリーンに投影したり，オーバーヘッドプロジェクター (OHP) で透明のシートに記述・印刷した内容をスクリーンに投影したりすることで，言葉での説明だけの場合に較べ，より効果的に伝えることができるだけでなく，記憶への定着も期待できます。そして，スクリーンや映写機，OHPなどの機器を個別に用意して設置・設定し，アナログコンテンツを提示するしかなかったものが，ビデオプロジェクターなどAV機器の浸透と，コンピュータ，特に可搬型のノートブックタイプのコンピュータが普及するに伴い，スライド映写機のフィルムに見立てたスライド画面に，コンテンツをデジタルデータとして配置し編集して，そのまま提示することができるようになりました。

　コンピュータによるプレゼンテーションでは，プレゼンテーションに特化したソフトウェア (以下，プレゼンソフト) の登場によって，テキスト以外にも，音声，静止画像・動画像などのマルチメディアデータを含め，様々なコンテンツを自由にレイアウトして動きのある効果的な発表ができるようになりました。この章では，Microsoft社のPowerPoint 2016 (以下，PowerPoint) の基本機能の確認から始め，プレゼンソフトによるプレゼンテーションのためのスライド作成について具体的な事例を基に学修します。

7.1.1 プレゼンテーションソフトの概念と機能

　プレゼンソフトとしてのPowerPointには，論文や報告書・企画書などの文書を直感的にわかりやすく図解化する機能や，躍動感のあるダイナミックなプレゼンテーションを作成する機能があります。

■PowerPointでできること

　ここではまずPowerPointでできることを簡単にまとめてみます。

1.スライドの作成

　様々なレイアウトでスライドを作成することができます。テキストは基本的に箇条書き (あるいは段落番号) 形式でリストとして配置され，レベルを付けて階層構造化することができます。

2.オブジェクトの操作と効果の設定

　図形，画像，ビデオ，数式，表やグラフ，そしてSmartArtなどのオブジェクトを自由に配置し，編集することができます。またテキストを含む各オブジェクトには様々な動きを付けるアニメーション効果や，スライド自体の切り替えの際の画面の切り替え効果を設定することができます。

3.様々なフォーマットに対応

　標準のPowerPointプレゼンテーション (拡張子 .pptx) 以外に，PDF形式 (拡張子 .pdf) やPNG形式 (拡張子 .png)，またOpenDocumentプレゼンテーション (拡張子 .odp) など多くのファイルフォーマットに対応しています。

4.テンプレートの利用とマスター機能

　背景色や背景画像，そしてフォントやレイアウトをセットにしたスライドの豊富なテンプレートが用

意されていて，スライドのマスター機能を利用すれば，自分でオリジナルのテンプレートを作成することもできます。

5. 協調作業

OneDrive などのオンラインストレージの機能を利用して，他のユーザーと文書ファイルを共有して共同で編集作業を進めることができます。

6. 印刷とリハーサル

プレゼンテーションの準備として，スライド画面を印刷したり，スライドを縮小表示して複数同時に印刷したりする配布資料印刷など，多彩な形式の印刷機能が用意されています。また事前準備としては，リハーサル機能を使って予行演習することができます。

7. プレゼンテーションの実行

作成したプレゼンテーションを，ビデオプロジェクターを通じてスクリーンに投影したり，モニター画面に表示したりして，フルスクリーンでスライドを切り替える**スライドショー**を実行できます。リハーサル機能で事前にスライドの切り替えのタイミングを保存しておいて自動実行したり，ネットワーク経由で提示するオンラインプレゼンテーション機能を利用したりすることもできます。

■ PowerPoint の基本画面

PowerPoint を起動して新しいプレゼンテーションを開いた基本画面は以下のように表示されます。

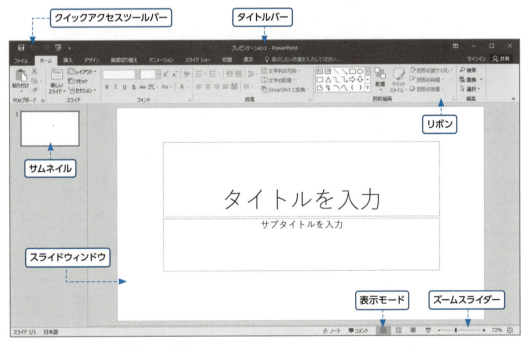

● **図7-1-1** PowerPoint 編集モード画面

リボンにある個々のタブやコマンド，そして編集画面を除けば，基本画面の構成は第5章のExcelと同じなので，第5章の5.1節を参照してください。

PowerPointで特徴的な編集画面の構成は，基本的にプレゼンテーションがスライドの集合でできているために，デフォルトで表示される標準ビューでは，スライド一覧の**サムネイル**と選択した編集対象の**スライド**のスライドウィンドウとで左右に分割されています。

Chapter 7 情報の提示と発信

7.1.2　プレゼンファイルの操作(データの取り込みと保存)

■PowerPointプレゼンテーションの新規作成と保存

　PowerPointを起動すると，最初に新しいプレゼンテーションとお勧めのテンプレートを含むプレゼンテーションの新規作成の選択画面が開きます。

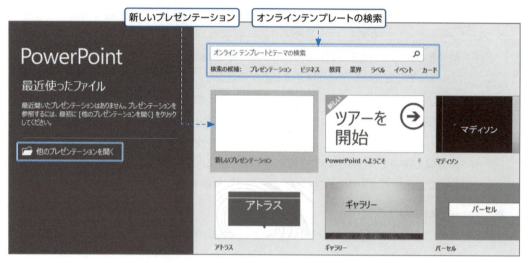

●図7-1-2　PowerPointプレゼンテーションの新規作成

●図7-1-3　プレゼンテーションの保存

　ここで[**新しいプレゼンテーション**]を選択すれば，図7-1-1にある新しいプレゼンテーションが開きます。また，[**オンラインテンプレートの検索**]にキーワードを入力して，MS社が提供するOffice Onlineのテンプレートを利用することもできます。PowerPointプレゼンテーションを開いている状態で Ctrl + N を押下しても新規PowerPointプレゼンテーションを作成できます。

新規のPowerPointプレゼンテーションにテキストその他の入力・編集後にファイルを保存するには，リボンの[**ファイル**]タブから[**上書き保存**]（Ctrl+S）を選択するか，[**名前を付けて保存**]（F12）を選択します。保存ダイアログが表示されますので，保存する場所を指定して，[**ファイル名**]の入力と[**ファイルの種類**]を選択したうえで[**保存(S)**]ボタンをクリックします。

PDF形式やOpenDocumentプレゼンテーション形式など，PowerPointプレゼンテーション以外の形式で保存する場合には，図7-1-3にあるように，保存ダイアログで適切な[**ファイルの種類**]を選択してください。

■ **既存PowerPointプレゼンテーションの編集と保存**

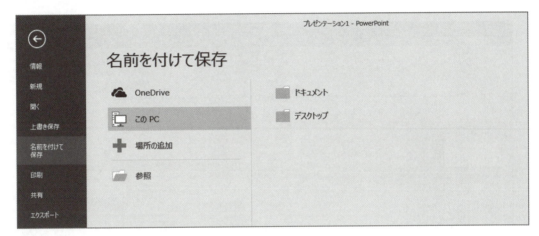

● 図7-1-4　PowerPointプレゼンテーションの保存

PowerPointプレゼンテーションの新規作成の際に，[**他のプレゼンテーションを開く**]（図7-1-2）を選択すれば，PowerPointその他で作成した既存のファイルを指定して開くこともできます。またすでにPowerPointプレゼンテーションを開いている状態で別のPowerPointプレゼンテーションを開いて編集するには，[**ファイル**]タブから[**開く**]（Ctrl+O）で既存のPowerPointプレゼンテーションを選択するか，既存のPowerPointプレゼンテーションをダブルクリックします。

● 図7-1-5　プレゼンテーションファイル

既存のファイルは，編集中，あるいは編集後に[**上書き保存**]（Ctrl+S）をクリックすれば，保存できます。

■ **編集済みファイルの別名保存**

既存PowerPointプレゼンテーションを開いた直後に，[**名前を付けて保存**]（F12）を選択すると，既存のPowerPointプレゼンテーションに別名を付けてコピーを保存することができます。この場合，ファイル名は異なりますが，文書の内容は同じものとなります。一方，開いた既存PowerPointプレゼンテーションを編集後に[**名前を付けて保存**]（F12）を選択した場合には，既存のPowerPointプレゼンテーションの内容は変更せずに，編集後のPowerPointプレゼンテーションの内容を保存することになります。したがってこの場合，既存のPowerPointプレゼンテーションと別名を付けて保存したPowerPointプレゼンテーションの内容は異なります。

7.1.3 スライドの操作

PowerPointプレゼンテーションのスライド編集画面での基本操作について確認します。

■**スライドの追加**

新規のPowerPointプレゼンテーションを作成すると，図7-1-1にある通り，タイトルレイアウトのスライドが1枚表示された状態でファイルが開きます。スライドを新たに追加するには，[**ホーム**]タブの[**スライド**]グループにある[**新しいスライド**]をクリック（あるいは Ctrl + M）します。スライド一覧で選択したスライドの次に新しいスライドが追加されます。またスライド一覧でマウスを右クリックして表示されるメニューからも追加できます。

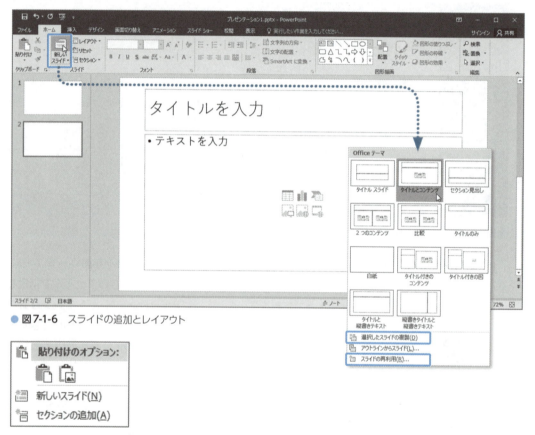

● 図7-1-6　スライドの追加とレイアウト

● 図7-1-7　貼り付けのオプション

なお，[**新しいスライド**]をクリックしてスライドを追加した場合は，基本的に標準の「タイトルとコンテンツ」レイアウトのスライドが追加されますが，[**新しいスライド**]の▼をクリックして表示される[**Officeテーマ**]メニューから，スライドのレイアウトを指定して追加することもできます。

■**スライドの削除**

既存のスライドを削除するには，スライド一覧で削除対象のスライドをクリックして選択し，Delete あるいは Backspace を押下します（あるいは Ctrl + X）。またスライド一覧で削除対象のスライドを右クリックして表示されるメニューから[**スライドの削除**]を選択して削除することもできます。

7.1 プレゼンテーション入門

■スライドの複製と再利用

既存のスライドを複製するには，スライド一覧で複製対象のスライドをクリックして選択し，[**新しいスライド**]の▼をクリックして表示される[Officeテーマ]メニューから，[**選択したスライドの複製**]を選択（あるいは Ctrl + D ）します。またスライド一覧で複製対象のスライドを右クリックして表示されるメニューから[**スライドの複製**]を選択して複製することもできます。

なお，[Officeテーマ]メニューから[**スライドの再利用**]を選択して表示される作業ウィンドウで，[参照]ボタンをクリックして他の既存のプレゼンテーションを選択して開くと，そのプレゼンテーションのスライドがサムネイル表示されます。サムネイルをマウスでポイントすることで，スライドの内容を確認できるので，再利用したいスライドをクリックすると，スライド一覧にコピーされます。

● 図7-1-8　スライドの再利用

■表示形式の変更

PowerPointでは，起動直後は，サムネイルとスライドが左右に配置された編集に適したウィンドウが表示されます。この**標準モード**以外にも様々な表示形式に対応しています。表示形式については，[**表示**]タブの[**プレゼンテーションの表示**]グループで表示モード確認して切り替えることができます。

● 図7-1-9　[表示]タブでの表示形式の選択

表示形式にはそれぞれ以下のようなモードと特徴があります。

標準	スライド作成に使う編集モード
アウトライン表示	標準モードのサムネイルをテキストのみのアウトライン表示に変更します
スライド一覧	すべてのスライドを横並びに縮小表示します
ノート	スライドに発表者ノートを付けて印刷するイメージを確認できます
閲覧表示	PowerPointウィンドウでスライドショーを実行します

● 表7-1-1　スライドの表示モード

Chapter 7 情報の提示と発信

● 図7-1-10　表示モードの切り替え

上記のモードのうち，標準モード，一覧表示，閲覧表示については，ステータスバーの右にあるアイコンで変更することができるようになっています。

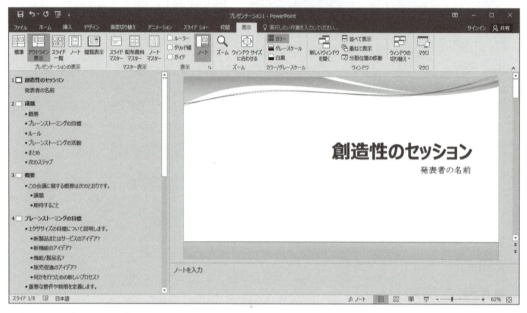

● 図7-1-11　アウトライン表示

アウトライン表示では，プレゼンテーションのテキスト部分のみをサムネイルに表示してプレゼンテーション全体の流れをストーリーボードとして利用すれば理解しやすくなります。

アウトラインには，番号付きのスライドアイコンが表示され，スライド内のテキストがリスト表示されます。スライドアイコンを上下にドラッグしてスライドの順番を変更したり，スライド内のテキストを上下にドラッグして前後の順番を変えられるだけでなく，左右にドラッグして，テキストのレベルを変更したりすることもできます。

スライド一覧表示では，プレゼンテーション内のすべてのスライドがPowerPointウィンドウに縮小表示されてスライド全体を俯瞰して確認することができます。

またスライド一覧表示では，スライドをドラッグしてスライドの順番を変更することができます（図7-1-12は，4枚目のスライドを5枚目の位置に移動する場面）。

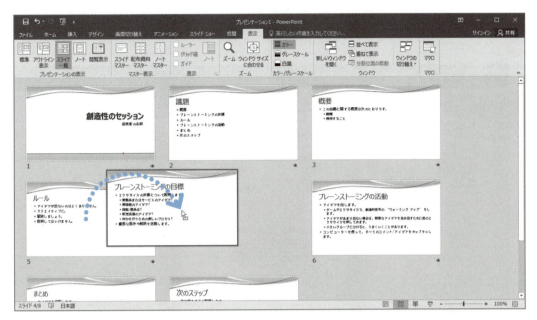

● 図7-1-12　スライド一覧表示

なお，スライドを**セクション**でグループ化している場合，スライド一覧はセクションごとに上下に区切られて整理された形式で表示されます。セクションは，リボンの[**ホーム**]タブの[**スライド**]グループにある[**セクション**]メニューから追加します。

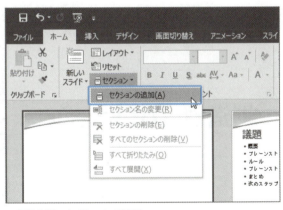

● 図7-1-13　セクションの追加

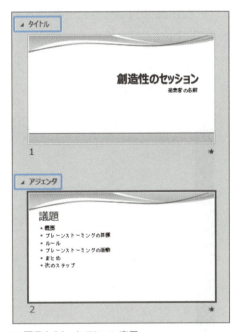

● 図7-1-14　セクション表示

ノート表示では，スライドのノートに記載したテキストをスライドと一緒に1枚の用紙に印刷するイメージを確認できます。スライドのノートは，PowerPointウィンドウの表示モードを切り替えるアイコンの隣にある[**ノート**]ボタンをクリックすると，スライドの下に表示されます。

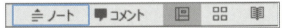

● 図7-1-15　ノートボタン

ノートを記述後に，[表示]タブの[プレゼンテーションの表示]グループにある[ノート]をクリックすると，ノートの印刷レイアウトの画面が表示されます。

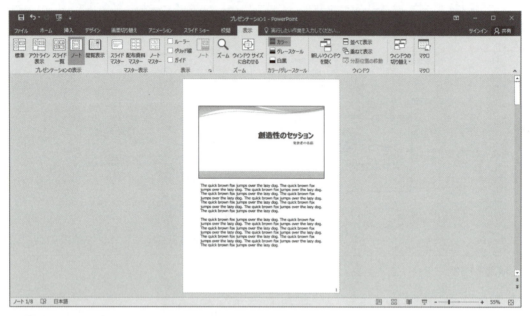

● 図7-1-16　ノート表示

ノート表示は，プレゼンテーションを行う際に口頭で説明する内容を記述して印刷しておけば，発表原稿としても利用できます。

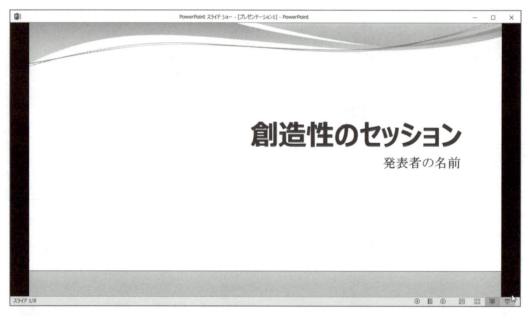

● 図7-1-17　閲覧表示

閲覧表示は，PowerPointウィンドウの中でプレゼンテーションを実行できる機能です。全画面表示のスライドショーではなく，タスクバーも表示されているので，デスクトップ上の操作をしながら，スライドを切り替えてプレゼンテーションを行うことができます。

7.1.4 テキストの入力と編集

PowerPointプレゼンテーションでテキストを扱うには，スライドウィンドウに「テキストを入力」などと表示された**点線の枠**（以下，**プレースホルダ**）に入力する方法と**テキストボックス**を利用する方法の2種類の方法があります。このうち，テキストボックスについては7-2-1節で確認します。

■ プレースホルダ

プレースホルダにテキストを入力するには，プレースホルダの内側をマウスでクリックします（あるいは Ctrl + Enter ）。カーソルが表示されるので，テキストを入力すると，表示モードがアウトライン表示の場合は，入力したテキストがリアルタイムに連動してアウトラインにも表示されます。

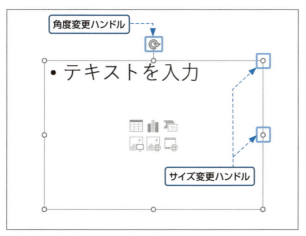

● 図7-1-18 プレースホルダの設定画面

プレースホルダについては，スライドにレイアウトを適用した後に，サイズや位置・角度を変更することができ，また不要なら削除することもできます。

プレースホルダの設定を変更するには，プレースホルダの点線で表示されている枠線をクリックして実線表示した状態で，プレースホルダに表示される**サイズ変更ハンドル**をマウスでドラッグすることでサイズを変更することができます。またプレースホルダの位置を変更するには，枠線をマウスでドラッグします。

■ 文字書式の設定

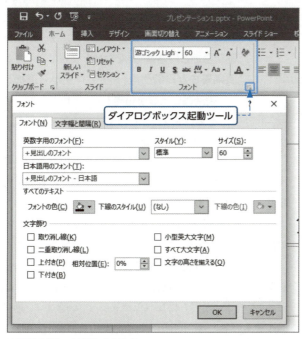

● 図7-1-19 文字書式の設定

入力したテキストについては，フォントの種類，フォントサイズ，そして太字や斜体字などのスタイルといった文字書式を設定することができます。文字書式は，よく使われるものは**[ホーム]**タブの**[フォント]**グループにアイコンで登録されています。

ダイアログボックス起動ツールをマウスでクリックすれば，詳細な設定項目がフォントダイアログに表示されます。

■段落書式の設定

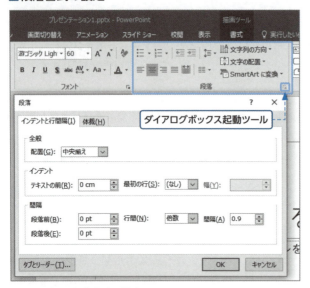

● 図7-1-20　段落書式の設定

段落書式を設定する場合は，よく使われるものは[ホーム]タブの[段落]グループにアイコンで登録されています。テキストを左揃えにしたり，インデントを設定したり，段落（実際には箇条書きや段落番号）と段落の行間を設定したりすることができます。

ダイアログボックス起動ツールをマウスでクリックすれば，詳細な設定項目が段落ダイアログに表示されます。

■リストのスタイルの変更とレベルの設定

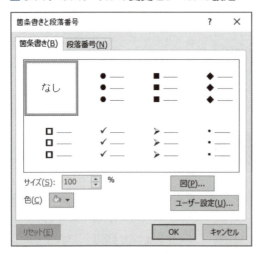

● 図7-1-21　箇条書きと段落番号

PowerPointプレゼンテーションのスライドのテキストは基本的に箇条書きで表示されます。この箇条書きのリストについては，✓マークや●，■，そして数字やアルファベットなどの行頭文字を変更することができます。

行頭文字を設定するには，段落書式にある[箇条書き]あるいは[段落番号]の▼をクリックして表示されるメニュー，あるいはメニュー下にある[箇条書きと段落番号]をクリックして表示される[箇条書きと段落番号]ダイアログから選択します。[箇条書きと段落番号]ダイアログでは，標準の行頭文字以外に任意の文字や画像を行頭文字に設定したり色を変更したりできます。

● 図7-1-22　レベルとインデント

またリストの項目同士の関係をテキストのフォントサイズの大小やインデント表示による階層構造で視覚的に表現することを**レベル**と呼びます。レベルは第1レベルから第9レベルまで設定することができます。（ただし，基本設定では第5レベル以降のフォントサイズは同じになります。）

テキストにレベルを設定するには，テキストの前でマウスをクリックしてカーソルを表示させて，[Tab]を押下します。[Tab]を押下するごとにレベルが下がっていきます。逆にレベルを上げるには，[Shift]を押下したまま[Tab]を押下します。またマウスで行頭文字を左右にドラッグすることで，レベルを上げ下げすることもできます。

7.1.5 デザインテーマの適用

これまで見てきたように，PowerPointプレゼンテーションでは，スライドのプレースホルダのレイアウト設定や入力したテキストの書式設定について確認してきました。これらのプレースホルダのレイアウトとテキストの書式設定に加え，スライドの背景色あるいは背景画像とセットにしたデザインテンプレートである**テーマ**が標準で30種類以上用意されています。

● 図7-1-23　デザインテーマの選択

■テーマの選択

テーマをスライドに適用するには，**[デザイン]** タブの **[テーマ]** グループで，テーマギャラリーから気に入ったテーマを選択します。

テーマギャラリーで任意のテーマをマウスでポイントすると，実際にスライドにそのテーマを適用する前にプレビューできます。プレビューで確認後テーマをスライドに適用するには，マウスでクリックします。基本的にテーマギャラリーで選択したテーマをマウスでクリックした場合，プレゼンテーションのすべてのスライドに対して選択したテーマが適用されます。もしも特定のスライドにだけ別のテーマを適用したい場合は，対象のスライドを選択して，適用するテーマの上で右クリックして表示されるメニューから **[選択したスライドに適用(S)]** をクリックして選択します。

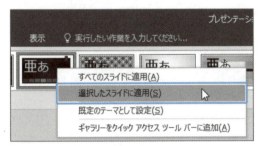

● 図7-1-24　テーマの適用

■テーマのバリエーションとスライドサイズの変更

なお，登録されているテーマの配色やフォントなどについては，**[バリエーション]** グループのメニューから変更することができます。またスライドの縦横の比率を変更したり，スライドの背景の書式設定を変更したりするには，**[ユーザー設定]** グループで **[スライドのサイズ]** メニューや **[背景の書式設定]** で作業ウィンドウを表示して設定します。特にスライドサイズについては，横・縦が4：3の標準と16：9のワイド画面を基本的に選択できるようになっていますが，プレゼンテーションを実行する環境に応じて選択するようにしましょう。**[ユーザー設定のスライドのサイズ(C)]** をクリックして選択すると，標準とワイド画面以外にも様々な縦・横の比率を設定できます。

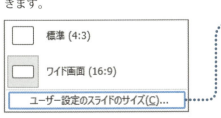

● 図7-1-25　スライドサイズ変更

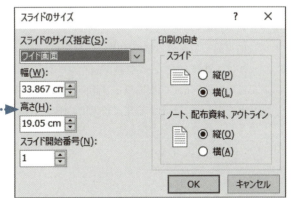

● 図7-1-26　スライドサイズ

7.1.6 スライドショーの設定と実行

PowerPointでプレゼンテーションを実行するには，[**スライドショー**]タブで[**スライドショーの開始**]グループにある[**最初から**]をクリックします（あるいは F5 ）。

● 図7-1-27　スライドショータブ

■スライドショーの設定

プレゼンテーションを始める前に，まずは[**スライドショーの設定**]を確認しましょう。

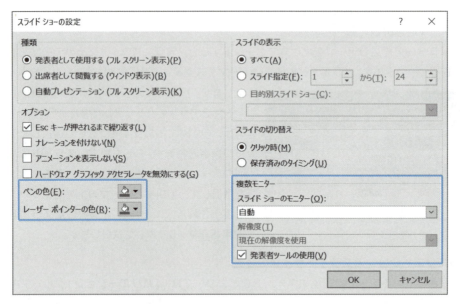

● 図7-1-28　スライドショーの設定

スライドショーの設定項目としては，プレゼンテーションの最中にスライド画面にその場で書き込みをするペンツールの色や，強調したい項目を指し示すためのレーザーポインターの色を設定したり，パソコンを外部モニターやプロジェクターに接続している場合など，スライドショーの表示方法を設定したりします。

特に複数モニターの環境の場合に**発表者ツール**を使用するかどうかを確認してください。発表者ツールは，外部モニターやプロジェクターなどにはスライドを全画面表示する一方で，手元のパソコンでは現在表示しているスライド画面とそのノート画面，そして次に表示するスライド画面や経過時間などをまとめて表示する発表者専用の画面です。

7.1 プレゼンテーション入門

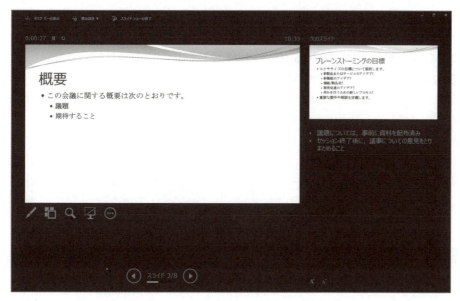

● 図7-1-29　発表者ツール

■スライドショーの開始

スライドショーを開始すると，モニターや出力先のプロジェクターを通じて全画面表示でプレゼンテーションが実行されます。スライドショーを開始してプレゼンテーションを実行すると，全画面表示されたスライドの左下にスライドショーツールバーが表示されるので，マウスでクリックして操作することもできますが，操作していることを聞き手に意識させてしまうため，あまりお勧めできません。

スライドの切り替えなどを含め，プレゼンテーションの実行に必要あるいは知っていると便利なキーボード操作について，以下に簡単にまとめてみました。

	キーボードショートカット	内容
①	F5	最初のスライドからスライドショーを実行
②	Shift + F5	選択しているスライドからスライドショーを実行
③	Esc	スライドショーの終了
④	Enter , → , ↓ , space , N , Page Down のいずれか	次のスライドまたは次のアニメーションに進む
⑤	Back space , ← , ↑ , P , Page Up のいずれか	前のスライドまたは前のアニメーションに戻る
⑥	数字キー + Enter	指定したスライド番号のスライドを表示
⑦	- , G	スライド一覧の表示，またはスライドの縮小表示
⑧	+	スライドの拡大表示
⑨	B	画面のブラックアウト
⑩	W	画面のホワイトアウト
⑪	Ctrl + L	レーザーポインターを表示（ Esc で元のポインターに）
⑫	Ctrl + P	ペンツールの表示（ Esc で元のポインターに）

● 表7-1-2　キーボードショートカット

①の F5 は必須のキーボードショートカットですが，④と⑤のスライドの切り替えについては，使いやすいキーをいずれか選んでください。

また，知っていると便利なキーボードショートカットとしては⑥や⑨，⑩が挙げられます。⑥については，質疑応答などの際に，質問者から特定のスライド番号を指定されて回答しなければならないときなど，スマートに見えることでしょう。画面を黒くしたり白くしたりすることも，資料ではなく話し手に注目してもらいたいときには有効です。

スライドショーは，すべてのスライドを表示し終われば，画面がブラックアウトして「スライドショーの最後です。クリックすると終了します。」とだけ表示されますので，クリックすれば元の編集モードの画面に戻りますが，プレゼンテーションの途中でスライドショーを中止したい場合には，上記③の Esc を押下すれば，いつでも中止できます。

演習問題

ここでは，以下の手順に従い，テキストを中心としたスライドを作成して，実際にスライドショーを実行して，プレゼンテーションの醍醐味を味わってみましょう。

(1) テーマの選定

この演習では，第2章のWebサーチエンジンを利用した情報検索で行った演習問題に関連して，各自テーマを設定して，必要な情報を収集しましょう。

(2) タイトルスライドの作成

テーマが決まったら，設定したテーマに従ってプレゼンテーションのタイトルを決めましょう。そしてPowerPointを起動して，タイトルスライドのタイトルプレースホルダにはタイトルを，各自の所属や氏名などをサブタイトルプレースホルダに入力します。

(3) 目次の作成

「タイトルとコンテンツ」レイアウトで2枚目のスライドを追加して，(1)で設定したテーマに沿ったトピックスを3～5つ列挙して目次あるいはアジェンダ（Agenda＝論題）とします。最初にトピックスを明示することで，プレゼンテーションの全体を概観することで聞き手に対してレディネス（Readiness＝受け入れ準備）を整える態勢を促すことにもなります。

(4) デザインテーマの適用

ひと通りのトピックスが出揃って，目次項目を作成し終わった時点でプレゼンテーションの内容や雰囲気に合ったデザインテーマを設定しましょう。デザインテーマは，スライドの背景色や背景画像だけでなく，スライドのレイアウト，フォントの種類やサイズもテーマごとにかなり異なりますので，後で調整することはできるにしても，なるべく早めに適用しておいてください。

(5) コンテンツスライドの作成

3枚目以降のスライドは，下記の図のように2枚目の各目次項目に従って，具体的なコンテンツを記述します。記述に際しては，短い単語やキーワードで箇条書きにして，いずれにせよ文章化しないことが重要です。実際に口頭で説明する内容や詳細な情報については，各スライドの「ノート」に記述しましょう。箇条書きにした各項目は，レベルを設定して階層構造を作って視覚的にそれぞれの関係性を明確にし，あるいは前後関係や順番を伴う場合は段落番号を設定してまとめます。

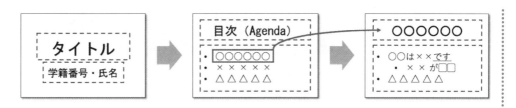

(6) プレゼンテーションの保存

スライドの作成が終わったら，プレゼンテーションを保存しましょう。保存する際に，ファイルの種類がPowerPointプレゼンテーション形式となっていることと，拡張子が".pptx"になっていることを確認してください。

(7) スライドショーの実行

スライドを保存したら，スライドショーを実行して全画面表示でスライドを切り替え，実際にどのように表示されるのか確認してみましょう。各自確認後は，座席の隣り同士，またグループでお互いのプレゼンテーションを行いましょう。

Chapter 7 情報の提示と発信

7.2 プレゼンテーション応用

　7.1節では，主にテキストを中心にしたスライド作成で，スライドショーも静止画を切り替えていくだけのものでした。プレゼンテーションの応用編では，図や写真，表やグラフなど，テキスト以外の様々なオブジェクトを取り込むだけでなく，テキストについてもSmartArt機能を使った図解化によって，より具体的でわかりやすいスライド作りに取り組みます。またテキストを含むスライド上のオブジェクトにアニメーションを設定し，スライド自体も切り替えの際に動作を設定することで，より印象深い効果的なスライドへと仕上げましょう。

7.2.1 様々なオブジェクトの挿入

　スライドに画像や図，動画や音声，あるいは表やグラフなど，様々なオブジェクトを自由に配置し，編集することができます。PowerPointでテキスト以外の様々なオブジェクトを取り扱うには，[挿入]タブを開きます。

● 図7-2-1　オブジェクトの挿入

■画像や図そして表の挿入

　[挿入]タブの[画像]と[図]グループには，丸，四角，矢印といった基本図形以外にも，手持ちの写真や図を読み込んだり，オンラインで検索したり，またOffice 2007以降に利用できるようになった図解化の機能であるSmartArtグラフィックや，Excelに匹敵する作表機能やグラフ作成機能も利用できます。また特定のウィンドウや任意の領域を画像としてキャプチャするスクリーンショットの機能も便利です。

　[画像]および[図]のコマンドで設定できる主な項目については，下記の一覧で確認してください。

アイコン	名　称	機　能
画像	画像	保存済みの図や写真などを読み込みます
オンライン画像	オンライン画像	Bingイメージ検索を利用してWeb上の画像を検索します
スクリーンショット	スクリーンショット	デスクトップに開いているウィンドウのスクリーンショット
図形	図形	丸や三角，四角，そして矢印などの基本図形を挿入します
SmartArt	SmartArt	情報やアイデアを視覚的に表現して図解化します
グラフ	グラフ	数値やデータを視覚化して表現します
表	表	任意の列・行で表を作成します

● 表7-2-1　画像や図の挿入

SmartArtについては，後ほど，詳しく説明します。

■ テキストボックス

7.1.4節で確認したように，PowerPointプレゼンテーションでテキストを扱うには，基本的にはプレースホルダを利用します。しかしプレースホルダに縛られずに，テキストを自由に配置して編集する場合には，**テキストボックス**を利用します。テキストボックスは，[**挿入**]タブの[**テキスト**]グループにある[**テキストボックス**]で「縦書き」か「横書き」を指定して挿入します。

テキストボックスを利用する際に注意する点としては，テキストボックスはテキストを入力することはできますが，画像などと同じオブジェクトとして扱われる，ということです。プレースホルダに入力したテキストは，表示設定の「アウトライン」と連動して表示されますが，テキストボックスに入力したテキストは，アウトラインには表示されません。これはテキストボックスに限らず，同じ[**テキスト**]グループにあるワードアートも，テキスト属性を保ったまま画像としての特性も併せ持っていますが，アウトラインには表示されません。

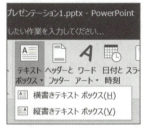

● 図7-2-2　テキストボックス

■ ヘッダーとフッター

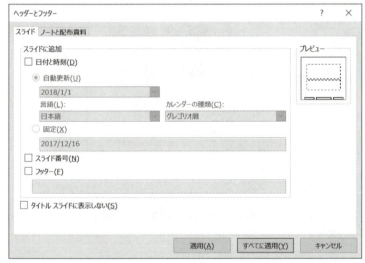

ExcelやWordと同じように，PowerPointでヘッダーとフッターを利用するには，[**挿入**]タブの[**テキスト**]グループにある[**ヘッダーとフッター**]で設定します。

● 図7-2-3　ヘッダーとフッター

ヘッダーとフッターは，スライドと，ノートおよび配布資料に設定することができます。設定項目は，下記の一覧の通りです。

	設定項目	内容
①	日付と時刻	日付と時刻の表示
②	スライド番号	スライド番号の表示
③	ヘッダー	ヘッダーテキストの設定（ノートと配布資料のみ）
④	フッター	フッターテキストの設定

● 表7-2-2　ヘッダーとフッターの設定

上記のうち，①については，[**自動更新**]と[**固定**]を選択することができます。自動更新を選択した場合は，システムの時刻に合わせて，プレゼンテーションを開いた際の日付と時刻に自動的に設定してくれます。その一方，プレゼンテーションを開いた際の日付と時刻とは無関係に，特定の日時を設定したい場合は，[**固定**]を選択し，日付と時刻を設定してください。

②のスライド番号については，プレゼンテーションでの進捗状況の確認や，質疑応答の際の目印にもなりますので，基本的に設定しましょう。

7.2.2 SmartArtグラフィックの活用

SmartArtグラフィックは，Office 2007から採用された機能で，項目を列挙するだけではわかりにくい内容について，項目と項目の関係性に注目してテキストの属性を保ったまま視覚的に表現する機能です。したがってSmartArtグラフィックは，画像やグラフにさらに意味内容の解説を形に表して加えた，図解化のための優れたツールなのです。

SmartArtグラフィックを利用するには，[**挿入**]タブの[**図**]グループからSmartArtアイコンをクリックします。[**SmartArtグラフィックの選択**]ウィンドウが表示されるので，図解化しようとしている内容に最適な種類のSmartArtグラフィックを選択します。

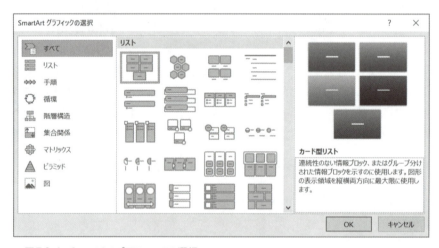

● 図7-2-4　SmartArtグラフィックの選択

選択できるSmartArtグラフィックの種類は以下の通り8種類用意されています。

	SmartArtの種類	内容
①	リスト	連続性のない情報を列挙
②	手順	プロセスまたはタイムラインについてのチャートを作成
③	循環	連続的・再帰的なプロセスを表現
④	階層構造	組織図や意思決定手順などのツリー構造を表現
⑤	集合関係	複数のメンバーからなるグループの関係性を表現
⑥	マトリックス	全体の中での位置関係を表現
⑦	ピラミッド	最上部または最下部に最大の要素がある比例関係を表現
⑧	図	図を使うことで目立たせ，内容を強調する

● 表7-2-3　SmartArtグラフィックの種類

上記のうち,⑧の「図」については,図解といっても,図自体を目立たせ,強調するためにSmartArtグラフィックの枠組みを利用しているだけなので,図を扱うという意味では,いずれの種類のSmartArtグラフィックにも関係すると考えれば,7種類となります。

SmartArtグラフィックを作成するには,2つの方法があります。すでにリスト化されたテキストをSmartArtグラフィックに変換する方法と,最初にSmartArtグラフィックの基本的な枠組みだけ作成してテキストを後から入力する方法です。

■SmartArtに変換

すでにリスト化されたテキストをSmartArtグラフィックに変換するには,入力済みテキストのプレースホルダを選択した状態で,[ホーム]タブの[段落]グループにある[SmartArtに変換]をクリックして表示されるメニューからSmartArtを選択するか,または[その他のSmartArtグラフィック(M)]をクリックして表示される[SmartArtグラフィックの選択]ウィンドウ(図7-2-4)から選択すると,テキストが選択したSmartArtグラフィックで図解化されます。

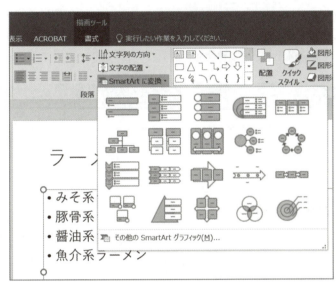

● 図7-2-5　SmartArtグラフィックに変換

■SmartArtグラフィック

先に図解化のグラフィックだけを作成するには,[挿入]タブの[図]グループからSmartArtアイコンをクリックします。[SmartArtグラフィックの選択]ウィンドウが表示されるので,適切なものを選択して[OK]ボタンをクリックします。

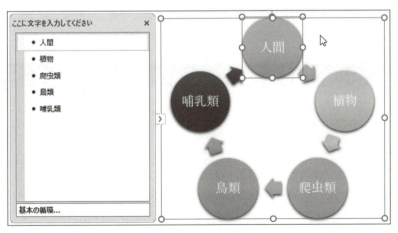

● 図7-2-6　テキストウィンドウ

●図7-2-7　SmartArtグラフィックの挿入

あるいは何も入力していないプレースホルダの中心に表の挿入やグラフの挿入などとともに表示される[SmartArtグラフィックの挿入]アイコンをクリックした場合も[SmartArtグラフィックの選択]ウィンドウが表示されるので，適切なものを選択して[OK]ボタンをクリックします。

作成したSmartArtグラフィックにテキストを入力するには，SmartArtグラフィックの左に表示されるテキストウィンドウに入力します。

■SmartArtグラフィックの書式設定

SmartArtグラフィックを挿入すると，リボンに新たに**SmartArtツール**として[**デザイン**]タブと[**書式**]タブが表示され，[**デザイン**]タブではSmartArtグラフィックの色やスタイルの設定，また[**書式**]タブでは文字書式や配置，そして拡大縮小などの調整ができます。

●図7-2-8　SmartArtツール

7.2.3　画面切り替えとアニメーション効果の設定

PowerPointプレゼンテーションでは，テキスト，図，図形，表，SmartArtグラフィック，およびその他のオブジェクトに対して，動作，サイズや色の変更などの視覚効果をアニメーションとして設定することができます。またスライドを切り替える際にアニメーションを設定することもできます。

アニメーションには，**重要なポイントの強調**，**情報の流れの調整**，**タイミングをコントロール**する機能があります。

■画面切り替え

スライドの画面切り替えは，効果を設定するスライドの前のスライドの終了から設定対象のスライドの開始までのアニメーション効果を設定します。

スライドの画面切り替えを設定するには，サムネイルで画面切り替えを設定するスライドを選択し，[**画面切り替え**]タブで[**画面切り替え**]ギャラリーで適切な画面切り替え効果を選択します。

●図7-2-9　画面切り替え

画面切り替えの効果については，[**画面切り替え**]ギャラリーにある[**その他**]ボタン（▼あるいは ）をクリックすれば，隠れていた非表示の効果も表示されます。

また，サウンド効果を追加したり，画面切り替えのタイミングや継続時間を設定したりできます。

7.2 プレゼンテーション応用

■ アニメーション

テキストを含むオブジェクトにアニメーションを設定するには，スライド画面で対象のオブジェクトを選択し，[アニメーション]タブで[アニメーション]ギャラリーから適切なアニメーション効果を選択します。

● 図7-2-10　アニメーション

■ アニメーション効果の種類

アニメーション効果についても，[アニメーション]ギャラリーにある[その他]ボタン（▼あるいは）をクリックすれば，隠れていた非表示の効果も表示されます。アニメーション効果には，基本的に**開始**，**強調**，**終了**，そして**アニメーションの軌跡**の4種類あり，テキストを含むオブジェクトを表示する際にアニメーションさせるのか，あるいは強調する際か，それとも表示を消す際かをそれぞれ設定することができます。また開始・強調・終了の際のアニメーションだけでなく，直線・曲線・8の字など，パターン化された軌跡に沿って連続してオブジェクトを動かしたり，マウスで自由に動かしたその軌跡を登録したりすることもできます。なお[**アニメーションの追加**]で，同一オブジェクトに対して異なる種類のアニメーション効果を追加設定すれば，オブジェクトがスライド画面に表示されてから消えていくまでを統一した動きで設定することもできます。

[アニメーション]ギャラリーに表示されるアニメーションは，よく利用される種類のアニメーションで，さらに豊富な種類のアニメーションが，[その他の…効果]をクリックすると表示されます。

● 図7-2-11　アニメーションギャラリー

207

Chapter 7 情報の提示と発信

●図7-2-12 その他のアニメーション効果

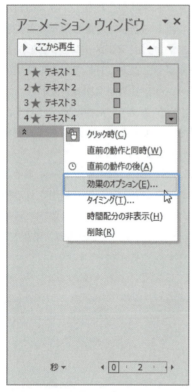

●図7-2-13 効果のオプション

またアニメーション開始・強調・終了のタイミング（クリック時か，指定時間経過後か）や継続時間を設定したり，効果のオプションの設定をしたりすることができます。

これらアニメーション効果の順序を含むオプションについて全般的にまとめて設定するには，[**アニメーションウィンドウ**]をクリックして作業ウィンドウを表示します。アニメーションウィンドウには，オブジェクトに対して設定したアニメーション効果が，設定した順番に並びます。アニメーションの順序を変える場合は，[**アニメーション**]タブの[**タイミング**]グループにある[**アニメーションの順序変更**]で[**順序を前にする**]または[**順序を後にする**]で設定することもできますが，アニメーションウィンドウであれば，アニメーションリストの一覧から順序を変更したい項目をマウスで上下にドラッグすることで変更することができます。

アニメーション効果を削除するには，アニメーションウィンドウのアニメーションリストで削除する項目を選択して右クリックして表示されるメニューから[**削除(R)**]を選択（あるいは Delete ）します。

アニメーション動作の方向などについては，[**アニメーション**]グループにある[**効果のオプション**]で設定することができますが，詳細な設定については，アニメーションウィンドウでアニメーショ

7.2 プレゼンテーション応用

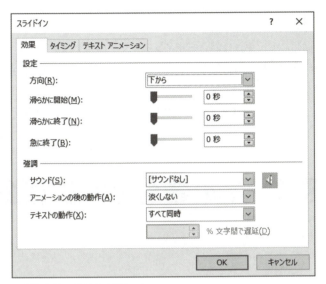

● 図7-2-14　効果のオプション

ンリストのいずれかをマウスで右クリックして表示される[**効果のオプション(E)**]を選択してください。

アニメーション効果の種類によって設定項目が異なりますが，[**効果**]タブと[**タイミング**]タブで詳細な設定ができます。

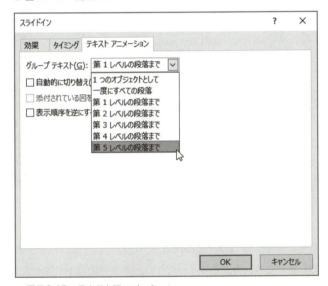

● 図7-2-15　テキストアニメーション

なお，テキストが入力されたプレースホルダに対してアニメーション効果を設定した場合は，[**効果のオプション**]に[**テキストアニメーション**]タブが表示され，[**グループテキスト**]メニューでテキストのリストに対するアニメーション効果適用のグループ設定をすることができます。特にテキストリストにレベルが設定されている場合，アニメーション効果もプレースホルダ全体，または第5レベルまでの各レベルを個別に設定できます。

さらに，SmartArtに対してアニメーション効果を設定した場合は，[**効果のオプション**]に[**SmartArtアニメーション**]タブが表示され，[**グループグラフィック**]メニューでSmartArtグラフィックに対するアニメーション効果適用のグループ設定をすることができます。SmartArtは，テキストの属性をもったまま図解化されているので，元々のテキストリストに対するアニメーション効果を設定するのと同じようにアニメーションのグループを設定できます。

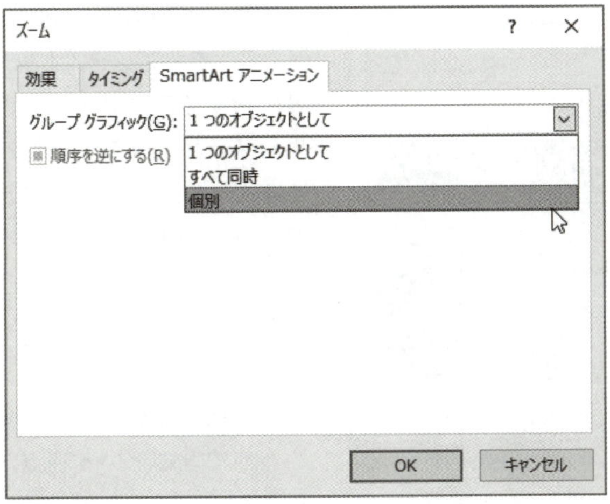

● 図7-2-16　SmartArtアニメーション

7.2.4 スライドマスターの活用

すべてのスライドに同じフォントや同じ画像，または同じデザインテーマや同じアニメーション効果を設定するには，**スライドマスター**に変更を加えることで，すべてのスライドに同じ設定が適用されます。マスターには，スライドだけでなく，配布資料やノートのレイアウトに対する設定もできます。

スライドマスターの設定をするには，[**表示**]タブの[**マスター表示**]グループで[**スライドマスター**]（図7-1-9参照）を選択します。スライドマスターは，デザインテーマのレイアウトごとに設定することができます。

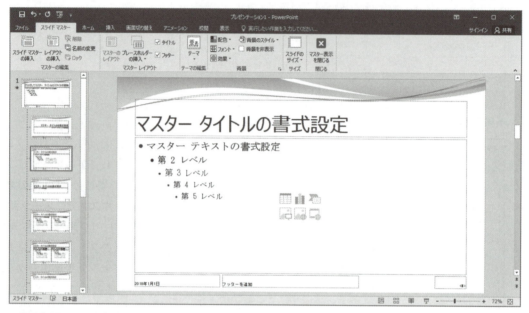

● 図7-2-17　スライドマスター

スライドマスターは，スライドテンプレートであるテーマを編集することになりますが，オリジナルのテーマを編集するわけではなく，プレゼンテーションファイルにコピーを作ることになりますので，間違ってオリジナルのテーマを削除してしまったり，壊してしまったり心配する必要はありません。

スライドマスターの一般的な使い方としては，大学や会社組織，またはグループの共通のロゴなどをスライド画面に常時表示させたり，またプレースホルダなどに対するアニメーション効果をスライドマスターに設定することで，1枚1枚のスライドに個々の項目を設定する手間を省けるだけでなく，スライド全体として統一したレイアウト・デザイン・アニメーションを一括して登録したりすることができるという利点があります。

● 図7-2-18　テーマギャラリー

編集したスライドマスターは，デザインテンプレートとしてテーマを保存しておけば，別のプレゼンテーションに読み込んで複数のプレゼンテーションに同じレイアウト・デザイン・アニメーションを簡単に適用することができます。スライドマスターを保存するには，[**デザイン**]タブの[**テーマ**]グループでテーマギャラリーのメニューにある[**現在のテーマを保存(S)**]を選択してファイル名を付けて保存します。デザインテンプレートとしてのテーマファイルは，".thmx"という拡張子で保存されます。別のプレゼンテーションに適用するには，同じテーマギャラリーのメニューにある[**テーマの参照(M)**]で保存済みのテーマファイルを選択します。

● 図7-2-19　テーマファイル

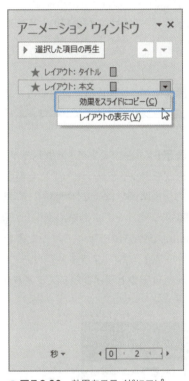

● 図7-2-20　効果をスライドにコピー

スライドマスターの活用で注意する点は，スライドマスターにすでにアニメーション効果が設定されている場合，スライドマスターで設定したアニメーションがすべてのスライドに設定済みになることです。したがって，もし特定のスライドにだけスライドマスターに設定したものとは別の他のアニメーション効果を設定するのであれば，アニメーションウィンドウで，マスターで設定済みのアニメーションの▼をクリックして表示されるメニューから，いったん[**効果をスライドにコピー(C)**]を選択して，マスターの設定を解除して編集する必要があります。また，先にスライドにアニメーション効果を設定した後でスライドマスターにもアニメーションを設定すると，アニメーション効果が二重に登録されてしまうので，注意が必要です。

7.2.5　協調作業と校閲機能

　PowerPointでは，他のユーザーとプレゼンテーションを共有してリアルタイムに共同編集するコラボレーションが可能です。そのような協調作業において便利なのが，他のユーザーからのコメントです。PowerPointでは，Wordのように変更履歴をそのまま記録する機能はありませんが，このコメント機能を利用して，他のユーザーが残したコメントを元に，プレゼンテーションのファイルを比較することで変更履歴を確認することができます。

■クラウドを利用した協調作業と校閲機能

　PowerPointでは，OneDriveなどのクラウドストレージを利用して文書ファイルを共有して協調作業をすることができます。このリアルタイム共同編集の機能を利用するための詳細な要件と手順については，6.2.3節を参照してください。

Chapter 7　情報の提示と発信

●図7-2-21　校閲機能

　いずれもプレゼンテーションを標準の「PowerPointプレゼンテーション」形式でOneDriveに保存しておき，タイトルバーの右端にある[**共有**]ボタンをクリックして，共同編集に招待するユーザーに電子メールで招待状を送信して共同編集します。協調作業中は，[**校閲**]タブのコメント機能を使って，注意事項や特記事項を**コメント**として，プレゼンテーションのスライドに対して付箋紙のように追加することができます。

■ Wordとの連携

　PowerPointと他のソフトウェアとの協調作業では，Excelの図表やグラフ作成機能との連携もありますが，Wordのアウトラインプロセッサーを利用したプレゼンテーション全体のストーリーボードとしての活用も見逃せない機能のひとつです。

　まずWordでアウトラインを編集するには，[**表示**]タブの[**表示**]グループにある[**アウトライン**]をクリックして，表示形式をアウトラインに変更します。表示形式をアウトラインモードに変更すると，新たに[**アウトライン**]タブが表示され，入力したテキストの前後関係やレベルを視覚的に確認しながら編集できるようになります。箇条書きの見出し項目の関係をレベルとして階層構造化した後，Word文書として保存してPowerPointに読み込みます。PowerPointでWordのアウトライン文書を読み込むには，[**ファイル**]タブの[**開く**]を選択するか，または[**ホーム**]タブの[**スライド**]グループにある[**新しいスライド**]の▼をクリックして表示されるメニューから[**アウトラインからスライド(L)**]を選択して，作成済みのWord文書を読み込みます。

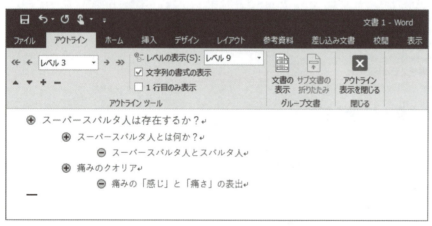

●図7-2-22　Wordアウトライン

● 図7-2-23　アウトラインファイルの読み込み

　読み込まれたWord文書は，アウトラインのレベル1がスライドのタイトルのプレースホルダに読み込まれ，レベル2以下の項目はスライドのコンテンツのプレースホルダに読み込まれます。

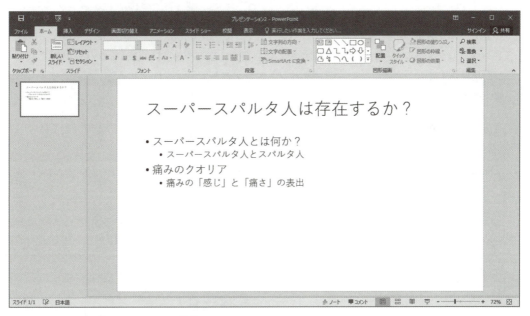

● 図7-2-24　WordとPowerPointの連携

　したがって，アウトライン機能を利用したWordとPowerPointの連携においては，Wordで全体のシナリオを見出し項目としてレベルを付けて作成し，推敲しつつアイデアを練っておいて，ストーリーがまとまったところで，一気にPowerPointに読み込んでプレゼンテーションを仕上げることができます。

7.2.6 リハーサル

PowerPointには，プレゼンテーションを実施するに先立って，予行演習をする機能として**リハーサル**機能が備わっています。

● 図7-2-25　スライドショータブ

リハーサルを行うには，[**スライドショー**]タブの[**設定**]グループにある[**リハーサル**]をクリックします。リハーサルは，基本的にスライドショーの開始と同様にプレゼンテーションのスライドが全画面表示されますが，画面左上に**フローティングパレット**が表示されます。

● 図7-2-26　記録ツールバー

● 図7-2-27　リハーサルの保存ダイアログボックス

フローティングパレットには，[**記録中**]と表示され，現在表示しているスライドの提示時間とプレゼンテーション全体の経過時間が表示されます。そしてプレゼンテーションを終了する際にはスライドショーのタイミング保存ダイアログが表示されます。このとき[**はい(Y)**]をクリックして，タイミングを保存すると，次にプレゼンテーションを実行すると，保存されたタイミングでスライドの切り替えやオブジェクトのアニメーションなどが自動実行されます。

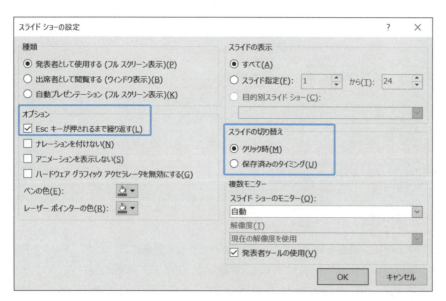

● 図7-2-28　スライドショーの設定

ちなみに[**スライドショーの設定**]の[**オプション**]で[**Escキーが押されるまで繰り返す**]を☑にしておくと，自動プレゼンテーションをEscキーを押下するまで再生し続けます。逆にリハーサルでスライドショーのタイミングを保存後に，手動で任意のタイミングでプレゼンテーションを実行するには，[**スライドショーの設定**]の[**スライドの切り替え**]で[**クリック時(M)**]のラジオボタンを選択します。

7.2.7　印刷操作

PowerPointプレゼンテーションでスライドを印刷する場合，**フルページサイズのスライド**，**ノート**，**アウトライン**，**配布資料**，の4種類の印刷方法があります。それぞれ以下の特徴があります。

	印刷レイアウト	特徴
①	フルページサイズのスライド	1枚の印刷用紙に1枚ずつスライドを印刷します
②	ノート	1枚の印刷用紙に1枚のスライドとノートを印刷します
③	アウトライン	プレースホルダの箇条書きの項目だけを印刷します
④	配布資料	1枚の印刷用紙に複数枚のスライドを印刷します

●表7-2-4　印刷レイアウト

印刷レイアウト選択して実際に印刷するには，リボンの[**ファイル**]タブの[**印刷**]をクリックして**印刷設定**と**印刷プレビュー**画面を表示します。

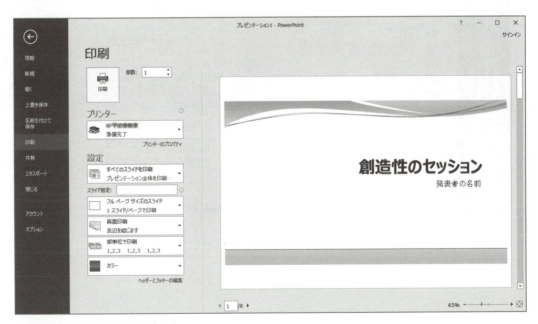

●図7-2-29　印刷設定と印刷プレビュー

印刷設定では，プリンターの選択とプリンタープロパティでの設定変更，そして印刷対象の設定と印刷レイアウトの選択，また片面・両面印刷の選択と白黒・カラー印刷の選択を行います。5.2.3節や6.2.4節も参照してください。

Chapter 7 情報の提示と発信

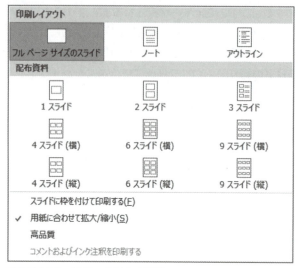

●図7-2-30　印刷レイアウトの選択

　PowerPointで特徴的な印刷機能としては，表7-2-4で示した通り，スライドの印刷レイアウトを用途に応じて選択できることです。図7-2-31のようにノート形式で印刷すれば，プレゼンテーション実行時やリハーサルの際に手元に発表原稿として利用することができます。また，配布資料形式の印刷レイアウトについては，印刷用紙1枚当たりのスライドサムネイルの表示数を最大9枚まで選択することができます。印刷用紙の節約になるだけでなく，資料全体を俯瞰して見るのにも役立ちます。

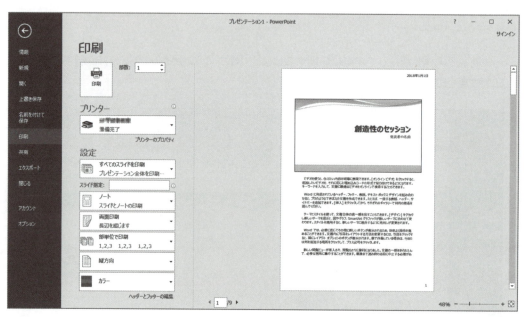

●図7-2-31　ノート形式での印刷

216

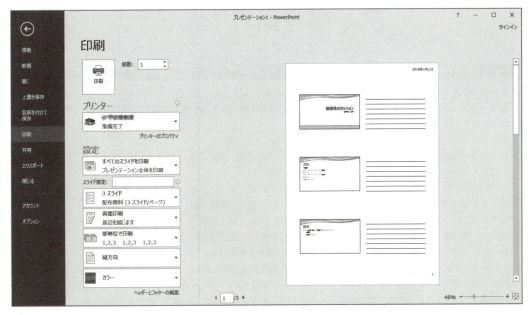

● 図7-2-32　配布資料形式での印刷

　配布資料形式での印刷について注意する点としては，印刷用紙の縦横の向きとサムネイルの枚数の選択です。サムネイルの枚数を増やすと，テキストの印刷が不鮮明で判読できなくなってしまう場合がありますし，印刷用紙の縦横の向きの違いで，大きさが変わります（特に16：9のスライドレイアウトの場合）ので，最適な印刷レイアウトを選択してください。

演習問題

　前節の演習問題で作成したプレゼンテーションに図や写真，グラフといったテキスト以外のオブジェクトを配置し，図解化することで，より説得的・直感的でわかりやすい資料へと仕上げましょう。
　また，画面の切り替えやアニメーション効果を設定することで，躍動感のあるダイナミックな印象を聞き手に与えるプレゼンテーションを完成させ，発表しましょう。
　作業に際しては，以下の点に留意してください。

- スライドのフッター項目として「日付」，「スライド番号」を追加し，「フッター」としてプレゼンテーションのタイトル名を記入してください。
- 図解化に際しては，SmartArtグラフィックを活用してみましょう。図解化に適さないと思われるスライドについては，内容と関連する，あるいは内容を連想させる図や写真を配置しましょう。
- 画面切り替えやアニメーション効果の設定については，「マスター」スライドに適用することで，プレゼンテーション全体で同一基調に統一してください。
- 印刷レイアウトとして「ノート」を選択して印刷した発表原稿を手元に，リハーサル機能を利用して，事前に練習してから本番のプレゼンテーションに臨みましょう。
- 発表に際しては，印刷レイアウトとして「配布資料」を選択し，印刷して配布しましょう。

参考図書一覧

編著者，書名，出版社，出版年

総務省，平成30年版情報通信白書，日経印刷，2018年

独立行政法人情報処理推進機構，情報セキュリティ白書2018，独立行政法人情報処理推進機構，2018年

佐々木良一，ITリスクの考え方，岩波新書，2008年

佐々木良一，インターネットセキュリティ入門，岩波新書，1999年

佐々木良一(監修)・会田和弘，情報セキュリティ入門，共立出版，2009年

土居範久(監修)，情報セキュリティ事典，共立出版，2003年

土居範久(監修)，改訂版情報セキュリティ教本，実教出版，2009年

独立行政法人情報処理推進機構，四訂版情報セキュリティ読本，実教出版，2012年

板倉正俊，インターネット・セキュリティとは何か，日経BP社，2002年

園田寿・野村隆昌・山川健，ハッカーVS.不正アクセス禁止法，日本評論社，2000年

相戸浩志，よくわかる最新情報セキュリティの基本と仕組み，秀和システム，2007年

大橋充直，図解・実例からのアプローチ　ハイテク犯罪捜査入門-基礎編-，東京法令出版，2004年

大橋充直，図解・実例からのアプローチ　ハイテク犯罪捜査入門-捜査実務編-，東京法令出版，2005年

大橋充直，図解・実例からのアプローチ　サイバー犯罪捜査入門-捜査応用編-，東京法令出版，2010年

菅野文友，コンピュータ犯罪のメカニズム，日科技連，1989年

不正アクセス対策法制研究会編著，逐条不正アクセス行為の禁止等に関する法律(補訂第二版)，立花書房，2008年

静谷啓樹，情報倫理ケーススタディ，サイエンス社，2008年

矢野直明・林紘一郎，情報社会のリテラシー，産業図書，2008年

矢野直明，サイバーリテラシー概論，知泉書館，2007年

谷口長世，サイバー時代の戦争，岩波新書，2012年

伊藤寛，「第5の戦場」サイバー戦の脅威，祥伝社新書，2012年

土屋大洋，サイバー・テロ日米VS.中国，文芸春秋新書，2012年

福﨑稔(編)，情報化時代の基礎知識第3版，ポラーノ出版，2015年

竹下隆史(他)，マスタリングTCP/IP入門編第5版，オーム社，2012年

Philip Miller，マスタリングTCP/IP応用編，オーム社，1998年

齋藤孝道，マスタリングTCP/IP 情報セキュリティ編，オーム社，2013年

井上博之(他)，マスタリングTCP/IP IPv6編第2版，オーム社，2013年

Barbara Minto，考える技術・書く技術，ダイヤモンド社，1999年

Barbara Minto，考える技術・書く技術ワークブック〈上〉，ダイヤモンド社，2016年

Barbara Minto，考える技術・書く技術ワークブック〈下〉，ダイヤモンド社，2016年

山﨑康司，入門考える技術・書く技術，ダイヤモンド社，2011年

Ron White，ビジュアル版 コンピュータ&テクノロジー解体新書，SB Creative，2015年

参考リンク一覧

PCの基本

Windows 10のヘルプ	https://support.microsoft.com/ja-jp/products/windows?os=windows-10
PCI SIG (PCI Express)	http://pcisig.com/
Windows Update の利用手順	https://www.microsoft.com/ja-jp/safety/protect/musteps.aspx
更新プログラムが正しくインストールされたかを確認する方法 - Windows 10 の場合	https://www.microsoft.com/ja-jp/safety/protect/inst_history_win10.aspx
Windows 使い方ガイド	https://www.microsoft.com/ja-jp/atlife/tips/windowsarchive.aspx

サーチエンジン

goo	https://www.goo.ne.jp/
goo地図	https://map.goo.ne.jp/
Google	https://www.google.co.jp/
Googleマップ	https://maps.google.co.jp/
Googleブックス	https://books.google.co.jp/
Google検索ヘルプセンター	https://support.google.com/websearch
Yahoo! Japan	https://www.yahoo.co.jp/
Yahoo! Japan地図	https://map.yahoo.co.jp/
Rakuten Infoseek	https://www.infoseek.co.jp/
NAVITIME地図検索	https://www.navitime.co.jp/maps/
国立国会図書館インターネット資料収集保存事業	http://warp.da.ndl.go.jp/
Internet Archive	https://archive.org/
WayBack Machine	http://archive.org/web/web.php
OneDriveヘルプセンター	https://support.office.com/ja-jp/onedrive

データ表現とデータ通信

Computerworld "Cerf sees a problem : Today's digital data could be gone tomorrow"	https://www.computerworld.com/article/2497415/it-leadership/cerf-sees-a-problem--today-s-digital-data-could-be-gone-tomorrow.html
日本工業標準調査会	http://www.jisc.go.jp/index.html
ISO/IEC 10646:2017 Universal Coded Character Set (UCS)	http://standards.iso.org/ittf/PubliclyAvailableStandards/c069119_ISO_IEC_10646_2017.zip
UTF-8, a transformation format of ISO 10646	https://tools.ietf.org/html/rfc3629
米国国防総省高等研究計画局(DARPA)	https://www.darpa.mil/
ARPANETについて	https://www.darpa.mil/about-us/timeline/arpanet
RAND研究所	https://www.rand.org
P. Baranの並列分散ネットワークについて	https://www.rand.org/pubs/papers/P2626.html
一般社団法人JPNIC	https://www.nic.ad.jp/
ドメイン名とは	https://www.nic.ad.jp/ja/dom/basics.html
JPRS	https://jprs.jp/
日本語ドメイン名関連情報	http://日本語.jp/
ICANN	https://www.icann.org/
IANA	http://www.iana.org/
IEEE MAC Addressサーチ	https://regauth.standards.ieee.org/standards-ra-web/pub/view.html

情報セキュリティ・情報倫理

警察庁サイバー犯罪対策プロジェクト	http://www.npa.go.jp/cyber/
サイバーポリスエージェンシー	https://www.npa.go.jp/cybersecurity/index.html
警察白書	https://www.npa.go.jp/publications/whitepaper/index.html
警視庁情報セキュリティ広場	http://www.keishicho.metro.tokyo.jp/kurashi/cyber/
内閣サイバーセキュリティセンター(NISC)	http://www.nisc.go.jp/
経済産業省情報セキュリティ政策	http://www.meti.go.jp/policy/netsecurity/
コンピュータウィルス対策基準	http://www.meti.go.jp/policy/netsecurity/CvirusCMG.htm
総務省情報通信政策に関するポータルサイト	http://www.soumu.go.jp/main_sosiki/joho_tsusin/joho_tsusin.html
国民のための情報セキュリティサイト	http://www.soumu.go.jp/main_sosiki/joho_tsusin/security/index.html
外務省サイバー犯罪に関する条約	https://www.mofa.go.jp/mofaj/gaiko/treaty/treaty159_4.html
日本サイバー犯罪対策センター	https://www.jc3.or.jp/
インターネットホットラインセンター	http://www.internethotline.jp/

独立行政法人情報処理推進機構	https://www.ipa.go.jp/
情報セキュリティ対策	https://www.ipa.go.jp/security/measures/index.html
一般社団法人JPCERT/CC	http://www.jpcert.or.jp/
緊急情報を確認する	http://www.jpcert.or.jp/menu_alertsandadvisories.html
電子政府総合窓口(e-Gov)	http://www.e-gov.go.jp/
電子政府所管の法令	http://www.e-gov.go.jp/law/ordinance.html
法令データ検索システム	http://law.e-gov.go.jp/
脆弱性対策情報データベース	https://jvndb.jvn.jp/index.html
マイクロソフト セキュリティ更新プログラム	https://technet.microsoft.com/ja-jp/security/bulletins.aspx

情報の集計と分析

政府統計の総合窓口(e-Stat)	http://www.e-stat.go.jp/SG1/estat/eStatTopPortal.do
総務省統計局	https://www.stat.go.jp/
独立行政法人統計センター	http://www.nstac.go.jp/
国連統計データベース	http://data.un.org/Default.aspx
米国国税調査局	https://www.census.gov/
U.S. and World Population Clock	https://www.census.gov/popclock/
CIA The World Factbook	https://www.cia.gov/library/publications/the-world-factbook/index.html
国際通貨基金(IMF)	http://www.imf.org/
World Economic Outlook Databases	http://www.imf.org/external/ns/cs.aspx?id=28
国際経済開発機構(OECD)	http://www.oecd.org/
統計情報	http://www.oecd.org/statistics/
データカタログサイト(オープンデータ)	http://www.data.go.jp/
Excelヘルプセンター	https://support.office.com/ja-jp/excel

情報の編集と文書化

文化庁著作権情報	http://www.bunka.go.jp/seisaku/chosakuken/
科学技術情報流通技術基準(SIST)	https://jipsti.jst.go.jp/sist/
参照文献の書き方	http://jipsti.jst.go.jp/sist/handbook/sist02_2007/main.htm
Wordヘルプセンター	https://support.office.com/ja-jp/word

情報の提示と発信

国際プレゼンテーション協会	http://www.npo-presentation.org/
PowerPointヘルプセンター	https://support.office.com/ja-jp/powerpoint

索引

記号・数字・欧文

*	34
@	38, 39
2進数	61, 70
10進数	68, 70
A4用紙	146
Altoシステム	146
AND (論理積)	33
AND検索	32
Archie	29
ARPA	62, 65
ARPANET	38, 63, 64, 65, 66, 93
ASCII	59
AVERAGE関数	123
B5用紙	146
BBS	93
Bcc:	40, 41, 47
Big Endian	60
bit	61, 68
BITNET	65
Bluetooth接続	18
Blu-ray	49
Cc:	40, 41, 47
CD	49
CERN	65
Chrome	29, 31
Chromeの設定	29, 30, 37
CIDR	69
cmd	73
Cortana	73
CREN	65
CRTディスプレイ	146
CSMA/CA	67
CSMA/CD	67
CSV形式	141
CSNET	65
DARPA	65
DATEDIF関数	124
DDoS	82
DHCP	68
DHCPサーバ	73
DNS	65, 70, 72

DNSキャッシュ	70, 95
DNSサーバ	38, 70, 73
D-Sub	18
DTP	146
DVD	49
DVI	18
Edge	29
e-Japan構想	96
e-mail	38
Ethernet	67
Excelブック形式	106
exFAT	49
e-文書法	181
FAT32	49
FIND関数	124
Firefox	29
Fwd:	42
Gmail	39, 42, 45, 46, 47, 50, 51
Google	29, 30
Googleアプリ	50
Google電卓	34
Googleドライブ	42, 49, 50, 51
Gopher	29
GUI	146
HDD	49, 92
HDMI	18
HTML	38
ICANN	72
iCloud Drive	49
ICT	96
IDN	71, 72
IF関数	123, 124
IMAP4	39
IMP	63, 64
Internet Explorer	29
IP	64, 67
ipconfig	73
IPv4	68, 69, 70
IPv6	69, 70
IPアドレス	68, 70, 73, 74, 95
ISO	64
ISP	65, 66, 93, 96

IT基本法	96	SMTP	39
IT戦略会議	96	SPAMメール	95
IT戦略本部	96	SSD	49
JC3	97	Subject:	40
JUNET	65	TCP	64, 65
LAN	66, 68, 69	TCP/IP	64, 65, 67
LEFT関数	124	To:	40, 41, 46, 47
Little Endian	60	Twitter	34
MACアドレス	68	UCLA	64
macOS	20	u-Japan政策	96
MEDIAN関数	123	Unicode	60
microSD	49	UNIX	65
MILNET	65, 66	URL	30, 31, 34
MIME	38	USBケーブル	49
miniSD	49	USBポート	49
MIT	61, 62, 63	USBメモリ	49
NAS	49	UTF-8	60
NCP	64, 65	VLOOKUP関数	123
NCSA Mosaic	65	VLSM	69
NISC	96	WAN	66
NOT (論理否定)	33	Web	29
NSF	65	Webサーチエンジン	23, 29
NSFNET	65, 66	Webページ	146, 148
nslookup	74	Webメール	47
Office Online	189	Webメールシステム	39
Officeのカスタムテンプレート	175	WIDEプロジェクト	65, 70
OHP	186	Windows 10	72
OneDrive	49, 147, 178, 179, 187, 211	Windows 95	65, 93
OpenDocument	146, 186	Windowsシステムツール	24
OR (論理和)	33	Word 2016	146
OSI参照モデル	64, 67	Wordオプション	150
PDF	106, 146, 148, 186	Wordテンプレート	175
PNG	186	Word文書	146, 147
POP3	39	World Wide Web	29, 65
PowerPoint	153	WYSIWYG	146
PowerPoint 2016	186	Yahoo!	29
PowerPointプレゼンテーション	186	Zip圧縮	42, 43
PS2接続	17	Zip形式	43
RAND社	62	Σ値	138
Re:	41		
ROM	68	**あ行**	
SDメモリカード	49	アイキャン	72
SmartArt	146, 186	アイコン	26
SmartArtアイコン	205	あいさつ文	171
SmartArt機能	202	アイデアプロセッサー	153
SmartArtグラフィック	162, 202, 204	アウトライン	153, 203, 212, 215
SmartArtグラフィックの選択	205	アウトライン表示	192
SmartArtグラフィックの挿入	206	アウトラインモード	153
SmartArtツール	163, 206	アカウントID	2
SmartArtに変換	205	アカウント情報	2

アクティブセル …………………… 107	オフィス・オートメーション ………… 91
アジェンダ ………………………… 200	オブジェクト ………………… 162, 202
アスタリスク ………………………… 34	オフライン …………………………… 19
新しいスライド …………………… 190	オペレーティングシステム ………… 20
圧縮 ………………………… 42, 43	オンラインサービス ………………… 91
宛先 ………………………… 45, 47	オンラインストレージ ……… 42, 49, 50, 99, 147
アドレス ………………… 30, 34, 68	オンラインテンプレート …………… 173
アドレスバー …………… 29, 30, 36	オンラインテンプレートの検索 ……… 148, 173, 189
アドレッシング ………………… 67, 68	
アナログ形式 ……………………… 54	
アニメーション ………… 202, 206, 207	**か行**
アニメーションウィンドウ ………… 208	カーソル ……………… 7, 149, 157, 165
アニメーション効果 …………… 186, 207	カーン, ロバート ……………………… 64
アンカー ……………………………… 30	解凍 ………………………………… 43
暗号理論 …………………………… 61	外部データの取り込み …………… 142
	改ページ …………………………… 168
イーサネット ……… 49, 65, 67, 68, 73, 74	改ページプレビュー ……………… 107
一般公衆回線 ……………………… 65	拡張子 …………………… 42, 57, 146
移動………………………………… 26	箇条書き…………………………… 196
違法ダウンロードの刑罰化 ………… 96	箇条書きと段落番号……………… 196
イリノイ大学 ……………………… 65	カスタムテンプレート ……………… 175
印刷 (Excel) …………………… 134	カットアンドペースト ……………… 152
印刷 (Word)……………………… 181	画面切り替え……………………… 206
印刷 (PowerPoint) ………… 187, 215	可用性……………………………… 78
印刷設定 (Word) ………………… 181	カリフォルニア大学サンタバーバラ校 ………… 64
印刷操作 (Word) ………………… 181	カリフォルニア大学サンディエゴ校 ………… 65
印刷操作 (PowerPoint) ………… 215	関数の挿入………………………… 120
印刷プレビュー (Word) ………… 181	完全一致検索 ……………………… 34
印刷レイアウト (Excel)………… 152	完全性……………………………… 78
インターネット …29, 31, 38, 47, 49, 61, 70, 93, 96	完全に削除 ………………………… 28
インターネット・ホットラインセンター ………… 97	
インターネット接続業者 …………… 66	キーロガー ………………………… 80, 82
インデント ………………………… 157	ギガバイト ………………………… 55
インポート ………………………… 142	基数 ………………………………… 59
	既定のアプリ ……………………… 58
ウィスコンシン大学 ……………… 65	機密性……………………………… 78
ウイルス ………………………… 42, 79	脚注 ………………………………… 176
ウィンドウ操作 …………………… 153	脚注と文末脚注 …………………… 177
ウィンドウの整列 ………………… 154	脚注の挿入………………………… 176
ウィンドウ枠の固定 ……………… 118	脚注番号 …………………………… 176
上書き保存 (Excel) ……………… 109	逆引き……………………………… 70
上書き保存 (Word)……………… 148	キャッシュカードの偽造 …………… 91
上書き保存 (PowerPoint) ……… 189	キャッシュリンク ………………… 32
	キャプチャ ………………………… 162
エクスプローラー …… 24, 28, 43, 50, 179	行………………………………… 107
閲覧ソフト………………………… 29	脅威………………………………… 79
閲覧表示 …………………………… 194	狭義のウイルス …………………… 79
遠隔操作 …………………… 82	筐体………………………………… 49
	行頭文字 …………………………… 196
オートSUM ……………………… 120	行見出し…………………………… 107
オーバーヘッドプロジェクター ………… 186	距離測定 …………………………… 36
起こし言葉 ………………………… 171	

キロバイト	55
クイックアクセスツールバー	147, 152, 187
空白のブック	108
クラインロック, レナード	62, 64
クラウドストレージ	49, 178, 211
クラスフル・アドレッシング	68
クラスレス・アドレッシング	69
クラッカー	79
グラフ	162
グラフエリア	129
グラフタイトル	129
グラフツール	164
グラフ領域	129
グリッド	165
クリップボード	114
グループ化	140
グローバルIPアドレス	69
クロスサイトリクエスト・フォージェリ	84
警察白書	91, 92, 94
計算機	61
罫線を引く	165
継続時間	207
形態素解析	32
刑法	92
刑法改正	92, 93
原稿用紙	146
検索オプション	33
検索設定	31
検索と置換	150
検索ボックス	6
件名	40
ゴア, アル	66
校閲	179, 212
校閲機能	178
光学式ディスク	92
光学ディスク	49
効果のオプション	208
航空写真	36
攻撃	79
高等研究計画局	62
後方一致	34
コーネル大学	65
国際化ドメイン名	71
国際標準化機構	64
国防総省	62, 100
コピー	26
コピーアンドペースト	152
コマンドプロンプト	73

ごみ箱	28, 40
ごみ箱ツール	28
ごみ箱フォルダー	28
ごみ箱を空にする	28
コミュニケーション手段	186
コメント	179, 212
コメント機能	178
コラボレーション	178
コリジョン	67
コントロールの挿入	166
コンピュータ・ネットワーク	29, 61
コンピュータ犯罪	91, 92, 94, 98

さ行

サーバ	39
サーフ, ヴィント	64
再起動	3
最小化	7
サイズ変更ハンドル	195
サイダー	69
最大化	7
サイバー刑法	99
サイバー攻撃	78, 97, 100
サイバー攻撃特別捜査隊	97
サイバー攻撃分析センター	97
サイバーセキュリティ	96, 97
サイバー戦争	100, 101
サイバー犯罪	94, 97, 98, 99, 100
サイバー犯罪条約	98, 100
サイバー犯罪捜査官	97
サイバー犯罪対策課	97
サイバー犯罪に関する法律	98
サイバーフォース	97
サイバーポリスエージェンシー	97
サイバーポルノ	99
再フォーマット	49
サインアウト	3
サインイン	2
サインイン要求画面	2
サウンド効果	207
詐欺罪	91
詐欺事件	91
削除	28
サブネット	69
サブネットマスク	69, 73
サムネイル	187
参考資料	176
三和銀行オンライン詐欺事件	91
シークレットモード	30

シートの移動またはコピー	117	すべて展開	43
磁気ストライプ	92	すべてのアプリ	4
磁気ディスク	92	スライド	187, 190
磁気テープ	92	スライド一覧表示	192
字下げ	157	スライドウィンドウ	187
辞書攻撃	85	スライドショー	187, 198
自動的に転送	45	スライドショーの開始	198, 199
シャットダウン	3	スライドショーの設定	198
シャノン, クロード	61	スライドのサイズ	197
ジャンプ	150	スライドの再利用	191
ジャンプリスト	6	スライドの削除	190
終了	7	スライドの追加	190
受信者	40, 46	スライドの複製	191
受信トレイ	40, 41, 44, 46	スライドマスター	210
招待状	179	スリープ	3
商標権	96		
商標権侵害	96	脆弱性	79
情報	61	生体認証	85
情報科学の父	62	正引き	70
情報スーパーハイウェイ構想	66, 93	セキュリティ	78
情報セキュリティ	78	セキュリティ対策	42
情報セキュリティの3要素	78	セクション区切り	168
情報セキュリティのCIA	78	セル	107
情報量	61	ゼロックス社	146
証明書認証	85	選択したスライドに適用	197
ショートカット	27	全二重通信	67
初期化	49	全米科学財団	65
書式設定	155	前方一致	34
署名	44, 45		
署名機能	45	総当たり攻撃	85
シリアル・インタフェース	16	送信	40, 41
人工知能	62	送信取り消し	44
		送信元	45
数式	119	ソーシャルエンジニアリング	85
数式バー	107	属性型ドメイン	71
数値フィルター	127	外付けディスク	49
スーパー・コンピュータ・センター	65	ソフトウェア	14
ズームスライダー	108, 147, 182, 187		
図解化	186, 202, 204		

た行

スキャベンジング	86
スクリーンショット	162
スタートボタン	4
スタートメニュー	4
スタティック	185
スタンフォード大学	64
ステータスバー	147, 153
ストーリーボード	192, 212
スパイウェア	80
図表番号	176, 177
図表番号の挿入	177

第5の戦場	100
ダイアルアップ	65
ダイアルアップ接続	93
ダイアログボックス起動ツール	111, 155, 160, 177, 195, 196
タイトルバー	147, 152, 187
ダイナミック	185
タイミング	207
タイムシェアリングシステム	38
ダウンローダー	82
タスクバー	4
裁ちトンボ	147, 149, 161

縦軸	128
縦軸ラベル	129
タブ	157
タブセレクター	158
タブとリーダー	157
タブマーカー	158
単語登録	13
段落書式（Word）	146, 155, 156
段落書式（PowerPoint）	196
段落番号	196
地域型ドメイン	71
遅延書き込み	49
地図情報検索	35
知的財産権	95
チャット	93
中間一致	34
著作権法	95
著作権法違反	96, 176
次の脚注	177
出会い系サイト規制法	95
デイヴィス，ドナルド	62, 63
ディファクト・スタンダード	64
ディレクトリ型	31
データストレージ	49
データ分布	140
データベース	31, 32
テーマ	197
テキストファイルのインポート	142
テキストフィルター	127
テキストボックス	195, 203
デザインテーマ	197
デザインテンプレート	211
デジタル形式	54
デジット	54
デスクトップ型	19
デスクトップ画面	2
デュアルスタック方式	70
テラバイト	55
展開	42, 43
電子掲示板	93
電子消費者契約法	95
電磁的記録	92
電子メール	38, 39, 45, 47, 65, 93
電子メールアドレス	39, 40, 41, 42, 46, 51
転送	42, 45
電卓	34
添付	42
添付ファイル	42, 47

テンプレート	146, 171, 186
特定商取引に関する法律	95
とじしろ	161
トポロジー	66
ドメイン	34
ドメイン指定検索	34
ドメイン名	38, 39, 70, 74
ドライブバイダウンロード	84
ドラッグアンドドロップ	26, 28
トランケーション	34
トロイの木馬	80
トンネリング方式	70

な行

内閣官房情報セキュリティセンター	96
内部関係者による犯行	91
ナビゲーション	29, 169
ナビゲーションウィンドウ	151
名前解決	70
名前ボックス	107
名前を付けて保存（Excel）	108
名前を付けて保存（Word）	148
名前を付けて保存（PowerPoint）	189
並べ替え	124
日本語JPドメイン	71
日本サイバー犯罪対策センター	97
ニューヨーク市立大学	65
認証トークン	85
ネットワークとインターネット	72
ネットワークと共有センター	73
ネットワーク犯罪	93
ネットワーク利用犯罪	94, 95
ノート	193, 203, 215
ノート表示	193

は行

ハードウェア	14
ハーバード大学	64
配置	111
ハイテク犯罪	94
ハイパーテキスト	30
配布資料	203, 215
配布資料印刷	187
パケット	63, 68
パケット交換技術	62
パスワード	2, 40
パスワードの変更	4
パスワードリスト攻撃	85

パソコン通信	93, 94
ハッカー	78
バックドア	80
ハッシュタグ検索	34
発表者ツール	198
バラン, ポール	62, 63
範囲指定検索	34
ハンドルネーム	93
半二重通信	67
汎用ドメイン名	72
凡例項目	129
引数	120
ピッツバーグ大学	65
ビット	55, 68
ひな型	171
ピボットテーブル	137
ピボットテーブルの作成	137
表	165
表示モード	107
標準	107
標準ビュー	187
標準モード	191
剽窃	176
標的型攻撃	80, 95
表の挿入	165
ピン留め	5
ファーミング詐欺	95
ファームバンキング	91
ファイルシステム	20
ファイルタブ	108
ファイルの種類	148
ファイル名	57
フィッシング詐欺	84, 95
フィル	114
フィルター	124, 138
フィルターボタン	126
フィルハンドル	114
フィールドセクション	138
ブール代数	61
フォーマット	49
フォワード	42, 45
フォント	155
フォントサイズ	156
符号化	61
符号化方式	59
不正アクセス	98, 100
不正アクセス禁止	98
不正アクセス禁止法	93, 94
不正アクセス行為の禁止等に関する法律	94

不正サイトへの誘導	82
不正指令電磁的記録に関する罪	99
ブック	106
ブックファイル	106
ブックマーク	30, 37
ブックマーク登録	30
ブックマークマネージャ	30, 37
フッター（Excel）	136
フッター（Word）	167
フッター（PowerPoint）	203
物理的アドレス	68
物理的なトポロジー	66
部分一致検索	34
踏み台	82
フュークス, アイラ	65
プライベートIPアドレス	69
ブラウザ	29, 30, 39
ブラウン管	146
ぶら下げ	157
フラッシュメモリ	49
プリンストン大学	65
プリンター	18, 134
プリンターのプロパティ	134, 182
フルHD	17
フルページサイズのスライド	215
プレースホルダ	195, 203
プレゼンソフト	186
プレゼンテーション	186
プレゼンテーションソフト	153
フローティングパレット	157, 214
プロジェクター	198
プロットエリア	128, 129
プロトコル	64, 67
プロトコル・スイート	64
プロバイダ責任制限法	96
分割バー	153
分散型サービス妨害攻撃	82
分散型ネットワーク	63
分散型ネットワークシステム	62
文末脚注	176
文末脚注の挿入	176
ページ区切り	168
ページ設定	160
ページ番号	167
ページレイアウト	107
ベース名	57
ペタバイト	55
ヘッダー（Excel）	136
ヘッダー（Word）	167

ヘッダー（PowerPoint）	203	横軸ラベル	129
変更履歴	178, 180	余白	135, 160
変更履歴の記録	180		

ら行

返信	41	ラップトップ型	19
ペンツール	198	ラベル	44, 178
		ランサムウェア	80
ポイント	156	ランドウィーバー, ラリー	65
包括的犯罪規制法	98		
ホームポジション	9	リダイレクト	45
ホスト名	70	リックライダー, J.C.R.	63
ボット	82	リッピング	96
ボットネット	82	リハーサル	187, 214
ホットポテト	63	リボン	107, 147, 187
		リボンインターフェイス	24

ま行

		リムーバブルメディア	49
マスター機能	186	領域セクション	138
マスター表示	210	両面印刷	182
マップ	35	リンク	30
マルウェア	79, 95		
		ルート検索	36
ミニツールバー	157	ルーラー	158
		レイアウト設定	155, 160
結び言葉	171	レーザーポインター	198
無線LAN	49, 67	レジストラ	72
無変換キー	13	レジストリ	72
		列	107
名誉毀損	96	列見出し	107
メインフレーム	38	レディネス	200
メール	39	レベル	196
メガバイト	55	連続データの作成	114
メッセージ・ブロック	63	連絡先	46
メディア	49		
メモリ	92	ローカルディスク	49
		ローカルパート	38, 39
文字コード	58	ログイン画面	40
文字コード系	59	ロバーツ, ラリー	63
文字集合	59	ロボット型	31
文字書式（Excel）	136	論理的アドレス	68
文字書式（Word）	146, 155	論理的なトポロジー	66
文字書式（PowerPoint）	195		
文字数と行数	160		

わ行

文字列を表に変換	166	ワークシート	107
戻り値	120	ワードプロセッサ	146
		ワープロソフト	146

や行

		ワーム	80
ユーザーの切り替え	3	ワイルドカード	34
愉快犯	100	ワンクリック詐欺	84, 95
ユタ大学	64		
ユビキタス	96		
用紙	160		
よく使うアプリ	4		
横軸	128		

【著者紹介】

美濃輪 正行（みのわ まさゆき）
　日本大学危機管理学部 教授

谷口 郁生（たにぐち いくお）
　日本大学スポーツ科学部 准教授

課題解決のための情報リテラシー

2018年 11月25日　初版1刷発行
2020年　2月25日　初版2刷発行

（検印廃止）

著　者　美濃輪 正行・谷口 郁生　©2018

発行所　**共立出版株式会社**／南條光章

　　　　東京都文京区小日向4丁目6番19号
　　　　電話　03-3947-2511番（代表）
　　　　〒112-0006／振替口座 00110-2-57035番
　　　　www.kyoritsu-pub.co.jp

一般社団法人 自然科学書協会 会員

NDC 007
ISBN 978-4-320-12445-5
Printed in Japan

印刷／製本：星野精版印刷

本文組版・装丁：IWAI Design

JCOPY ＜出版者著作権管理機構委託出版物＞
本書の無断複製は著作権法上での例外を除き禁じられています．複製される場合は，そのつど事前に，
出版者著作権管理機構（TEL：03-5244-5088，FAX：03-5244-5089，e-mail：info@jcopy.or.jp）の
許諾を得てください．

見つかる(未来)，深まる(知識)，広がる(世界)

共立 スマート セレクション

本シリーズは，自然科学の各分野におけるスペシャリストがコーディネーターとなり「面白い」「重要」「役立つ」「知識が深まる」「最先端」をキーワードに，テーマを精選。第一線で研究に携わる著者が，専門知識がなくとも読み進められるようにわかりやすく解説。　【各巻：B6判・並製・税別本体価格】

❶ 海の生き物はなぜ多様な性を示すのか
　数学で解き明かす謎
　山口　幸著／コーディネーター：巌佐　庸
　・・・・・・・・・・・・・・・・・・・・・・176頁・本体1800円

❷ 宇宙食　人間は宇宙で何を食べてきたのか
　田島　眞著／コーディネーター：西成勝好
　・・・・・・・・・・・・・・・・・・・・・・126頁・本体1600円

❸ 次世代ものづくりのための電気・機械一体モデル
　長松昌男著／コーディネーター：萩原一郎
　・・・・・・・・・・・・・・・・・・・・・・200頁・本体1800円

❹ 現代乳酸菌科学　未病・予防医学への挑戦
　杉山政則著／コーディネーター：矢嶋信浩
　・・・・・・・・・・・・・・・・・・・・・・142頁・本体1600円

❺ オーストラリアの荒野によみがえる原始生命
　杉谷健一郎著／コーディネーター：掛川　武
　・・・・・・・・・・・・・・・・・・・・・・248頁・本体1800円

❻ 行動情報処理　自動運転システムとの共生を目指して
　武田一哉著／コーディネーター：土井美和子
　・・・・・・・・・・・・・・・・・・・・・・100頁・本体1600円

❼ サイバーセキュリティ入門
　私たちを取り巻く光と闇
　猪俣敦夫著／コーディネーター：井上克郎
　・・・・・・・・・・・・・・・・・・・・・・240頁・本体1600円

❽ ウナギの保全生態学
　海部健三著／コーディネーター：鷲谷いづみ
　・・・・・・・・・・・・・・・・・・・・・・168頁・本体1600円

❾ ICT未来予想図
　自動運転，知能化都市，ロボット実装に向けて
　土井美和子著／コーディネーター：原　隆浩
　・・・・・・・・・・・・・・・・・・・・・・128頁・本体1600円

❿ 美の起源　アートの行動生物学
　渡辺　茂著／コーディネーター：長谷川寿一
　・・・・・・・・・・・・・・・・・・・・・・164頁・本体1800円

⓫ インタフェースデバイスのつくりかた
　その仕組みと勘どころ
　福本雅朗著／コーディネーター：土井美和子
　・・・・・・・・・・・・・・・・・・・・・・158頁・本体1600円

⓬ 現代暗号のしくみ
　共通鍵暗号，公開鍵暗号から高機能暗号まで
　中西　透著／コーディネーター：井上克郎
　・・・・・・・・・・・・・・・・・・・・・・128頁・本体1600円

⓭ 昆虫の行動の仕組み
　小さな脳による制御とロボットへの応用
　山脇兆史著／コーディネーター：巌佐　庸
　・・・・・・・・・・・・・・・・・・・・・・184頁・本体1800円

⓮ まちぶせるクモ　網上の10秒間の攻防
　中田兼介著／コーディネーター：辻　和希
　・・・・・・・・・・・・・・・・・・・・・・154頁・本体1600円

⓯ 無線ネットワークシステムのしくみ
　IoTを支える基盤技術
　塚本和也著／コーディネーター：尾家祐二
　・・・・・・・・・・・・・・・・・・・・・・210頁・本体1800円

⓰ ベクションとは何だ!?
　妹尾武治著／コーディネーター：鈴木宏昭
　・・・・・・・・・・・・・・・・・・・・・・126頁・本体1800円

⓱ シュメール人の数学　粘土板に刻まれた古の数学を読む
　室井和男著／コーディネーター：中村　滋
　・・・・・・・・・・・・・・・・・・・・・・136頁・本体1800円

⓲ 生態学と化学物質とリスク評価
　加茂将史著／コーディネーター：巌佐　庸
　・・・・・・・・・・・・・・・・・・・・・・174頁・本体1800円

⓳ キノコとカビの生態学　枯れ木の中は戦国時代
　深澤　遊著／コーディネーター：大園享司
　・・・・・・・・・・・・・・・・・・・・・・176頁・本体1800円

⓴ ビッグデータ解析の現在と未来
　Hadoop，NoSQL，深層学習からオープンデータまで
　原　隆浩著／コーディネーター：喜連川　優
　・・・・・・・・・・・・・・・・・・・・・・194頁・本体1800円

㉑ カメムシの母が子に伝える共生細菌
　必須相利共生の多様性と進化
　細川貴弘著／コーディネーター：辻　和希
　・・・・・・・・・・・・・・・・・・・・・・182頁・本体1800円

㉒ 感染症に挑む　創薬する微生物　放線菌
　杉山政則著／コーディネーター：高橋洋子
　・・・・・・・・・・・・・・・・・・・・・・160頁・本体1800円

㉓ 生物多様性の多様性
　森　章著／コーディネーター：甲山隆司
　・・・・・・・・・・・・・・・・・・・・・・220頁・本体1800円

㉔ 溺れる魚，空飛ぶ魚，消えゆく魚
　モンスーンアジア淡水魚探訪
　鹿野雄一著／コーディネーター：高村典子
　・・・・・・・・・・・・・・・・・・・・・・172頁・本体1800円

㉕ チョウの生態「学」始末
　渡辺　守著／コーディネーター：巌佐　庸
　・・・・・・・・・・・・・・・・・・・・・・154頁・本体1800円

㉖ インターネット，7つの疑問
　数理から理解するその仕組み
　大﨑博之著／コーディネーター：尾家祐二
　・・・・・・・・・・・・・・・・・・・・・・158頁・本体1800円

㉗ 生物をシステムとして理解する
　細胞とラジオは同じ!?
　久保田浩行著／コーディネーター：巌佐　庸
　・・・・・・・・・・・・・・・・・・・・・・160頁・本体1800円

㉘ 葉を見て枝を見て　枝葉末節の生態学
　菊沢喜八郎著／コーディネーター：巌佐　庸
　・・・・・・・・・・・・・・・・・・・・・・160頁・本体1800円

共立出版

https://www.kyoritsu-pub.co.jp
https://www.facebook.com/kyoritsu.pub

付録2　ローマ字入力一覧

	あ	い	う	え	お
あ行	a	i yi	u wu, whu	e	o

	か	き	く	け	こ
か行	ka	ki	ku	ke	ko
	が	**ぎ**	**ぐ**	**げ**	**ご**
	ga	gi	gu	ge	go

	さ	し	す	せ	そ
さ行	sa	si shi, ci	su	se	so
	ざ	**じ**	**ず**	**ぜ**	**ぞ**
	za	zi ji	zu	ze	zo

	た	ち	つ	て	と
た行	ta	ti chi	tu tsu	te	to
	だ	**ぢ**	**づ**	**で**	**ど**
	da	di	du	de	do

あ	い	う	え	お
la xa	li xi, lyi, xyi	lu xu	le xe, lye, xye	lo xo
うぁ	**うぃ**		**うぇ**	**うぉ**
wha	whi wi		whe we	who
	ゐ		**ゑ**	
	wi (wyi)		we (wye)	

きゃ	きぃ	きゅ	きぇ	きょ
kya	kyi	kyu	kye	kyo
くゃ		**くゅ**		**くょ**
qya		qyu		qyo
くぁ	**くぃ**	**くぅ**	**くぇ**	**くぉ**
qwa qa	qwi qi, qyi	qwu	qwe qe, qye	qwo qo
カ			**ケ**	
lka xka			lke xke	
ぎゃ	**ぎぃ**	**ぎゅ**	**ぎぇ**	**ぎょ**
gya	gyi	gyu	gye	gyo
ぐぁ	**ぐぃ**	**ぐぅ**	**ぐぇ**	**ぐぉ**
gwa	gwi	gwu	gwe	gw
しゃ	**しぃ**	**しゅ**	**しぇ**	**しょ**
sya sha	syi	syu shu	sye she	syo sho
すぁ	**すぃ**	**すぅ**	**すぇ**	**すぉ**
swa	swi	swu	swe	swo
じゃ	**じぃ**	**じゅ**	**じぇ**	**じょ**
zya ja, jya	zyi jyi	zyu ju, jyu	zye je, jye	zyo jo, jyo
ちゃ	**ちぃ**	**ちゅ**	**ちぇ**	**ちょ**
tya cha, cya	tyi cyi	tyu chu, cyu	tye che, cye	tyo cho, cyo
つぁ	**つぃ**		**つぇ**	**つぉ**
tsa	tsi		tse	tso
てゃ	**てぃ**	**てゅ**	**てぇ**	**てょ**
tha	thi	thu	the	tho
とぁ	**とぃ**	**とぅ**	**とぇ**	**とぉ**
twa	twi	twu	twe	two
ぢゃ	**ぢぃ**	**ぢゅ**	**ぢぇ**	**ぢょ**
dya	dyi	dyu	dye	dyo
でゃ	**でぃ**	**でゅ**	**でぇ**	**でょ**
dha	dhi	dhu	dhe	dho
どぁ	**どぃ**	**どぅ**	**どぇ**	**どぉ**
dwa	dwi	dwu	dwe	dwo
		っ		
		ltu xtu, ltu		